U0342967

趣味科学丛书

QUWEI DIQIU HUAXUE

# 趣味地球化学

［俄罗斯］费尔斯曼⊙著

余　杰⊙编译

天津出版传媒集团

天津人民出版社

**图书在版编目（CIP）数据**

　趣味地球化学 /（俄罗斯）费尔斯曼著；余杰编译
. -- 天津：天津人民出版社，2019.10
　（趣味科学丛书）
　ISBN 978-7-201-13293-8

　Ⅰ.①趣… Ⅱ.①费… ②余… Ⅲ.①地球化学—普
及读物 Ⅳ.① P59-49

　中国版本图书馆 CIP 数据核字 (2019) 第 189978 号

**趣味地球化学**
QUWEI DIQIU HUAXUE

| | |
|---|---|
| 出　　　版 | 天津人民出版社 |
| 出 版 人 | 刘　庆 |
| 地　　　址 | 天津市和平区西康路35号康岳大厦 |
| 邮政编码 | 300051 |
| 邮购电话 | （022）23332469 |
| 网　　　址 | http://www.tjrmcbs.com |
| 电子邮箱 | reader@tjrmcbs.com |

| | |
|---|---|
| 责任编辑 | 李　荣 |
| 装帧设计 | 同人阁文化传媒 |

| | |
|---|---|
| 制版印刷 | 香河利华文化发展有限公司 |
| 经　　　销 | 新华书店 |
| 开　　　本 | 710×1000毫米　1/16 |
| 印　　　张 | 18.5 |
| 字　　　数 | 293千字 |
| 版次印次 | 2019年10月第1版　2019年10月第1次印刷 |
| 定　　　价 | 35.00元 |

# 序　言

亚历山大·叶夫根尼耶维奇·费尔斯曼

　　亚历山大·叶夫根尼耶维奇·费尔斯曼（1883.11.8—1945.5.20）出生于圣彼得堡，年幼时就对石头和矿物产生了浓厚的兴趣。中学毕业后，他来到莫斯科大学。在莫斯科大学就读期间，他总共发表了5篇关于化学、矿物学和结晶学的论文，得到了优异的成绩，并且获得了矿物学会颁发的安齐波夫金质奖章。

　　1907年，费尔斯曼在24岁时离开了莫斯科大学，三年后便被聘为矿物学教授，这样的成就不可谓不大。在他成为矿物学教授的两年后便开始传授一门名为地球化学的新课程，这可谓世界范围内的第一次。

　　35岁时，费尔斯曼教授当选为苏联科学院院士，并任科学院博物馆的馆长。

　　十月革命过后，费尔斯曼便开始呼吁社会重视苏联的矿产和自然资源，并且阐述了这些资源对苏联发展的重要性。他曾亲自带着探险队前往科拉半岛、阿尔泰、克里木、贝加尔甚至中亚地区寻找各种矿石资源，并取得了非常不错的成就。他的探险队在科拉半岛发现了磷灰石矿和镍矿，这两种矿物的发现都对人类社会的进步和发展有重要的意义；他还在卡拉库姆沙漠发现了硫矿，对硫酸工业的生产以及依靠硫酸的工业生产产生了非常有利的影响。

当然，他的成就不止于此。

费尔斯曼在写作方面也颇有建树，曾写下了以《趣味矿物学》《趣味地球化学》为代表的科学系列读物，并且还有各类论文、专著等1500余篇。《趣味矿物学》和《趣味地球化学》这两本书在世界范围内掀起了一股思维浪潮，是世界公认的科普名著。费尔斯曼在这两本书中表达了对未来的憧憬和向往，用极富感染力的文字引导青少年走向探索之路，为人类的科学发展做出了至关重要的贡献。

但是，由于过度劳累，费尔斯曼于1945年5月20日去世，终年62岁。他的悼词是：

"亚历山大·叶夫根尼耶维奇·费尔斯曼院士不幸去世了，这是一件非常令人难以置信的事。他是那么的积极、活跃，并且乐观向上。我们不仅是失去了一位伟大的科学家，我们还失去了一位追求真理、努力工作和勇于探索的人，一位兴趣广泛且拥有天才级潜力的人，一位能够调动情绪、为将来的科学事业做贡献的演说家和科学的普及者……"

# 原　　序

　　费尔斯曼在《趣味地球化学》中，从文学的视角展示了地球化学，其为地质学的一个旁支，以此概括他为之奋斗一生的科研工作，他旨在向人们说明地球之化学生活正如他借助自己的科研经验幻想出的一般。

　　于20世纪初叶萌发了研究地球的这个新分支，而且著述颇丰的要数苏联的维尔那德斯基及费尔斯曼院士。

　　人类下了很大的功夫，方把众多零散的观察串联到了一起，才对地壳的化学成分有了初步了解。地质学家与矿物学家是在原子物理学同原子化学的相助下，分辨清地壳中物质的分布和循环规律的。正是在以上研究成果的支持下，人们探索出了粒子在原子和分子这些微小物质中的变化规律，这同它们在巨大的太阳和别的与我们遥不相及的庞大天体中的聚集体里的变化规律是相同的。

　　基于以上发现，人们觉得有必要独立提出一门新科学，即地球化学，因为它能将人类领进物理化学、宇宙化学及天体物理学那奇妙无比的空间，另外还可将此三门学科的科研资料很好地同人们要钻研的矿产问题整合在一起。

　　费尔斯曼几乎将自己毕生的时间都用来钻研地球化学上的疑难问题了，更难能可贵的是他深刻体会到了地球化学对于苏联经济和文化的重要性。

　　费尔斯曼是年轻人心目中的楷模，之所以这样，皆因作为著名研究者的他，尽管身负繁重的研究工作和国家赋予他的其他工作，挚爱科研、生活的他，仍时刻不忘给年轻人写生动而易懂的科普书籍，这些科普读物中最获好评的要数《趣味矿物学》同《趣味地球化学》。

但遗憾的是，长期艰苦的研究工作耗尽了他的精力，他终至在《趣味地球化学》完稿之先就离我们而去了，爱他的朋友和学生帮他完成了他的遗作。

该书中由费尔斯曼的朋友和学生编纂的部分分别为：赫洛平院士补写了"微观世界"同"原子裂变、铀和镭"二章，维诺格拉多夫写了"碳""水中的原子""细胞中的原子"，谢尔比纳撰写了该书的"稀有而分散的元素"，谢尔巴科夫与拉祖莫夫斯基则依照费尔斯曼的研究资料编写出了该书的"思想史"同"原子的历史"。

1948年该书首版问世了，此书有关科学性方面的编辑任务则由拉祖莫夫斯基担当，当然他也充分吸收了赫洛平这位科研工作者的意见和建议，他们竭尽所能让本书尽量合乎费尔斯曼的创作初衷。

在大家现在见到的这个版本中，我们做了如下调整：录入费尔斯曼写于1940年的"科研工作中的野外部分"，不过是以附录的形式呈现给读者的，另外就是用克里诺夫参照前沿材料写就的"陨石"短文取代了"从宇宙到地球"（此篇文章是由拉祖莫夫斯基按照费尔斯曼整理的科研资料作的），还有就是加添了拉祖莫夫斯基和索西德柯著述的"化学元素的简单介绍"。更重要的是，这些章（像"碳""锡"及"铝"）等在参照费尔斯曼的研究资料做了一小小的补充。最后，对名词解释再次做了修订，当然了也删改了参考文献，还增添了一些新插图。

费尔斯曼是苏联人人皆知的著名科学家，他在矿物学、地球化学与地理学方面都堪称大家，他孜孜不倦地用毕生精力钻研着苏联的矿产资源，同时他也是不辞辛劳的旅行家、颇负盛名的作家以及热衷于普及地质常识的人。

费尔斯曼出生在圣彼得堡，他在克里木地区享受了自己童年的美好时光，也就是在克里木的时候他对石头产生了浓厚的兴趣，因此他坦言克里木是他的第一所大学。

话又说回来了，吸引少年时期费尔斯曼的还仅仅是石头漂亮的外观，随着时光的流逝他才将关注点转移到了石头的成分及成因上。

费尔斯曼度过了自己的中学时代后就跨入了位于首都莫斯科的莫斯科大学，也就有幸聆听出生于俄国的维尔那德斯基教授的矿物学这门课程，并在其带领下步入研究领域。

　　维尔那德斯基进入莫斯科大学亲授该课程之先，莫斯科大学的这门课程的听讲者常常是寥寥无几，原因是当时的课程内容让学生觉得索然无味。而自19世纪末叶起，莫斯科大学改进了该课程的讲授内容，重点开始细述众多不同的矿物，引导学生探索矿物的结晶情况及矿物的分类方法。

　　而且博学的维尔那德斯基运用自己的智慧让这门纯叙述的矿物学，变得生机勃勃。起先他是把矿物作为纯天然的（地球上的）化学反应的形成物来看待的，留意矿物的形成条件：矿物的形成、生存和转化成别的物质的过程。

　　新开设的矿物学不同于之前的那种，不是再去给学生干巴巴地叙述地壳内的种种新奇物质了，而是让年轻的探索者看到了希望随之更新了自己的想法，让他们意识到自己不光要做矿物学家，同时还要成为化学家。正是以上的原因让费尔斯曼在忆起恩师时有下面这段感慨："教师对我们的讲授方法是把化学跟自然界结合起来，把化学思想跟博物学家的工作方法结合起来。这在自然科学上是一个新的学派，是用有关地球的化学科学的正确科学资料做依据的。"那个时候在莫斯科大学所从事的矿物学研究不光在静静的实验室和研究室展开，还常常去野外从事矿物学的研究工作。基本是上一堂课，就带领学生去野外参观并勘探一番。颇为受益的费尔斯曼常常津津乐道这段经历。

　　时间一天天飞逝，费尔斯曼他们这些年轻的大学生不断地在大学里汲取着科学的养料。积累了大量的一手研究资料和理论知识后，他们通过论文向人们宣讲他们的科研成果；在此期间他们甚至有时数天都不离开校舍。

　　1907年的时候，费尔斯曼顺利完成了他在莫斯科大学的学业。在读期间他就在导师维尔那德斯基的督导下发表了五篇学术论文，涉及的内容分别是结晶学、化学同矿物学的最前沿科研成果。

　　他发表的这些论文，让他荣获了苏联矿物学会颁发的安齐波夫金奖。

　　27岁的时候，年轻的费尔斯曼被聘为矿物学教授；当时间迈入1912年之后，他又教授起了地球化学这门刚刚开设的学科，而这在科学的发展史上是绝无仅有的。

　　站在讲台上的费尔斯曼反复说着这么一段话："……我们要做地壳的化学家。矿物只是各种元素暂时稳定的结合体，所以我们不但要研究矿物的分布和生成的情况，而且还要研究元素本身，研究元素的分布、变化和生活。"

自27岁始，他自始至终都没有离开过他热爱的研究工作，而且由最初的圣彼得堡将科研阵地转入了莫斯科。

而进入苏联时期后，研究环境显然大为改观了。也为费尔斯曼发挥自己的科研天分提供了土壤；当政者发出了系统探索和调研其境内天然矿产存储量的号召，费尔斯曼就全力以赴展开了上述工作。

费尔斯曼是天才的科研工作者，而且颇为重视科研与实践的配合作用，他及其广大的研究工作者都拥护和严格贯彻这些主张，他一直倡导科研工作者应去与现实需要紧密结合的而且是国民经济所急需的部门展开研究工作。

辛勤的付出之后，在1919年费尔斯曼又一次收获了成功——年仅35岁的他成为苏联科学院的院士，还兼任科学院博物馆馆长这一重要职务。

费尔斯曼在科研上做出了重大贡献，深获各界好评，无论哪一个人发现他在科研和现实生活当中的不同兴趣和卓著的才能，都会叹为观止。他在介绍地球化学和矿物学的理论之时都一再强调野外勘察对研究工作的重要性，而且他在实际的研究工作当中也是身先士卒的，他曾经在野外开展过大量的勘探活动。在祖国的好多地方都留下了他的足迹，像科拉半岛的希比内苔原、生长着茂盛植被的费尔干地区、温度较高的位处中亚的卡拉库姆沙漠与凯吉尔库姆沙漠、著名的贝加尔湖地区同外贝加尔的大片密林、广布森林的乌拉尔东部、阿尔泰山山区、乌克兰地区、克里木半岛、北高加索山区、南高加索区域以及其他的一些地区都挥洒下了他的汗水。

在科拉半岛开展的野外研究工作如同英雄史诗般宏伟壮观，它是科研中必不可少的工作内容，费尔斯曼依次于希比内山区同蒙切苔原进行的野外研究工作一直延续到晚年。

他最大的功绩就是发现了存储于科拉半岛的磷灰石矿和镍矿石，这个发现让世界都为之一震。

基洛夫带领费尔斯曼及众多的科学家，长期从事着自然资源的研究工作，苏联的很多矿产出自科拉半岛，而且存储量也是罕见的。

1929年苏联决定大规模采掘蕴含在科拉半岛的各种矿产，这个即将成为工矿区的位于苏联境内北极的荒芜而一向静谧的半岛，在这之前根本就没有人想起去哪里寻找富矿。想起来就跟做梦似的，在这个荒凉的地方，一座座城市如雨后春笋般突然冒出来了：希比内戈尔斯克是最先冒出来的一座城市，后来更名为基洛夫斯克，之后又出现了蒙切戈尔斯克及别的城市。

费尔斯曼在回忆自己科拉半岛的野外研究时，是这么说的："在我过去的全部经历里，在自然界各式各样的景象里以及我对人对事的各种记忆里，我一生中印象最深的要算是希比内山了——我在那里度过了整整的一个科学时代，它差不多占了我20年的全部思想和精力，支配了我的全部生活；它加强了人们的意志，唤起了人们的科学思想、唤起了人们对它的希望和期待……只是由于顽强的努力，由于对希比内山进行了巨大的研究工作，最后我们才在这里得到了奇异的成果，说起来像神话似的，希比内山在我们面前终于暴露了他的富源。"不过希比内山如诗般的美景，并未阻挡住费尔斯曼继续别的野外研究工作，他旺盛的精力足以让他为自己心爱的科研工作贡献力量。

1924年，费尔斯曼进入中央部门工作；直至逝世，对于这份工作他一直兴致盎然。1925年，他到卡拉库姆沙漠去探险，要知道在这之前基本上无人去那里探寻这块神秘的区域；他在这片沙漠找到了储藏量极高的天然硫矿，从此这些富源就源源不断地供应苏联的工业。他还参与了硫黄工厂的创建工作，直到今天这个工厂依然在发挥着它应有的作用。

费尔斯曼在1934—1939年完成了《地球化学》这部旨在向人们介绍地壳中化学元素的书，全书共分四卷。在该书中，他依据物理化学定律从不同角度剖析了地壳中不同原子的运动规律。他在此书中流露出的才华和建设性的预见让人折服。该书的问世，吸引了全世界的目光关注费尔斯曼及其同人在地球化学方面取得的成就。

《科拉半岛的矿产》是费尔斯曼于1940年完成的另一部专著，在该书里费尔斯曼以实例阐述了探究天然富源时用到的地球化学方法，书中还介绍了数种勘探新富源的办法。这部书为费尔斯曼带来了1942年斯大林一等奖金的荣誉。

费尔斯曼一生著述颇丰，光他发表的文章、书籍和篇幅较长的论文就多达1500种。抛开结晶学、矿物学、地质学、化学、地球化学、地理学与航空测量上的文章，在天文学、哲学、艺术、考古学、土壤学、生物学以及别的方面他也是硕果累累。

费尔斯曼可不是只会做学问的科学家，他还是政治家和颇为活跃的社会活动家。

费尔斯曼天生是驾驭语言的高手，卓越的、天才的作家——一生热衷于向大众普及地质知识，俄国的文学泰斗阿·尼·托尔斯泰评价他是"写石头的诗人"。

那些有幸聆听他做报告、进行学术演讲和跟他打过交道的人都被他身上散发出的激情感染了，他能让不同年龄层次和职业的听众产生共鸣，他创作的众多通俗科普文章深受不同读者的喜爱。

《趣味矿物学》在1928年首版发行，该书现在已被译成多种文字，先后再版了25次，《岩石回忆录》也在1940年发行。费尔斯曼离世之后，相继出版了《我的旅行》《宝石的故事》以及《趣味地球化学》，费尔斯曼却再也听不到人们对这几本书的好评了。

这几本书能与读者见面也不是一蹴而就的，它们是创作者多年从事科研工作获得的第一手资料及其经验的总结，书中闪现着科学家从事科学研究的影子和热爱科学的情怀。另外，费尔斯曼还是一位实践经验丰富且很有禀赋的教育家，在上面的那些书中他不忘提醒人们重视用科学武装年轻人的大脑，并一再强调培养年轻人的重要性和艰巨性。他的写作才能有目共睹，同时他演讲的时候使用的语言又极富感染力，燃起了广大青年喜爱矿物学和地球化学的热情，同时让众多科研人员对新的调查和野外研究跃跃欲试。

让人们难以忘怀的是费尔斯曼对养育自己的祖国母亲的无比眷恋，这种刻骨铭心的眷恋流淌在他创作的短文中的字里行间和与他打交道的人的心里。他的每一篇短文都表露出对劳动的赞誉，倡导人们多学科学知识，为日后合理开发利用祖国的自然资源尽一份力。

费尔斯曼曾经说过下面这段话："我们不愿意做大自然、地球和地球上富源的摄影师，我们愿意做新思想的研究者和创始者，我们要控制自然，要做征服自然的战士，使自然听从人的支配，服从人在文化上和经济上的需要。"

"我们不愿意只做精密的观察者和走马观花的游览者，只把所得到的印象记在笔记本里。我们要深入到自然景象的内部去，我们深思熟虑地研究过大自然以后不但要产生思想，而且要创立事业。我们不能单单在祖国辽阔的土地上溜达，我们一定要参加祖国的改造工作，要做新生活的建立者。"

别良金曾经对费尔斯曼下过这样的评语："费尔斯曼对科学和对祖国的贡献是无可估量的、是永垂不朽的。他的科学兴趣非常广泛，他经常联想到祖国的利益和荣誉，就这两点来说，他完全像俄罗斯不朽的科学家罗蒙诺索夫和门捷列夫。提出这两位科学家的名字来推崇费尔斯曼，不是没有道理的。"

谢尔巴科夫院士

# 引　言

　　《趣味矿物学》早在数年前就与读者见面了，数十封、数百封读者来信雪片般从祖国的四面八方飞来，他们中有学生、工人还有不同学科的专家。信里有他们同我一样爱岩石的身影，人类研究岩石和使用岩石的历史深深埋藏在他们的心底！一些孩子的来信，则表现出了年轻人的澎湃激情、勇于担当、蓬勃朝气、坚忍的意志……这些来信感染了我，于是我有了继续为年轻人、为下一代人写书的冲动。

　　最近这些年我转换了工作领域，而这个工作阵地不但艰难险阻多而且也很抽象，我天然的好奇心让我进入了一个全新的世界——一个小的很难用语言描述的、极其微妙的充斥着粒子的世界，而宇宙和人类自身却正来源于那些小粒子。

　　在这20年里，我跟同仁们又创建了一门学科，我们称其为地球化学。创设该学科可不是在书房，写在纸上那么简单——它是我们众多同仁多次观察、做实验和测量的产物；我与同仁为了人类的生命和更深的了解宇宙而奋斗着，地球化学就诞生在这个过程中；每每完成这门新学科的一章，我便无比的喜悦。

　　我该在地球化学中对大家说些什么呢，它的内容都有哪些呢？为何要称作地球化学而不是化学呢？地球化学的作者为何是地质学家、矿物学家和结晶学家而非化学家呢？

　　读者光浏览本书的第一章是得不到上面那些问题的答案的，第一章的内容虽说很丰富但都是概括性的。唯有阅览全书，方可了解它的全貌并喜欢上地球化学。

　　只有读完这本书的所有内容，大家才会慨叹："啊！地球化学原来研究的是这些东西，太有意思了，但是不容易学会！要知道，我的化学、地质学以及矿物学知识少得可怜，以我如此薄弱的根底如何学得会地球化学呢？"

但钻研地球化学是一件很有趣的事情，原因是它对人类的生活具有重要的作用：原因在于日后促进含量丰富的能量和物质为人们所用的不光有物理学和化学同时还离不开地球化学作用的发挥。

在这篇引言完成之前，我想关于如何更好地阅览该书给读者一些建议。大家也很清楚，我们基本上不限定读者的阅读范畴，而是将我们认为好的读书方法推荐给读者，该如何研读此书、如何从该书中获取更多的知识。有的书需要深入进去看，它里面颇有意思的故事让你欲罢不能，真是爱不释手。比方说，有趣的冒险小说常常就很能抓住读者的心，需要深读。有的书则需要带着探究的心理去看：书的内容或许涉及了一门科学，抑或是单独的科研方面的问题；这样的书都用完整的资料来让书的内容更为丰满，展现宇宙景象，得出科学的结果。看此类书时，应该细读每个句子，得顺着页码的次序逐页看，不可跳行落字。

这本书既不是趣味小说类，也不是科研论文，而是在我的计划的安排下完成的。全书共分为四章，依序推进，首先介绍物理学和化学方面的基本问题然后笔锋一转阐述起了地球化学上的问题，到最后展望地球化学的未来。若是阅读者没学过物理学和化学，那么他就应放下在速度方面的要求，而应该细细品读，一旦有了他觉得很有意思或是难以理解的内容，就要多看上几遍。倘若读该书的人有物理学和化学基础，就可越过他熟悉的内容：我创作此书时旨在让章章内容都独立而完整，竭尽所能不让各章节之间互相依存，此书也可增长读者的化学或地质学方面的知识。

该书可作为学习普通化学的人的补充学习资料，而且能使他们获益匪浅，原因是本书有几章是对化学课本内容的深入解读。

正在学习化学的人在学非金属之时，就可参阅该书阐述磷和硫的内容；在老师讲黑色金属的时候，你不妨看看该书中论述铁和钒的章节。

如果你正在深研地质学，也应尽可能地参阅这本书里的相关章节，因为在该书中有几章是谈元素在地壳当中的分布的，这些都属于化学上的重要问题。要特别说明的是，重点应阅览阐述地壳的那些章节，关键是看第三章原子发展史中的相关内容。

　　如果你是研究化学的，就会认为我们这本书中涉及的化学元素有点少：主要细述了其中的15种元素。在我的计划中也没想把大自然、地壳里面、地壳外面和与人们亲密接触的全部元素的化学特征以及发展史一一展现给大家。

　　我重点想给读者推出那几种最为平凡和与人类生活息息相关的元素，以"行为"展现在大家面前的一些特性，它们就在我们的身边、在地球上不显著却又频繁变化的化学反应里经历着复杂的化学变化。我自思，以我的安排写该书，各种元素都需要用长篇大论来阐述。或许大家会突发奇想找一种元素自己也尝试着叙写其历史，我想，这倒是有个很不错的主意；如果大家熟悉金属铬、了解它的过往、懂得它的矿床的形成过程及它在工业上的重大作用，并有向这个方面深研的愿望，不妨动笔将铬的发展过程记下来，可向读者解读一下铬原子同铁族元素的原子相互间的联系与区别。

　　我希望细读过此书并无比热爱大自然的朋友和对与自然界相关的问题感兴趣的读者不妨尝试着按我的建议去试试，期待着他们能续写这本书中介绍过的地球上的最重要的元素的剩余部分。

# 目　　录

## 第一章　原子

## 第二章　化学元素

# 第三章　原子的发展史

# 第四章　地球化学

# 附录

# 第一章

# 原　　子

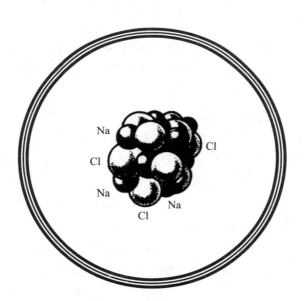

# 1. 地球化学

如果你想要读懂这本书里的内容，首先就要知道什么是地球化学。

地质学让我们了解了地球和地壳，了解了地球的历史以及其变化，还有地球上的山河湖海以及火山、熔岩等的成因；矿物学让我们了解了地球上的各种矿物。

在我所作《趣味矿物学》中我曾经说过：

矿物是化学元素自然形成的天然化合物，并非是人为形成的。它们是一种很特殊的天然建筑物，由很多不同种类、不同数量的"砖"堆砌而成。这些"砖"堆砌的方式并非是杂乱无章的，而是有自然规律可循的。现实生活中同样如此，我们应该知道，即使使用同样种类的、同样多的砖，堆砌成的建筑物也是多种多样的。所以说，自然界中同一种矿物形成的形状也会有很多不同。

经过统计，这种"砖"有将近100种，我们所生存的这个世界都是由这些"砖"构建而成的。按照术语，这些"砖"名为"元素"，是这个世界的组成部分。

这些化学元素包括气体、金属和非金属等种类，其中气体有氧（O）、氮（N）、氢（H）等，金属有钠（Na）、镁（Mg）、铁（Fe）、汞（Hg）、金（Au）等，非金属有硅（Si）、氯（Cl）、溴（Br）等。

正如建筑物的多种多样，这些元素按照不同的数量和种类组合在一起之后就会形成矿物，最常见的有食盐（NaCl）、石英（$SiO_2$）等等。

……就这样，在各种各样的矿物搭配之下，地球上出现了3000多种不同的矿物，比如石英、盐、长石等，而矿物再进行搭配组合，便成了岩石，岩石中我们熟知的有花岗岩、石灰岩、玄武岩等等。

顾名思义，矿物学是研究矿物的科学；岩石学是研究岩石的科学，而地球化学正是研究这些"砖"，也就是元素在自然界中的各种变化以及这些元素本身的科学……

相比于其他科学，地球化学还很年轻，由于科学家研究工作的需要，近些年才刚刚产生。元素是自然的构成基础，并且依据某种特定的规律排列成众所周知的门捷列夫元素周期表，而地球化学正是要研究和阐述这些地球内部元素的动态以及性质。

而这些研究建立在化学元素和原子等这些基本单位之上。

在元素周期表中，每一个空格都写着一种元素的名称以及它的原子序数。氢是最轻的元素，原子序数为1；铀的重量是氢的238倍，原子序数为92。

这些原子非常小，直径仅约0.0000001毫米。虽然这些原子被看作是球体，但它们和普通的球体还是有区别的，这个原子球并不均匀，内部密度是比较大的、质量占比最高的原子核，外边包裹着一些带电小粒子，也就是电子。

这样看来，这个原子的结构和太阳系的结构如出一辙，原子核相当于太阳，而电子则是行星——当然，这个"太阳系"只能在显微镜中看到。

不同种类的元素电子数量也有不同，而这些不同正是缘于元素们拥有不同的化学性质，原子互相交换电子，化合形成分子。元素周期表的每一个纵列均被称作一个类族，这些类族中的元素大都拥有相似的性质，它们不但在表中相邻，在自然界中也大都同时出现。

门捷列夫的元素周期表之所以伟大，并非由于它展示了众多种类的元素，而是由于它指出了这些不同元素之间的某种关系。正是由于这些关系的存在，这些元素以及其在地球里的移动和转移途径才会类似或者不同，也就是说，元素周期表正是一个指针，指引着地球化学家们去探索、去研究，那些新思想也大都是用元素周期表分析自然现象时得出的。

地球上的所有化学元素都作为独立单位在化合、分解、移动之中，也就是说在地壳里迁移，地球化学正是要研究这些迁移发生在不同温度、不同深度、不同压力下时的规律。

当然，并非所有的元素都会聚集，比如钪（Sc）、铪（Hf）等。它们就非常分散，在岩石中的占比常常不到百亿分之一，它们也因此被称为超分散元素。如果这些元素没有什么实际价值的话我们是不会去开采的，毕竟找起来实在是太困难了。

和这些超分散元素相反，铅（Pb）、铁（Fe）等元素非常容易聚集，形成化合物后可以长期保存，能够在复杂的地壳变动中存留下来，形成富集矿床，在工业上利用它们也就变得非常简单易行了。

如果我们的分析方法够精确，就可以在1立方米的任何岩石中找出元素周期表中存在的所有元素，要知道，新的方法往往比新的学说更有价值。

地球化学不仅研究元素在地壳以及宇宙中的迁移规律，同时也在研究元素在某一个小地区内的迁移规律，以便确定开采矿物的路线。可以看出，地球化学已经越来越偏向实用性这一方面了，人类正在利用一些原理来指出某种矿物的可能聚集地，某种矿物比如钒（V）、钨（W）等在某种状况下的可能聚集地，哪些矿物极有可能聚集在一起而哪些却又不会，等等。

要想研究这些，就得熟悉元素的性质和特征，而熟悉特征之后的地球化学家也就变成了勘探者，可以用令人信服的原因告诉人们地壳中的哪些地方可能会有铁（Fe）和锰（Mn）的矿石，蛇纹石中的哪些地方可能会有铂（Pb）的矿石，新岩石中的哪些地方可能会有砷（As）和锑（Sb）的矿石，等等。

这样看起来，如果研究透了某种化学元素，就像是掌握了它的"性格"，就能够彻底了解它的"行为习惯"，于是这些元素在不同环境下的动态也就可以预见了，这也正是这门和地质学、化学齐头并进的新兴科学的实用价值之所在。

\*　　　　\*　　　　\*

列举大量事实、例证和计算显然有些不现实，这太折磨人了，当然，一口气把地球化学的知识全部告诉你们也是不可取的，因为这同样很折磨人。我现在只希望你们能够借着这本书对地球化学这门新兴科学产生兴趣，能够知道它广阔的、光明的前途。

真理和进步同样重要，要想得到真理和进步，我们就需要斗争、就需要全身心地投入。我们一定要相信自己获得胜利的能力，并且相信自己的道路充分正确，拥有毅力和进取心。渴望胜利并非是空洞的思维，而是鼓励我们的、激发我们热情的思维，它是和生活紧密相关的。苏联的地球化学家面对的是他们的国家的广阔土地。我们要知道，这些工作都是建立在事实的基础上的，科学家巴甫洛夫曾说鸟因为空气才能飞翔，我们也是因为事实才能做这些工作。

但是，鸟类和飞机之所以能在天上飞，并不只是因为空气，还因为它们在使用能量，有上升的能力。同理，科学也是如此，正是因为有了上升、前进、发展的热情，才能够促进发展，分析新事物和旧事物之间的关系。

苏联的工业目前还没有用到全部的元素，所以我们一定会继续研究下去，让门捷列夫元素周期表中的元素都能为人类服务。

## 2. 微观世界

亲爱的读者们，现在我将要带你们走进一个微观的世界中去。

这是一个能大能小的实验室，里边已经有人在等着我们的到来了。看，他就站在那里，一身工作服，长相也很平常，虽然他看上去很年轻，却是一位出色的发明家。

他开口说话了："来吧朋友们，让我们先进屋。这间小屋的材料很特殊，能够允许任何波长的射线通过，当然也包括那些波长最短的宇宙射线。在我们进去后，我将把手往右转，我们的身体就会缩小，这个过程可能会有些难受，不过还好，仅仅需要几分钟就可以了。4分钟后我们就会缩小到千分之一大小了！到那时我们可以出去看看，世界将变得如同显微镜下的那样清晰。之后我们将再经历难熬的4分钟，再次缩小到千分之一的千分之一。"

说完这番话，我们转动了把手。

于是我们成了蚂蚁般大小。此时我们听到的声音已经和之前不太一样了，我们的听觉器官已经失去了调节声波的作用，所以我们只能听到一些嘈杂的声音。虽然听觉受到了影响，但是视觉却仍然完好，自然界中有一种波长为正常光千分之一的X射线，在这种射线下看物体的话，会发现大多数物体变得透明了，就连金属都变成了有色的，与有色玻璃差不多了……然而，真正的玻璃以及树脂琥珀等却失去了它们本来的色彩，变成了黑色，看上去像是金属了。

植物的细胞清晰可见，里边充满了不停跳动的汁液和淀粉颗粒，我们甚至可以将手放入植物细胞的呼吸孔中去了；动物细胞同样看得非常清楚，很容易看到一些铜元大小的血球漂浮在血液里；不仅如此，结核菌和霍乱菌的样子也很容易分辨：结核菌像弯曲的无帽钉子，霍乱菌像长有尾巴的豆子……

虽然如此，但是我们仍然看不到分子，只能看到不停颤动的墙壁，随便一阵气流就能把我们的脸吹得很疼，就像是那种夹杂着沙子的风。不过，由此我们也能得知我们已经接近物质分割的极限了。

按照那个人所说，我们再次回到屋子，再次向右转了一次把手。这一次，所有的一切都变得昏暗了，屋子也开始如同出现地震一般剧烈的震动。预计的时间过去后，屋子仍然没有停止震动，并且四周大风怒号，一些不知道是什么的东西如同冰雹和机枪炮弹一般打在我们的头上。

向导说话了："现在这种情况不能出去。我们的身体已经缩小到平常的百万分之一了，总共只有不到两个微米长……目前我们的头发只有亿分之一厘米，也就是'埃'，分子和原子一般用这个单位来描述。各种气体分子的直径大约就是一埃。可以看出，它们的移动速度非常快，我们的小屋就是被这些原子和分子击打着。

"4分钟前我们出屋子时有一种沙粒打在脸上的感觉，那些沙粒就是一部分气体分子。现在我们变得更小了，那些气体分子对我们来说已经非常大了，非常危险。

"现在从窗户向外看一眼，我们会发现那些原本只有一微米大小的尘埃。现在它们却和我们差不多大。看啊，它们跳动得多剧烈！当然我们仍然看不到分子，因为它们的运动速度太快，我们的眼睛来不及反应……现在我想我们该回去了。要知道我们的眼睛现在正在超短波的射线中看分子，而这种波对我们的眼睛是有伤害的。"

说完，向导开始反向转动把手。

虽然这只是虚构出来的旅行，不过其中说的都是接近现实的情景。

只需要看一下实验的结果我们就会发现，对复合物质进行分析后会得到很多单质，这些单质在最完善的化学分析方法前也无法被分解成更简单的部分了。这些单质正是构成我们熟知的大自然的最基本物质，也就是元素。

我们生活在这个世界里，每天都要和不同的物体接触，死的、活的；固体、液体、气体，各种各样。根据这些"属性"，我们就能够得出物质的概念。研究自然的人要面对的首要问题就是：某种物质的性质和构造是怎样的。

如果仅凭感官，我们可能会说物质是连续的，然而这并不正确，这样的答案只是我们的感官造成的片面印象而已，它欺骗了我们。事实上，如果通过显微镜观察，我们就能发现物质的内部有很多孔洞，它们是多孔的，并非连续不断的，而这些是肉眼看不到的，所以我们才会被我们的感官欺骗。

水、酒精还有其他的液体或是气体看起来似乎根本就没有什么孔洞，然而我们不得不承认它们的分子间的确是存在空隙的，不然的话我们要怎么解释物体受热膨胀以及增压压缩呢？

事实上，从本源上来说任何物体都是颗粒状的，因为构成物质的最小单位原子或者分子都是颗粒状的。人们已经测定过，水总体积的四分之一到三分之一是分子，其他的部分则全部都是空隙。

原子和原子靠近时会相互排斥，而这常常导致它们并不能真正密集的排列，而是百分之百会有空隙产生。每一个原子周围都有无法靠近的"领地"，一般情况下其他物质是无法进入这个"领地"的。于是我们可以将原子包括这个"领地"看作是一个弹性球体，球体和球体之间相互独立。不同的原子形成的球体大小也是不同的，它们的半径同样是用"埃"来描述的，比较小的一些有碳（C）——0.19埃，硅（Si）——0.39埃；适中的有铁（Fe）——0.83埃，钙（Ca）——1.06埃；比较大的有氧（O）——1.40埃。下图中是两种常见物质的模型，其中元素们都按照对应的大小画成了圆球状。

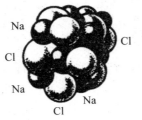

NaCl 的结构模型（岩盐）

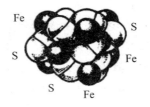

FeS$_2$ 的结构模型（黄铁矿）

不过，假如我们将诸多的球体同时置于同类容器里，比如说，放在一个盒子内，于是球一旦随意滚开的话，显然这样一来它们的容积就较之聚集在一块要大得多。将物体聚集起来的方法五花八门，一般人们把物体堆积后占据面积最小的那种方法称作最紧堆聚法。其实要做到也不难，不妨做一做下面的实验：取一些小钢珠最好是轴承的珠子摆到一小盘子内，然后轻轻敲那个盘子。缘于任何钢珠都会滚到盘子中央，这样的话众多的钢珠便都将紧密地聚集到一块儿，而且会快速地排成数行，而球心的诸条连线也会相互交叉出60°的角。站在外围你会发现，它们排成了正六角形。这就是大小相同的球体在一个平面上的最紧堆聚法，而铜和金等这些金属之原子，就是这么聚集到一块儿的。

倘若球体的大小不一，比如两种球体的大小相近，这样的话大点儿的球体（比方说我们日常吃的盐内含有的氯）就堆集得很紧实，于是小一些的原子便只好充斥在大球的间距内。

如此说来食盐或者是岩盐（NaCl）之中，六个氯原子紧紧围绕着每个钠原子，不仅如此，六个钠原子也紧紧环绕在每个氯原子的周边。此时钠离子与氯离子相互间的引力是最大的。

同理，我们身边的所有物质，无论复杂的或者是简单的，均有无数个不借助显微镜无法看见的最微小的粒子——构造出的，就如同人们用诸多的方砖建造出的宏伟房子似的。

原子（希腊文原来的意思为"不可分的"）思想的启蒙发端于遥远的古代，人们通过有记录的文献了解到早在公元前600—前400年生活于这个时代的希腊的留基伯与同时期的德谟克利特这两位唯物哲学家。起源于19世纪的原子理论认为，构造出单质的呈游离态的化学元素，为同类原子的总体，这种原子不可再分，我们这里所言的不可分就保有这种物质的特性而言的。

要知道同类化学元素的原子在构造上毫无二异，而且它们的质量也特定，即原子量。

进入20世纪初叶，科学家经研究发现我们的地球上存在着92种互不相同的元素，也即92种各不相同的原子。目前，这92种元素里由自然界的物质内分离到了90种，也就是说人们认识了的原子有90种，即使没发现其余的元素，我们也不应怀疑它们的存在性。我们看到的宇宙中的所有物质，都是由这92种原子形成的。

随着时间的推移，人们发现铀元素最重，其原子的序号排在第92位。

人们在研究铀家族元素衰变过程时，又出现了更重的被称为超铀元素的物质：比如93号镎（Np）、94号钚（Pu）、95号镅（Am）、96号锔（Cm）、97号锫（Bk）、98号锎（Cf）、99号锿（An）、100号镄（Cn）。也许还有更加重的元素存在，不过这也没什么好惊讶的。不过这些元素一是不稳定；二是稀少难得一见，因此人们在探索地球里面的物质成分时，通常以为所有的物质都由这92种元素形成，不过这个认识不会和实际情形有太大的出入。

同一种元素的原子，或者是种类互不相同元素的原子，一对一对的或者是越来越多的相结合，就能形成各个物质的分子。原子和分子相结合，就有了宇宙中的样子各异的物体。很明显原子和分子的数量众多。譬如取18克的水，也就是说在约1摩尔的水中，包含的水分子数量为$6.06 \times 10^{23}$个。

这个数量大得惊人，从地球上长出植物起产出的黑麦和小麦的数量，也仅为其数量的几千或者几万分之一。

为了清楚认识分子的大小，我们就拿它同最微小的细菌来比一比，唯有将显微镜调大将近一千倍方可瞧见细菌，目前世界上最为微小的细菌仅有万分之二毫米，不过它还是要大出水分子一千倍，换句话说，世界上最微小的细菌也是由20亿以上的原子构成的，也就是说它的数量超出了地球上的人口数量了。

若是将三滴水中的所有水分子连接起来的话，大概相当于太阳至地球间距的三个来回，因为水分子连接起来的长度为940 000 000千米！

最初的时候人们认为原子是不可再分的粒子，但是随着科技的发展和研究工具及方法的改进，人们通过反复研究意识到，原子的结构相当的复杂。在人类发现了元素的放射现象并着手研究该现象之后，方了解到原子的构造。

无论哪个原子的中间都会存在一个核，而且核的直线长度约为原子直线长度的十万分之一。核内聚集着原子的大部分质量。核携带着正电荷，而由元素氢和氦及铍构造出原子的结构（下图）。原子核处于居中位置，而核外部的圈则代表着电子的轨道重量，携带的正电荷量也越多。环绕携带着正电荷的核运动的则是电子，电子的数量与核携带的正电荷数量一致，就原子总体而言便为电中性了。

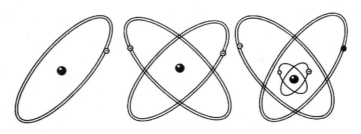

元素氢、氦和铍的原子结构

任何化学元素的原子核均包括两种最为简单的粒子：其一，为质子，即为氢的原子核；其二，就是中子，中子的质量同质子不相上下，但是它哪种电都不带。在核内质子和中子很紧密地聚拢于一起，因此不管发生何种化学反应或者是发生任何简单的物理现象，原子核均不会出现连锁反应，自始至终维持着原有的样态。

最为明显的为由两个质子和中子形成的氢原子核。氢原子核很不活跃，即使在重元素的原子中似乎也存在着该类氢原子核，一旦遇到重元素放射衰变就会发射出 α 粒子。

一般来说，原子外边的电子层的构造和性质制约着元素的化学性质，即由丧失或者是获得的电子的能量来确定，而原子核的结构不会对原子的化学性质产生任何影响。因此，如果原子周边的电子数量相同，在这种情况下就算核的结构同质量，即原子量不相同，但它们的化学性质依然近似，也就是说同属一个族类，就像氯和溴及碘都属于一个族一样，不过还有相似的状况存在。

下面的图为我们展示了几种原子结构模型。通过观察下图我们不难得出，电子轨道的复杂程度是随着原子数量的变化而改变的。

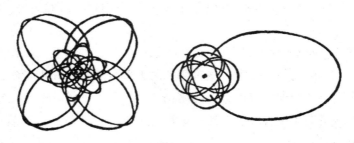

氢和钠原子的结构

# 3. 我们身边的原子

下面，我们首先要看的便是本节所配的三张精美的插图。

大家不难发现第一张图片给出的是一个山顶湖的优美画面：蓝而幽静的湖水被一圈石灰岩的断臂紧紧环绕着，远方泛着绿光的光斑则是些稀稀疏疏孤独屹立的树木，湖上方被太阳散发出的五彩光线铺满了。

第二张图画的是一个正在运营的冶金厂，它里面的机器昼夜不停地轰鸣着，整日由烟和蒸汽环绕着，时时吞吐着红色的火苗，不过这是苏联的技术创造出来的景观，也是令那个时代的劳动者引以为傲的奇迹：火车接连不断满载矿石和煤与溶剂及砖头，如同蛇样向前迈去并最终进入冶炼厂，然后就有成百吨的钢轨和钢块与钢锭以及钢材，被载入新设立的工业中心。

而出现于第三张图里的则是靓丽的"吉斯110"型号的小汽车，汽车两旁较为绿色的喷漆在闪烁，马力为140的发动机轰鸣着，无线电收音机里正播着诱人的音乐。它是由3000种零件在输送带上装配出来的，跑上几十万千米不在话下！

在细细观赏过这三张图片后，告诉我你们的真实看法，你们喜欢的是图中的哪些部分，你们还存在哪些疑问。

我认为你们的想法和存在的疑问大概有如下几点：由于你们所处的时代是工业和技术并进的时期，你们关注的是机器代表的生产力水平，但是当生产力水平到了一定程度后机器才会出现。

不过我打算对你们讲的是其他的问题，我希望你们换一个角度来欣赏这三张图片。我说的是：

\*　　　　　\*　　　　　\*

"图中的湖（下图）中藏匿着的众多地质方面的问题！"地质学家告诉我说，"这个深且凹的水洼地是如何产生的呢，是哪种物质将泛着蓝色光芒的水域围堵于位于陡峭的断崖之中的塔什克山岭之间的？要知道，山顶和湖底可是隔着两三千米，哪种力量不仅能让岩层不但凸起还可形成褶皱？"

塔什克山顶湖

　　"由石灰石铸造出的断崖和山岭妙不可言！"矿物学家说。海底产生的淤泥同贝壳以及贝壳和甲壳聚拢成如此庞然大物的冲积物得上万年甚至几十万年，而后压缩出如此密实的石灰石，几乎同大理石一样！你将普通的矿物放大镜调大十倍，就可隐约发现构筑岩层的那些亮晶晶的方解石晶体。"

　　"难能可贵的是该地的石灰石异常纯，不含杂质。"工业化学家插话说，"想必大家都清楚，它可是生产水泥以及煅烧石灰的优质原料——它近乎是纯的碳酸钙，告诉你吧，其可是钙原子和氧原子同二氧化碳的化合物。大家看，我在弱酸中溶解它，钙是分解掉了，二氧化碳却一边嘶叫着一边升空了。"

　　"不过我们通过改进实验还能使结果更为精确些，"地球化学家道，"借助分光镜来观察，你就会发现石灰石里还藏有别的原子，如锶与钡以及铝和硅原子。如果进一步加以研究分析的话，则可测到含量在不及一亿分之一的很稀少的原子，这样的话，说明它含有的原子还包括锌和铅。

　　"但是大家不要以为仅有这里的石灰石才这样，实践经验丰富的化学家都清楚，就是世上看似最纯的大理石都包括35种互不相同的原子。

　　"我们都这样想：无论哪种体积为1立方米的石块——不管它是花岗岩还是玄武石或者是石灰石，或是——都能在其内寻觅到门捷列夫表中的所有元素，只不过有几种元素的含有量仅为钙或者是碳的$10^{18}$分之一。"

对以上这些，地质学家和矿物学家与化学家同电气化学家各自从自己所研究的领域发表了一些看法，他们的话开阔了我们的视野更令我们回味，呈现在我们眼前的那些很不起眼的颜色较浅的石灰石并不平凡，因为它们都是由我们人类所不知悉的一些岩石构筑起的断崖，吸引着我们情不自禁想深入其中去探索它的本来面目，并想进一步获知它的形成过程及它产生的源头。

        *            *            *

大家回过头来看看我们在图片中给大家展示的工厂（下图）。它的建造规模庞大而建筑样式却很奇特，令人惊讶不已。塔形的巨大高炉，满装矿石和焦炭以及石块；炉内有伸出的粗而大的管子，它朝炉内输入压缩后的热空气。它在发挥着什么作用呢？铁在炉里熔化着、焦炭燃烧着，热气发着红光朝外成团喷涌而出，这一切到底是怎么形成的呢？

冶金工厂

要是我告知大家此处为原子实验处，大家肯定很惊讶：矿石里富含的铁原子让大于它的氧原子抓得很牢，氧原子意欲阻止铁原子的自由聚拢，而想让它为人类产出能经得起锻打的重金属比如铁……我要说的是铁矿石与铁具有截然不同的特性，就算该类矿石的铁含量高达70%，也得将氧分解出去，不过这件事做起来可不如想象的那么容易。

大家了解阿辽努什卡吗？她打算从一堆谷子中挑出全部的沙子，所以就邀请她那些蚂蚁朋友来协助自己，蚂蚁朋友异常热情地帮她完成了这个艰巨的任务。我们都应该清楚沙的直线长度超出氧原子直线长度的一百万倍，"由此可见，摆在我们面前的任务有多艰巨几乎不可能完成。"大家也许会这样说。不过话又说回来了，摆在我们眼前的任务的确不易完成，得耗费人们不少精力。

不过再难的问题都难不住人类，如今人们不都已经成功解决了这个难题了吗？

当然富有无穷智慧的人们不是邀蚂蚁朋友来协助了，恰恰相反，他们借助别的物质的原子来实现了自己的愿望。人类同自然界的能力，就像火力同风力相互联手一样，一起促使那些原子将氧由铁内夹裹而出，好让它们随着热的空气充斥到炉子内熔掉的铁的上空。

而制服了氧的那位友人，又是哪种物质的原子？它是硅原子同碳原子这两种物质包含的原子。二者牢抓氧，要比铁抓得紧，进而同氧构筑起了很牢固的"建筑物"。我要说明的是这两种物质之间是互助关系，碳经燃烧，就抓着氧跑了，还让温度上升到高位；不过仅仅依靠碳还不行，因为含铁的矿石通常都坚硬无比，不易熔化更难流失，因此碳原子即使再怎么努力也进入不到密实的矿石块的里面。

硅的热情相助：它小巧玲珑，形成了不难熔化的矿渣，促使矿石熔化，并将争夺到的氧送到碳手里。不过有些碳溶解到了铁里，从而让铁流动起来了，而且不再难以熔化了。

此时更离不开火力这种自然界物质的出手相助，位于炉子中的所有物质在火力的作用下动起来了，一切重量较为小的物体及气体都朝上漂浮，那些重量大的物体都逐渐下沉，最后不可思议的一幕就呈现在我们眼前了：原子开始分离如铁同溶解在其内的碳陨落在了炉底，这样一来，重量较小的矿渣夹带走了矿石中的全部氧，漂于熔化后的铁上，而矿渣则会被

运到指定的位置······

不知道要学多少相关的知识、得将原子结构情况和特性了解到什么程度，才能做到根据人类的意志大规模并准确地区分全部原子。

＊　　　　＊　　　　＊

下面我们再来说说第三张图片，"吉斯110"汽车生产于苏联时期。它里面也含有多达几十种原子，而挑选这些原子的目的，是要让生产出的汽车不光能跑、力量还要大而且声音得小，另外它得速度也要快。

该车的3000种零件由65种原子以及超过100种金属同合金构成——这便是"吉斯110"。虽然生产它用掉了不少铁，不过造它铁并不是同一种的：它就是铁同4%碳的合金，人们称之为铸铁，发动机就是用它生产的。但是这些铁的性质并不稳定。不过该类铁的碳含量却很低，这种钢不仅坚硬而且弹性也好。此又为另一类铁，它里面夹杂着同铁原子性质较为接近的锰和镍及钴同钼四种原子，而且此类钢不仅富有弹性还很坚韧，经敲打。再往铁中加一些钒的话，其就如马鞭般柔软且有韧性，大家可能还不知道吧？拉力巨大的疲乏的弹簧的生产原料就来源于它······

"吉斯110"型轻便汽车

占汽车生产原料第二位的，目前已不再是铜，而是铝，像活塞和把手以及美观的车身与车顶同踏板等全部都已经能用轻金属代替了，比方说，由铝与铜以及硅和锌同镁等的合金来生产。

另外，用质地最好的瓷制造的火花塞、喷漆所具有的防雨和防冻功能、呢料、含有铜的电线、含有铅和硫的蓄电池等，简而言之，缺了哪种元素都不行，生产汽车少了它们可真是寸步难行。以上元素相互配合，构造出了超过250种不同的物质与材料，在生产汽车的过程中直接或是间接的参与其中。

特别要指出的是，人类在这个过程中自觉或不自觉地违背自然规律并在不经意间改变着自然界的变化过程，也就是人为地在改变着大自然的变化过程。举个例子，就说铝吧，其最初未必就处于游离态，这一点毋庸置疑。如果没有富有智慧的人类的存在，就算地球再存在几十亿年，我们都见不到处于游离态的铝。

人类在熟知原子的性质后，就借助学到的知识根据需要来让一些元素发生位移。地球上分布着众多的氢元素，地壳内的氧和硅以及铝同铁和钙的含量高达93.03%。倘若加上钠和钾与镁及氢同钛和碳与氯的话，地壳中含有这12元素的比率就达99.29%，其余的0.7%则为另外80种元素的总重量。不过人们对此并不感到满意：他们还在努力想找到那些还不为人类所认识的元素，可是这些元素的获得有时候得得付出艰辛的劳动，不光要发现它们还得探索其特性，为的是在一些情况下有机会发挥它们的功用。大家都很清楚，要造小汽车就得用镍和钴以及钼，有时候还得用到铂。但是地壳里的镍含量仅有万分之二，钴的量也只有十万分之一，钼的重量只有十万分之一，且铂的占比仅为一千亿分之十二！

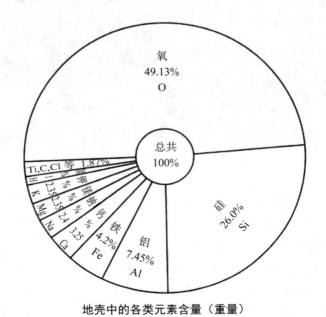

地壳中的各类元素含量（重量）

宇宙中处处充满着原子，——人类就是管理者。人们借着自己的智慧发掘并探索着进而掌管着它们，当人类将其混合起来后，去除用不着的，将能用的化合——倘若离开了人类，它们也许永远都聚不齐。若说，塔什克山顶湖彰显着构造出的绵延断崖同创造洼地的万能的自然力量，则工厂与汽车就在见证人的创造力，是在向世界诉说人的力量，颂扬着人类的智慧和创造精神。

# 4. 诞生于地球的原子的动态

眼前浮现出一副曾经见到过的夜景，那是克里木迷人的夜景。宇宙似乎瞬间入眠了，静谧的海水让人感觉不到它的流动。南方的众星眼都不眨一下，便投放出斑斓的光芒。周围静悄悄的，整个宇宙似乎在一刹那间停止了运转，静止在南部那美妙的无声的夜空里。

现实情形同我记忆中的夜景似乎毫无差别，但令大家意想不到的是，在这个时候有好多电磁波在瞬间穿梭了整个世界，其波的长度不一：有的仅有几米、有的长达几千米，这些波勇猛地蹿到臭氧层，转瞬便返回地球。这些波相互叠在一起，仅靠我们的耳朵根本感觉不到宇宙间的震动。

而悬挂于高空的繁星，像是被牢牢地镶嵌于夜空纹丝不动，实际上它们也随着地球在高速地运转着，旋转的速度令人晕眩，一秒钟能走几百千米甚至是几千千米。诸多的星体包括太阳，其裹挟着不借助望远镜无法看到的众多天体，朝着银河的一面旋转；一些星体更是以高得惊人的速度急速运动着，才聚拢出了庞大的星云；更甚者有些星星飞向了无人知晓的宇宙空间。

由于太阳附近温度过高那些经高温灼烤的物质就转化成蒸汽，而蒸汽以一秒钟几千千米的高速往上涌，一会儿就形成了一股股大气流，转瞬化作环绕在太阳身边的日珥且光芒四射。

距我们遥不可及的星体里面的最深处，亦有熔掉的物质在不停舞动。该处的温度在几千万度：细微的粒子分崩离析，原子核也裂开了，电子流腾空而起，电磁波跃过千百万甚至是几十亿千米的间隔跑到地球，使得地球大气都紊乱了。

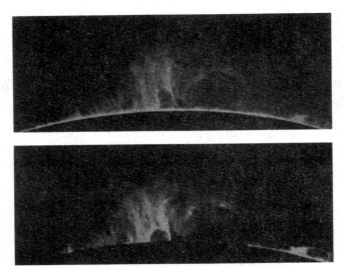

1910 年 5 月 28 号日食时的日珥，两张图展示的是 10 分钟内的变异

宇宙空间变得躁动不安了，公元前100年左右，一位大学者卢克来修讲了下面这段话：

> 不用说，那些原始的天体，
> 在辽阔的空间到处得不到安息。
> 相反，它们不断做出各种运动，相互追赶，
> 有一部分彼此发生碰撞而远远飞散，
> 有一部分却分散在相离不远的地方。

大家脚下的地球富有生命，我们脚踩着的地球看似很安静、静谧，其实在它的体表的各个部位都有生命迹象，仅一立方厘米见方的土壤中生活的小细菌就多达千百万个。人类发明的显微镜使我们的研究范畴更广了，获悉了那些微小细菌生物生活的别样环境，一直处于动态之中的过滤性病毒环境，吸引众人争鸣：这种过滤性病毒从属于生物界呢，抑或是非生物界鲜有的分子？

身处热运动之中的海水中的分子始终是运动着的，经科学研究发现，海水中富含的分子的振波长而复杂，并以一分钟几千米的速度在移动。

空气同地球间也一直发生着原子的交换活动。氢原子是由地下深处扩散至空气中的，因其运行的速度超过了引力，也就是说引力对它而言不起作用，就蹿到了星际的间隙。

游动的氧原子由空气中蹿至有机体，植物在分解二氧化碳后，碳就不停地循环，不过在地球深处，存在着由重岩石熔出的灼热熔岩，其喷涌着想跃至地球的表面。

如果我们眼前有一个洁净透明的晶体比如水晶，虽然坚硬无比，但是看上去却静悄悄的纹丝不动。晶体像是由各个小格子固定着，从而晶体包含的原子被紧紧定格于格子的交叉点。不过这仅是人们的想象：实际上原子一直在发生着位移，它们环绕着自身的平衡点始终在抖动，彼此间不停地交换着电子，位于它们体内的电子有时如同金属原子的电子般突然离去，有时又突然聚拢到一起沿着交错的轨道发生着位移。

大家周围所有的一切都是有生命的。克里木的静止般的夜景不是真实的景象；人类掌握的科技在一些情况下可让自然界受人意志的束缚，果真如此的话，人们对身边的物质移动的状况就会有更为清晰的剖析。当今的科技已能测出物质以几百万分之一秒里的高速在运行，借助新X射线便可将精确度提高至几百万分之一厘米，如此精确的程度我们一般用的尺子是无法企及的，通过调整其能将我们平常看到的东西扩大20万～50万倍，通过它我们才得见着世界上最小的过滤性病毒，更能见识物质的单个分子。显而易见，这个世界将不再是悄无声息的，而是由各个运动互相交织组合而成的，只不过彼此都想求得瞬间的平衡而已。

早先，大概是在古希腊强盛前，名哲学家赫拉克利特就生活于小亚细亚的岛屿之上，他有未卜先知的特异功能，他对宇宙间的事知道的颇多，他留下了一句话，在他之后的赫尔岑[1]将其说成是人的历史上最赋有天分的人的名言。

这句话是："一切都在流动。"他从永恒运动的观点出发表达了他对世界的认识，人们就是抱着这种想法迎接着历史的各个阶段。卢克来修以此为基础在他的诗里流露出有关万物的本质及世界历史等哲学思想。罗蒙诺索夫以此作为理论基础建立起了自己的物理学，他认为宇宙中的各个点

[1] 赫尔岑是19世纪俄国作家和文艺批评家。

均存在三种运动方式：直线向前的、环绕运动的、摇摆的。最新的研究结果已经为此做了见证，由此大家也应该换个视角来欣赏宇宙中的一切了，并可找寻出物质的运动规律了。

面对原子的分布规则，我们以为，正是自然界中的一些速度不等、方向不一且规模有别的永恒而复杂的运动规律，才让这些活动无休止地进行从而让大自然富有生气，其也使得各式各样的原子显得异常活跃，人们觉得自己似乎得用新的方法论去观察、认识和理解我们周围的世界了。

光我们所看到的周围世界都广袤而不同凡响，大家都已经无法用千米这个单位去衡量了，因为这个单位不够度量。以地球同太阳的距离15000万千米作为例子来说，尽管一秒钟光就能绕着太阳跑上七圈半，但是要跑完这个路程也得8分钟左右，就算用地球和太阳的距离作为度量长度的单位都是不够衡量的。于是聪明的科学家就想出了一个与众不同的单位，那就是"光年"，意为光线在一年跑出的路程。将望远镜调到最大的倍数就能发现更多的星体，它们散出的光跑上千百万年才能落到地球之上……这一切充分说明自然界是没有界限的！而人类仅能看到有限的周围世界，则是缘于人们的智慧还有限无法造出更先进的望远镜……那些在宇宙中聚拢在一起的团团星际物质，凝结到一块儿人们称其为"星协"，它们的数量在一千亿个左右。一个星协包括大约一千亿颗星，一个星星又包含1后面加57个零数量的质子和中子，即组合出宇宙的众多小粒子。就这还不包括那些更微小的携带电的小粒子呢，它们所带的电是负的，那些电子我们没有计算在内。

在大自然中最多的是氢。大家都很清楚，诸多星云的成分仅包含氢。氢原子不但受到万有引力的影响，还受原子间特有的推力的影响——原子彼此间存在的这种力尚在探索阶段——就是让它们集合起来的那种力。聚拢出一大团一大团的原子，团内原子的数量得用56位数字来表示，即它们组合出了一颗星，不过相对于宇宙而言聚拢出一颗星的原子就太渺小了。也许大家会觉得，宇宙中的大部分是空无一物的，一立方米包含10个或者是100个物质的微小粒子，也就是原子，因此该处的压力不及一个标准大气压的十的二十六次方分之一。面对如此浩瀚的宇宙我们不仅会联想到另一个稠密的空间，那个空间的密度小缘于星体深处的压力，那里存在着几十亿大气压的压力，另外还有几千万甚至几亿度的高温：此处也为自然界的实验室，从氢原子产生出了更多新且更重的原子，首当其冲的要数氢原子了。

其中的一些星星发出很亮的白光，如较为有名的天狼星伴星，组成该星的物质结合的异常紧密，其重量为相等体积的金与铂的1000倍。我们想象不出这种物质到底是什么，它的特点又有哪些。

一是无垠的星际空间里单个原子在翱翔，在此处自然界的静止和急速运转不可辩驳的同时进行着，温度也是我们无法想象的零度。

二是星体的中央，千百万度的高温同时还有千百万大气压的压力相聚于此，在这里电子的排斥力对于原子不起作用，聚拢起来成了一大块很紧密的物质，这是我们在地球上无法见到的物质。在这样的情形下就演变出了化学元素，星体越大，其深处的温度就越高同时压力也越大，从而形成的元素也就重起来了，而且越发得牢固。

出现的化学元素便是同宇宙混沌形态相抗争的首要环节，在高温和高压下，处于游离态的质子和电子能生产出重一些的原子核。

照此下去，不同的位置慢慢就会出现不同的结构，从而出现人类称作化学元素的东西。有些元素储藏的能量多些，因此就重一些；而一些仅包含几个质子和中子的，就要轻得多。那些重量轻的元素常常在星体的身边或它们的大气层流动，或者是聚拢出庞大的星云。那些较为稳定的元素，则停靠在热浪席卷的或熔掉的星体表面。

一些结构在遇到强有力的辐射后会损坏一些星体的构造，促使其他结构出现：出现的这种巨大力量会有损原子核的稳定，造成一些元素的分崩离析，新的元素又诞生了，该过程一直延续到新原子不再受这种力量的控制才结束。形态各异的原子在宇宙空间的运动过程就从此时算起了。其中的一些原子，比如钙与钠的原子，遍布行星际的间隙，其可自由翱翔于整个宇宙。那些重量大的原子，性格稳重，一起在星云的某个角落聚拢。遇到降温的情形，各个原子的电场就连接起来了，这么一来，结构简单的化合物分子就形成了，像碳化物和碳氢化合物以及乙炔的微小颗粒，另外还有地球上见不到的一些物体，它们都是原子组合成的新生物，它们是研究天体的物理学家在观察遥不可及的星体中炙烤着的表面之际观测到的。这种处于游离态的结构并不复杂的分子，慢慢组合成整齐划一的体系。在温度不高的情况下，脱离有损自己的环境，无须触及星体的纵深处，就可形成宇宙组合的第二环境，结晶体就诞生了。晶体作为别样的建筑物，它里面的原子都按一定的规律排列着，如同方形的块状物放在盒子里那样。晶体的出现是物质脱离混沌状态的第二个步骤，每立方厘米晶体的产生，就得让1之后添22个零的原子聚拢到一起。结晶物质常常表现出不一样的个性，这就是晶体的特性。晶体来源于原子，不过对于晶体而言，原子里的那些规则却都丝毫不起作用了，不受人类还没弄清楚的原子核能规律的约束，而是受新生成的物质的规则制约——化学规律约束。

我不打算继续写这方面的内容了。我要特别指出的是，我们对宇宙的认识还是很有限的，自然界变化多端，它的静止只是相对而言的，实际上在其内部运动无所不在；世上的物质都是在运动中形成的，新的物质的形态跟我们在地球表面见到的毫无二异，如同大家在大自然中的硬石块中发现的一模一样。笔者前面介绍的内容，好多已由当前的科研成果验证了，不过有关从混沌状态先诞生原子后又出现晶体，还存在好多人们解不开的谜团。

但是我上面同大家讨论的问题，是出生于罗马的卢克修莱在2000年前就讲得很明白的了，太不可思议了吧？我们给大家摘录他的其他几行诗：

原始的时候只是一片混沌和暴风，
一切的开端都是没有秩序的乱哄哄，
在混乱的交战里诞生了
空隙、路线、结合、吸引、冲撞、相遇和运动。
因为它们的形状样式不相同，
大的和小的互相冲散，各奔西东，
它们之间的运动毫无规律，
性质不同的部分彼此分散，
相同的部分联合占据一部分世界，
然后在这世界里发展、合作分工。

由此可见大自然中的万物不是完全不动的：所有的东西都在运动，只是运动的速度有差异而已。在人们的印象里石头是不动的，殊不知，它时刻都在动，这有什么可奇怪的呢，构造它的原子每分每秒不都在动吗？我们以为石头是静止的，因为人们无法发现这种变动，还由于这种运动结果经过一个很长的时间才能为人们认识，而人类自身的运动速度则要超出石头很多倍。

最初人们认为原子不可分、稳固，连续不断跟它不相干，殊不知这个想法是不正确的，原子也在跟随时间变化。一些人们被称作放射性的原子，其运动速度一般较快，除此之外的原子的运行速度都很慢……再则说了，人类了解的一些原子也不断在变，其诞生于炙烫的星体中，然后成长直至消亡……

而且人类运用自己的智慧一直呈现着它们的持续变化与发展历程：由最初的不熟悉、模糊、混乱，不过随着人类知识的增长就弄清了自然界物质的各种互相联系的类型了，明白运动是遵循一定规则的，从而认识到宇宙是严密的、统一的……而后来的科学研究也证明了这些。

# 5. 门捷列夫定律

有一位年纪不大的却很有名的教授，正坐在圣彼得堡大学的实验室，此人正是门捷列夫。他刚开始教大学的普通化学课程，此时此刻他正忙着写给学生授课用的讲义。他正在思考如何介绍化学定律和怎么讲解各种元素的历史，他正在苦思冥想学生最容易接受的传授知识的教学方法。介绍钾、钠或者是锂，介绍铁、锰和镍，又如何整合起来介绍？他深深意识到，一些元素间的联系还不是很清晰。

他找了几张卡片，在各种卡片上分别用大写的字母标注一种元素、原子的质量和它的最重要的特性。随后他顺次摆放起了卡片，并按照元素的特性归了类，就如同在夜里玩纸牌的大妈似的将纸牌一堆堆摆放在一起。

在这个过程中，他发现了一些规律。他根据元素原子量递增的顺序安排它们的位置，他认为除了一些特例外，元素的特性在经历一些间隔后便会再次重现。接着他便将特性再现的卡片放到了另一排，即到了第二排，也就是安排到了第一排的下方；在第二排放了7张卡片后，他又在第三排摆起了卡片。

# 门捷列夫元素周期表

| 周期 | 系 | 电子层 | I（— R₂O） | II（— RO） | III（— R₂O₃） | IV（RH₄ RO₂） | V（RH₄ R₂O₅） | VI（RH₂ RO₃） | VII（RH R₂O₇） | VIII（— RO₄） | VIII | VIII | O（— —） |
|---|---|---|---|---|---|---|---|---|---|---|---|---|---|
| 1 | I | K | H 1 氢 1.0080 (1) | | | | | | (H) | | | | He 2 氦 4.003 (2) |
| 2 | II | L K | Li 3 锂 6.940 (1 2) | Be 4 铍 9.103 (2 2) | B 5 硼 10.82 (3 2) | C 6 碳 12.010 (4 2) | N 7 氮 14.008 (5 2) | O 8 氧 16.0000 (6 2) | F 9 氟 19.00 (7 2) | | | | Ne 10 氖 20.183 (8 2) |
| 3 | III | M L K | Na 11 钠 22.997 (1 8 2) | Mg 12 镁 24.32 (2 8 2) | Al 13 铝 26.98 (3 8 2) | Si 14 硅 28.09 (4 8 2) | P 15 磷 30.975 (5 8 2) | S 16 硫 32.066 (6 8 2) | Cl 17 氯 35.457 (7 8 2) | | | | Ar 18 氩 39.944 (8 8 2) |
| 4 | IV | N M L K | K 19 钾 39.100 (1 8 8 2) | Ca 20 钙 40.08 (2 8 8 2) | Sc 21 钪 44.96 (2 9 8 2) | Ti 22 钛 47.90 (2 10 8 2) | V 23 钒 50.95 (2 11 8 2) | Cr 24 铬 52.01 (2 12 8 2) | Mn 25 锰 54.93 (2 13 8 2) | Fe 26 铁 55.85 (2 14 8 2) | Co 27 钴 58.94 (2 15 8 2) | Ni 28 镍 58.69 (2 16 8 2) | |
| | V | N M L K | Cu 29 铜 63.54 (1 8 8 2) | Zn 30 锌 65.38 (2 8 8 2) | Ca 31 镓 69.72 (3 8 8 2) | Ge 32 锗 72.60 (4 8 8 2) | As 33 砷 74.91 (5 8 8 2) | Se 34 硒 78.96 (6 8 8 2) | Br 35 溴 79.916 (7 8 8 2) | | | | Kr 36 氪 83.80 (8 8 8 2) |
| 5 | VI | O N M L K | Rb 37 铷 85.48 (1 8 18 8 2) | Sr 38 锶 87.63 (2 8 18 8 2) | Y 39 钇 88.92 (2 9 18 8 2) | Zr 40 锆 91.22 (2 10 18 8 2) | Nb 41 铌 92.91 (2 11 18 8 2) | Mo 42 钼 95.95 (2 12 18 8 2) | Te 43 锝 (99) (2 13 18 8 2) | Ru 44 钌 101.7 (2 14 18 8 2) | Rh 45 铑 102.91 (2 15 18 8 2) | Pd 46 钯 106.7 (2 16 18 8 2) | |
| | VII | O N M L K | Ag 47 银 107.880 (1 18 18 8 2) | Cd 48 镉 112.41 (2 18 18 8 2) | In 49 铟 114.76 (3 18 18 8 2) | Sn 50 锡 118.70 (4 18 18 8 2) | Sb 51 锑 121.76 (5 18 18 8 2) | Te 52 碲 127.61 (6 18 18 8 2) | I 53 碘 126.91 (7 18 18 8 2) | | | | Xe 54 氙 131.3 (8 18 18 8 2) |
| 6 | VIII | P O N M L K | Cs 55 铯 132.91 (1 8 18 18 8 2) | Ba 56 钡 137.36 (2 8 18 18 8 2) | La 57 [58~71] 镧 138.92 (2 9 18 18 8 2) | Hf 72 铪 178.6 (2 10 32 18 8 2) | Ta 73 钽 180.88 (2 11 32 18 8 2) | W 74 钨 183.92 (2 12 32 18 8 2) | Re 75 铼 186.31 (2 13 32 18 8 2) | Os 76 锇 190.2 (2 14 32 18 8 2) | It 77 铱 193.23 (2 15 32 18 8 2) | Pt 78 铂 195.23 (2 16 32 18 8 2) | |
| | IX | P O N M L K | Au 79 金 197.2 (1 18 32 18 8 2) | Hg 80 汞 200.61 (2 18 32 18 8 2) | Tl 81 铊 204.39 (3 18 32 18 8 2) | Pb 82 铅 209.21 (4 18 32 18 8 2) | Bi 83 铋 209.00 (5 18 32 18 8 2) | Po 84 钋 210.0 (6 18 32 18 8 2) | At 85 砹 (210) (7 18 32 18 8 2) | | | | Rn 86 氡 222.0 |
| 7 | X | Q P O N M L K | Fr 87 钫 (223) (1 8 18 32 18 8 2) | Ra 88 镭 226.05 (2 8 18 32 18 8 2) | Ac 89 [90~103] 锕 227 (2 9 18 32 18 8 2) | | | | | | | | |

| | 电子层 | | | | | | | |
|---|---|---|---|---|---|---|---|---|
| 镧系元素 | P O N M L K | Ce 58 铈 140.13 (2 9 19 18 8 2) | Pr 59 镨 140.92 (2 9 20 18 8 2) | Nb 60 钕 144.27 (2 9 21 18 8 2) | Pm 61 钷 (145) (2 9 22 18 8 2) | Sm 62 钐 150.43 (2 9 23 18 8 2) | Eu 63 铕 152.0 (2 9 24 18 8 2) | Gd 64 钆 156.9 (2 9 25 18 8 2) |
| | P O N M L K | Tb 65 铽 159.2 (2 9 26 18 8 2) | Dy 66 镝 162.46 (2 9 27 18 8 2) | Ho 67 钬 164.94 (2 9 28 18 8 2) | Er 68 铒 167.2 (2 9 29 18 8 2) | Tm 69 铥 169.4 (2 9 30 18 8 2) | Yb 70 镱 173.04 (2 9 31 18 8 2) | Lu 71 镏[1] 174.99 (2 9 32 18 8 2) |
| 锕系元素 | Q P O N M L K | Th 90 钍 232.12 (2 10 18 32 18 8 2) | Pa 91 镤 231 (2 9 20 32 18 8 2) | U 92 铀 238.07 (2 9 21 32 18 8 2) | Np 93 镎 (237) (2 8 23 32 18 8 2) | Pu 94 钚 (242) (2 9 24 32 18 8 2) | Am 95 镅 (243) (2 9 25 32 18 8 2) | Cm 96 锔 (243) (2 9 26 32 18 8 2) |
| | Q P O N M L K | Bk 97 锫 (245) (2 8 27 32 18 8 2) | Cf 98 锎 (246) (2 8 28 32 18 8 2) | An 99 锿[2] (247) (2 8 29 32 18 8 2) | Cn 100 镄[3] (248) (2 8 30 32 18 8 2) | 101 | 102 | 103 |

| | | |
|---|---|---|
| Fe 符号 | 26 原子序数<br>铁 元素名称<br>55.85 原子重 | 2 电<br>14 子<br>8 层<br>2 |

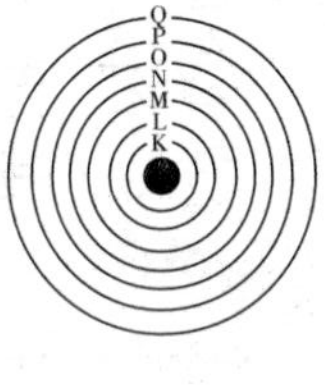


| | | |
|---|---|---|
| I | 电子层 | —K |
| II | —"— | —L |
| III | —"— | —M |
| IV | —"— | —N |
| V | —"— | —O |
| VI | —"— | —P |
| VII | —"— | —Q |

就这样不知不觉地，他已经给17个元素找到了位置，当性质相近他就将它们上下对齐，可是有些元素的性质也不全近似，他就为那些元素留出了位置。随后再向下排列了17张卡片，就有了后面的那几排。越往下排就越难排，好多元素的性质不好分，不过其性质重新再现这一点是确定无疑的。

就这样门捷列夫就将自己熟悉的元素排列出来了，形成了一张特殊的表格，该表除了一些特殊情况外，其他元素都是根据原子量的递增情况顺次横排的，遇到性质接近的元素都上下对齐往下排列。

门捷列夫在1869年的3月份，向圣彼得堡的理化委员会写了份报告，将自己发现的规律报告给该组织。在他预见到他的发现的重大作用后，他就花大力气钻研起来了，他想把自己的发现结果矫正得更为准确些。没过多久他就发现，表格里确实得留一些空位。

"以后会在硅和硼与铝之下的空缺处发现新的元素的。"他自言自语道。结果他的想法很快就得到了验证，在他预留的位置上填上了新的元素，它们的名字依次为镓、锗和钪。

就这样这位俄罗斯的化学家在化学方面做出了重要的贡献。不过，不要以为这样的发现是唾手可得的——找卡片，注明元素的名称，排列卡片这么简单，然后就万事大吉了。这一切看起来似乎很容易，另外还需要机遇。那个时代人类找到的元素加起来也就62种，测量原子量时的误差还是很大的，甚至是不正确的，原子的性质还没有完全为人们所认知。要想有成就都得付出辛劳探索各个原子的特性，了解这些元素及它们相似的地方，熟悉各个原子的运动轨迹，分清它们在自然界为"友"还是为"敌"，然后方可得到这样的成果。

诸如上面的问题，门捷列夫之前的研究者在探究地球化学时也遇到过的，但只有门捷列夫把它们汇集起来了。

其他几位科学家也发现了元素间的内在联系，只是觉得它们之间的关系还不是很清晰、不是很完全而已。

不过在那个时候大多数科学家都觉得，寻找元素的亲属关系是一件很荒谬的想法。比方说，英国名叫纽兰兹的化学家，他曾经为意大利的自由而在部队服过役，曾想要发表他撰写的文章，论述的就是一些元素的特性随着原子量的递增而重现的事实，不幸的是英国化学会并不认同他的观点，甚至有化学家讥笑道，假如纽兰兹将全部元素按其字母依序排列，也许会有意想不到的收获。

不过这毕竟是少数人的观点，应从多数人的观点着手，做好整体计划，认识宇宙的根本规律，接着用研究成果印证该规律的准确性，不断探索并一一验证各个元素的特性严格遵循该规律，不断印证一切元素都降服在这条定律之下，接着利用这条规律推导元素的特性。

要达到这个目的，就得依靠天赋的直觉，敏感体察到矛盾的普适性，并拿出锲而不舍的钻研精神不断深入求索，这也只有像门捷列夫那样的知识巨匠才能做得到。

他探索到了宇宙中所有元素的相互联系，他分析得无懈可击、清晰可辨而又不难理解，以至没有人能驳倒他，唯有他把元素不乏条理地整理在了一起。诚然，元素彼此间的联系还不是很清晰，但从总的排序情况来看次序分明，由此可见门捷列夫当时已经发现了宇宙中的又一定律，也就是化学元素的周期律。

至今80多年过去了，门捷列夫在化学周期律方面深钻了40年，他埋头在实验室向着纵深处探索着化学中的秘密。

后来他到了度量衡检定局，使用精确的方法探索并测出了金属的属性，他用一个个研究成果一步步验证着自己的周期律。

接着他到乌拉尔勘探当地的石油资源，花费了大量的时间钻研石油和石油的起源，不管是在实验室还是大自然里，他都能看到周期律的影子。无论是面对理论或者是工业实践，周期律都同指南针的作用近似，像帮航海家确定航行的方向那样为研究者和实践者指点着方向。

他在去世之前，将他在1869年制作的元素周期表不断研究订正，提高了它的精确性；诸多的化学家前仆后继顺着他探索的道路继续求索，有的探索出了新元素，有的找到了新的合成物，在研究过程中他们深深感受到了门捷列夫表的重要性。

如今我们见到的化学元素周期表，是经不断修订相当完善的了。

随后人们发现，化学元素周期表在探索原子光谱结构的规律性时也发挥着指南针的作用。英国的莫斯莱研究元素光谱时，将元素根据化学周期表的顺序依次往下排，1913年他发现了门捷列夫表的另一条规律，他指出了化学元素周期表中元素序号的重要性。

原子核的电荷数是原子内部最为重要的，这是由莫斯莱经过研究得出的结论，电荷数恰好同原子的序号等同，比如氢原子的序号为1，氦的为2，锌为30，铀为92。而一些含有原子序号数量的电子让电荷控制于核外，围绕着核沿着轨道移动。

一切原子，核外的电子数都与它的原子序号相同，原子的所有电子于核外按照某种方式分成数层。跟核距离最小的K层也就是第一层，对氢原子而言是1个电子，不过相对于别的元素的原子而言却是2个电子。到了L层也就是第二层，多数原子有8个电子。一旦进入M层原子的电子数将会跃至18个，而到了N层原子的电子数就增加了到32个。

靠外边的电子层的结构影响着原子的化学性质，倘若该层有8个电子，它就会相当的稳定。如果最外边的电子层仅有一两个电子，那么就意味着它们失掉的概率大增，果真如此的话原子就转化成了离子。比方说，钠和钾与铷的最靠外的那层分别有一个电子。失去这个电子的可能性大增从而自己变身成了携带正电的一价正离子，最靠外边的第二层就跃升为了最外层。此层有8个电子，产生的离子就较为稳定，轻易不会再变了。

钙和钡与一些碱土金属的原子，外层分别有两个电子，失去那两个电子的它们，转身就变成了稳定的二价正离子了。溴和氯及其余的卤素的原子，外层分别有7个电子。它们急切地想从别的原子的外层夺到一个电子，如果得手，它的外层就拥有八个电子，而它自己就变成了惰性十足的负离子了。

一般来说，原子外层有3个或者4个或者是5个电子，于是此类元素在化学反应中变成离子的可能性就无法预测了。

元素的原子质量和其在宇宙的数量，受制于原子核结构，不过化学特性和光谱却深受电子数量的影响；如果它们最外边那层的电子层构造相同，照说它们的化学性质就应该十分相似。

原子的奥秘不止如此，从人类探索到了原子的奥秘，使众多的化学家和物理学家与电气化学家以及天文学家同技术家甚至工艺家意识到，最有用和奇特的宇宙定律之一要数化学元素周期表了。

## 6. 目前的化学元素周期表

科学家们利用一切办法，想要让化学元素周期表的特征更为明显和明确。

在不同的年代他们将化学元素周期表绘成不同的样式：

有的时期绘制成纵横的条带，有的时期绘制成旋卷于平面之上的螺旋（下图），有的时期又会绘制成错综交织的弧与线。

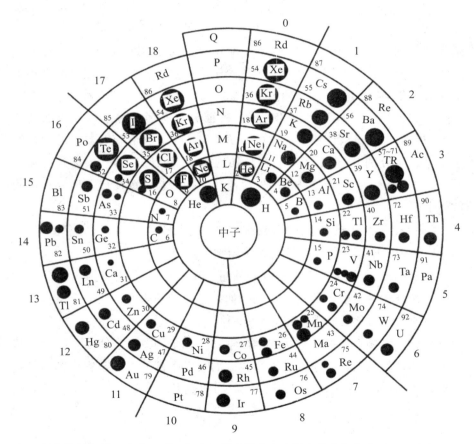

螺旋状的门捷列夫表，原子与离子的比较大小由圆点的直径代表（1945 年）

下面我要给大家介绍的是，在目前的科技水平下化学元素周期表都有哪些绘制方法。

我们来观察下图中的表，进而体会它的重要意义。

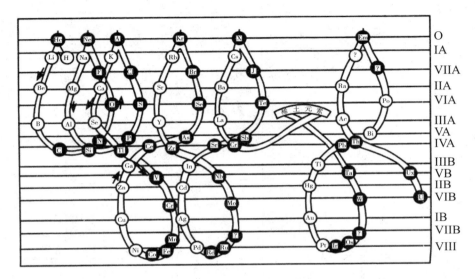

索第绘制的化学元素周期表（1914）。其中性质相近的元素都位于同一条横线上。周期长的就绘成 8 字形。金属用白圈表示，非金属用黑圈表示，中性元素（惰性气体与可产生两性氧化物的元素）用阴影圈表示

跃入我们眼帘的首先是诸多的方格，它们横向排作7列，借助纵直线将那些横列隔成18直行，或者是遵照化学家的意见，隔成18族。不过多数教科书中的化学元素周期表都跟笔者书里的有些不同（几个横列被隔成了两列），然而对我们而言，前一种排列法使用起来却要省不少事。

首列总共有两个元素：氢（H）和氦（He）。二列同三列分别有8个元素。四五列分别有18个元素。此6列方格内总共存在72个元素，但在56～72号的一个方格内存在15个元素而非一个元素，它们属于稀土元素族。到了末尾，后一列理应和前面的那列相同即隔成32格，不过现在还只能先写其中的一些。

首个格子里填的是氢，我们猜不出在它之前又会出现哪些元素，因为氢核内的质子和中子是构造别的原子的基础；这就说明，门捷列夫当初将它安排到表里的第一位是最为明智的。然而到了表的结尾却陷入瓶颈，以

# 门捷列夫元素周期表

## 表明各种元素在地球化学上的作用

点在左上方——花岗岩里的元素（粉红色）
点在左下方——含铁和镁比较多的重岩石里的元素（绿色）
点在右上方——地球表面、空气、水里的元素（青色）
点在右下方——矿脉里的元素（黄色）

| | | | | | | | | | | | | | | | | | 1· H 1.008 | 2· He 4.003 |
|---|---|---|---|---|---|---|---|---|---|---|---|---|---|---|---|---|---|---|
| ·3 Li 6.940 | ·4 Be 9.013 | | | | | | | | | | | ·5 B 10.82 | 6 C 12.010 | 7 N 14.008 | ·8 O 16.00 | ·9 F 19.00 | | 10· Ne 20.183 |
| ·11 Na 22.997 | 12· Mg 24.32 | | | | | | | | | | | ·13 Al 26.98 | ·14 Si 28.09 | ·15 P 30.975 | 16 S 32.06 | ·17 Cl 35.457 | | 18· Ar 20.183 |
| ·19 K 39.100 | ·20 Ca 40.08 | ·21 Sc 44.96 | ·22 Ti 47.90 | 23 V 50.95 | 24 Cr 52.01 | ·25 Mn 54.93 | 26· Fe 55.85 | 27 Co ·58.94 | 28 Ni ·58.69 | 29 Cu 63.54 | 30 Zn 65.38 | ·31 Ga 69.72 | 32 Ge 72.60 | 33 As 74.91· | 34 Se 78.96· | 35· Br 79.916 | | 36· Kr 83.80 |
| ·37 Rb 85.48 | ·38 Sr 87.63 | ·39 Y 88.92 | ·40 Zr 91.22 | ·41 Nb 92.91 | ·42 Mo 95.95 | 43 Tc (99) | 44 Ru ·101.7 | 45 Rh ·102.91 | 46 Pd ·106.7 | 47 Ag 107.880· | 48 Cd 112.41· | 49 In 114.76· | ·50 Sn 118.70· | 51 Sb 121.76· | 52 Te 127.61· | 53· I 126.91 | | 54· Xe 131.3 |
| ·55 Cs 132.91 | ·56 Ba 137.36 | ·57~71 稀土元素 | ·72 Hf 178.6 | ·73 Ta 180.88 | ·74 W 183.92 | ·75 Re 186.31 | 76 Os ·190.2 | 77 Ir ·193.1 | 78 Pt ·195.23 | 79 Au 197.2· | 80 Hg ·200.61 | 81 Tl 204.39· | 82 Pb 207.21· | 83 Bi 209.00· | 84 Po 210.0· | 85 At (211) | | 86 Rn 222.0 |
| 87 Fr (223) | ·88 Ra 226.05 | ·89 Ac 227 | ·90 Th 232.12 | ·91 Pa 231 | ·92 U 238.07· | | | | | | | | | | | | | |

### 稀土元素

| ·57 La 138.92 | ·58 Ce 140.13 | ·59 Pr 140.92 | ·60 Nd 144.27 | 61 Pm (145) | ·62 Sm 150.43 | ·63 Eu 152.0 | ·64 Gd 156.9 | ·65 Tb 159.2 | ·66 Dy 162.46 | ·67 Ho 164.94 | ·68 Er 167.2 | ·69 Tm 169.4 | ·70 Yb 173.04 | ·71 Lu 174.99 |
|---|---|---|---|---|---|---|---|---|---|---|---|---|---|---|

### 超铀元素

| 93 Np (237) | 94 Pu (242) | 95 Am (243) | 96 Cm (243) | 97 Bk (245) | 98 Cf (246) | 99 An (247) | 100 Cn (248) |
|---|---|---|---|---|---|---|---|

前金属铀一直居于表中元素的末位。

但是化学家在之后的实验中发现了超铀元素，于是门捷列夫表的后门把守员就轮不到铀了。铀距最后一格间隔着八格，它们都是新发现的元素：比如排在93号的镎（Np）、94号的钚（Pu）、95号的镅（Am）、96号的锔（Cm）、97号的锫（Bk）、98号的锎（Cf）、99号的锿（An）、100号的镄（Cn）。

大家看到各个方格上方的数字了吗？仔细观察不难得出它们自1开始沿着方格的顺序依次类推。人们称它们为原子的序号，它们就是各个元素原子里面包含的携带电的粒子的个数，因此它们是各个格、各个元素的最为重要的、不可或缺的性质。

比如说，在填写着原子量为65.38金属锌的方格里，有30这个数字，它一是表示锌的原子序号；二则表示围着锌原子核运动的是30个携带电的粒子，也就是人们所说的电子。

其中的四种元素如排在43位和61位与85位及87位的这几种元素，诸多化学家就在宇宙空间多方寻找过，他们对大量的矿物和盐家族进行了分析，欲放在分光镜下看是否存在人类还没有发现的光谱线，但是始终没有成功。杂志上多次发表了这方面的长篇撰文，告知天下找到了那四种元素，不过经验证明都不是。后来在地球和别的天体上都不见它们的踪影，不过目前人们已经采用人工技术制成了。

排位在第43号的元素在特性方面跟锰接近，因此最初门捷列夫管它叫作类锰，不过现在已经使用人工方法获取了这个元素，人们称它为锝。

位于碘之下的那个元素，就是排位在85号的元素具有一种神奇的特性，比碘更容易逸散，于是门捷列夫称它为类碘。之后它也利用人工方法制成了，人们称它为砹。

在一个很长的时间里第三个元素一直不为人们所知悉，它位处表中的第87位，也在门捷列夫预测的元素内，并称其为类铯。不过现在它也采用人工方法制成了，人们称它为钫。

最后一个元素人们一直都无法在地球和其他星体上获得，它排在第61位，为稀土金属，也是人工制取的，人们称它为钷。

门捷列夫当时仔细分析了大自然的概貌，方绘得了首张化学元素周期表的草图，目前的表跟以前的比起来就完善多了。

之前我讲过，各个方格都有自己的编号，每个序号都只和一个元素对应。不过经物理学家研究，其实并没那么容易。比方说序号为17的那个方格，就它的化学性质而言，仅有一种气体那就是氯，氯原子中央存在着一个核，而围着核运动的核电子有17个，如同星体围着太阳转似的。而物理学家预测说有两种氯：一种重些而另一种则较为轻。然而这两种氯一般以相同的比例混合，因此原子量的平均值一直为35.46。

我们再来说说另外一个例子，谁都知道排在第30位的为锌。但是物理学家再次预测到，它也有不止一种，有些重而有些轻，总共有6种。这样一来，一个方格内尽管仅有一种化学元素，而且都有自己与生俱来的特性，但是这类元素常常有不止一种，简而言之存在"同位素"而且不止一种。一些元素存在一种同位素，而有些则有十个之多。

不言而喻，同位素的出现，让化学家兴奋不已。为何一切同位素的分量都严格遵循一定的比例？又为何同位素的这个位置重的部分多而另一个位置却是轻的多呢？化学家想尽办法想搞清楚其中的缘由。他们研究了来源不一的盐：来自海水的盐、来自湖泊的盐、岩盐、产自中非洲的盐；他们分别用这些盐制取了氯气，令人惊讶的是这些氯气的原子量居然相同。为了获得准确的结论他们找来了天上落下的石头制取氯气，得到的氯气成分根本就没改变。也就是说无论这种元素来自何方，原子量都相同。

后来，化学家成功了。有几位化学家在实验中尝试着将轻重不一的同位素分开，结果氯气经过较长时间的繁复的蒸馏过程出现了两种气体：一种是氯原子轻些的，另一种是氯原子重些的。但是两种氯气的化学特性完全相同，然而它们的原子量却不相同。

同位素出现后，一下子让化学元素周期表变得很不寻常了。之前92个方格一目了然，一格一种元素，方格中的序数表示核外的电子数，所有的一切都恰到好处、清晰无比、具体，但是一夜之间人们发现原来的又不对了。

这时人们突然发现世界上不止有一种氯原子，而是三种，它们的重量依次为15、16、18。不可思议的是，氢也有三种原子：1是第一种原子量；2为第二种的；3是第三种的。最后一种在世界上鲜有，就没有必要记了，第二种也常常被人们忽略。人们给它取了个很怪的名字叫氘[1]。

就化学性质而言，氘和一般的氢气并没有什么区别，但是氘要比氢气重两倍。在大型工厂借助电流分解水，便可得到纯氘，以氘合成的水较之用轻些的氢气合成的水要重一些。重水具有特殊的特性：其有害生命（对活细胞的杀伤力很大）。简而言之，氘的存在对别的生命有害。

化学家在实验过程中发现这一点后，地球化学家尝试着在大自然中也能得到同样的答案。大家应该明白，在曲颈甑中都能将不同重量的氢原子分开。怎么就不能在大自然中做到呢？差别在于：大自然中的化学过程都不是悄无声息地展开的，我们所处的环境不都是永恒在变吗？熔掉的岩浆不是都一会儿在地下，一会儿又出现在地面上吗？不一定同工厂和研究机构那样容易地采集到纯的同位素。大家应该很明确，海水较之河水与雨水拥有的重水多，而某些矿物里的重水多于海水里的。如此一来，呈现在我们眼前的又是一个全新的世界，这是之前的矿物学家和地球化学家都想象不到的。

那些化合物间的差异不是很明显，得借助先进的化学方法和物理方法才能发现。

就算这个差别为几百万分之一克与几百万分之一厘米，甚至是几千分之一克或几千分之一厘米，探索自然界的石块、水和土壤之时，矿物学家和地球化学家都无法感觉到。有时我们意识不到有三种氧、六种锌、两种钾，因为它们之间的差异十分小，进一步来讲，就是说我们目前的研究方法还有待改进。

唯有化学家和物理学家采用精确方法深研后，才能找到元素的同位素。毋庸置疑，如果我们用精密的方法去认识大自然的一切，定会发现世界上人们还没预测到的化学定律。

朋友们，我们就不要再纠结在同位素上了，我们不妨将门捷列夫周期表的一个格子假想成一个稳固的化学元素。排列在50格内的我们就把它只当作锡，不管情况如何变化都如此看待，有它参与的化学反应也应如此对待，在大自然中一些相同的晶体里就有它的身影，其原子量在哪儿都为118.7。

---

[1]　氘音 dāo。

门捷列夫表也不会因为人们发现了同位素而失去价值，只是在一些细节上发生了微妙的变化，其实它还是那么简洁明了、一目了然，确切地反映着大自然的概貌，与门捷列夫伊始描绘的情形毫无差别，门捷列夫也许预测到了这张表的重要作用。

我们再来好好研究一番该表，细想一下它在矿物学家和地球化学家探索大自然时发挥着怎样的作用呢。

大家先从表的各个直行的格子看起，由上到下将整个表过一遍。

我们从首行开始，先来看锂、钠、钾、铷、铯、钫，这六个就是人们常说的碱金属。去除人工制取的钫之外，大自然中的它们都是不分开的。几种我们熟知的化合物就来源于它们：我们食用的盐就是钠的化合物，加工烟火的硝石就是钾化合物中的一种。

除了钠和钾剩下的四种碱土金属并不多见，人们用它们生产结构复杂的电器仪器，六种元素虽有差别，不过它们的化学性质却很相似。

到了该看第二行了，与上一行一样，这些元素也是碱土金属，首先是最轻的铍，最后就是很不平凡的镭了。它们的特性比较接近，跟一个家庭里的成员一样。

而排在第三行依次为硼、铝、钪、钇，接下去依序为15个稀土金属，最末那个是锕。现实生活中我们熟知的只有硼和铝这两种元素，焊药可以由硼砂担任。霞石、长石、刚玉、铝土中包含着铝，像金属器皿、锅子、调羹可由纯铝制作。这个族类的元素要复杂一些。铝属于金属家族的正品了，但是硼为非金属而非金属，因为它与典型的金属在一起后就变身成了盐（比如硼砂）。

碳和硅、钛、锆、铪以及钍，它们排列在第四行。碳和硅为大自然中的主要元素，碳在所有生物体中都能找到，它也藏身于所有的石灰岩之中，对于硅我打算用一章的篇幅来介绍。

接下来我们该说第五六七行了，它们都是一些特殊的金属元素，它们对于钢铁工业那可是不可或缺的，在钢里增添它们，钢的性质就会起变化。

接下来我们就该和大家讨论门捷列夫表的重点了，也就是该表的第八九十行。在该表中这里最为显著的不同就是，横着毗邻的那三种金属的性质很相似。铁、钴、镍的性质也很接近，也常在大自然中的同一个地方出现，即使进行化学分析也难让它们分离。钌、铑、钯这几个轻铂金属家族的成员与锇、铱、铂这些重金属族里的成员，这些元素也极为相似。

看完表的中心部分我们继续往下，紧跟中心部分的这四行分布着铜、锌、锡、铅，它们都属于重金属族类，它们在人们的生活中无处不在。

转眼到了第十五行，氮气先进入我们的视线范围，紧随其后的便是逸散性强的磷与砷，接着就是锑这个半金属元素，典型的金属铋被安排到了最后。这一行暗示大家后面就要大不一样了，因为后面的元素有光泽的金属不再出现，人们十分熟悉其性质的金属也跑得无影无踪了。排在此处的都是化学家眼里的非金属元素，比如气体和液体还有非金属的固体。

氧、硫、硒、碲都位居第十六行，这些元素的性质已为大家所熟知，钋的性质人们还一无所知。我们继续往下看，呈现在我们眼前的是第十七行的那些容易逸散的元素，排在最前的气体如氢和氟及氯三种，继续往下就是溴这种液体，固体的结晶碘紧跟溴排列着，它是很容易逸散的，末尾是人工制取的砹，人们对它还是一无所知。这就是化学家所称的卤素（不包括氢气），大意是这些元素可让盐横空出世。十八行里的都是稀有气体，它们的另一个名字是惰性气体。所有其他的元素都休想同它们发生化合反应；在地球上的每一个角落、一切矿物及大自然中都有它们若隐若现的身影。轻的气体是太阳的气体排在第一位，氡气排在这些元素的末尾但是它异常古怪，因为它的原子仅能存留几日。

# 7. 门捷列夫元素周期表

现在我们来讨论化学元素在地球和大自然中的分布，从古至今这个问题对于人类都至关重要。

该问题在世界各地都存在着，它常常发端于日常生活：在人类社会刚出现时人们急需制造原料加工劳动和狩猎工具，于是就用坚硬的燧石和软玉制造出粗糙的工具，在劳动中人们逐渐发现软玉工具要比燧石工具结实些。很明显，人类对矿藏产生兴趣的时间大概在纪元之前的好几千年，先是河沙里金子的光泽引起了原始人类的兴趣，他们也开始关注一些比较重的石块或者是漂亮的石块。

人们就是这样先认识，逐渐学着采掘与提炼铜、锡、金直至铁的，认识大自然和人类的实践经验逐步增加了。远古时期的埃及人都已经知道铜和钴的矿物，产自哪里的能用来生产蓝色颜料，慢慢地又认识了其内含铁的赭石，用于制作雕像的黏土和为他们制作圣甲虫的土耳其玉[1]。

日积月累，人们逐渐了解到一些大自然的规律，像锡、铜和锌这些金属就产自相同的地方；于是人们受此影响就加工出了它们的合金也就是青铜。金子和宝石在同一个地区出现，黏土和长石聚拢在一起，它们都是制作瓷器的原料。

地球上的一些举足轻重的规律，就是这样在实践中慢慢被发现的。提炼出金子和哲人石的炼金术士在中世纪就躲在幽暗和静谧的实验室内不断进行尝试，他们为掌握大自然的事实做出了不少的贡献。

炼金术士已经了解到有些金属经常聚集在一会儿很难分离，像铅矿晶体它通常闪闪发亮，它同闪锌磷一直厮守在相同的矿脉之中，银子总是紧紧跟着金子，人们常常在同一个地方发现铜和砷。

在欧洲的矿冶业发展了之后，地球化学方面的规律就不断被发现并出现于人们的视野。地球化学的基本原理这门新兴的科学诞生于萨克森、瑞

木刻画，东方的宝石商人

---

[1] 古埃及人用土耳其玉雕成圣甲虫像来象征复活。

典和喀尔巴阡山脉的矿坑，它阐述何种物质发现于大自然的同一处，在什么情况下，一些元素由于什么样的规律的制约而聚拢在同一个地方或者是分布在世界的各处。

要明白，上面这些问题都可是矿冶业亟须解决的，亟须知道铁和金这些工业上的重要原料主要聚集在什么地方等。

现今的人们就比那个时代的人幸福，因为现在的人大都了解，元素的行止都是有规律可循的，借助那些规律人们就能勘探矿藏。

像这样的规律，也经常出现在我们的日常生活中，比如氮气、氧气同一些稀有气体常在空气中混在一起，它们可都是天然的元素。我们还了解到，盐湖或岩盐矿床之中的氯、溴碘同金属钾、钠、镁、钙等化合成的盐族居于一处。

熔化之后的岩浆凝结生成花岗岩，是闪着光的结晶岩，包含着一些固定的化学元素，那些固定元素又自然而然的同含硼、铍、锂、氟的宝石共处于一处，稀有金属如钨、铌、钽栖身于花岗岩内。

与花岗岩不同，重而来自地下深水的玄武岩就含有矿物铬、镍、铜、铁、铂。矿脉是岩浆在熔化后从其出处不断涌向地面并随着高度的上升而升高，向周围扩散形成的，而矿藏的开采者却发现在矿脉里含有锌与铅、金、银、砷和汞。

随着科学技术的不断发展，地球化学的规律也就越容易为人们所认识并能很快得到验证，而它们在过去很长的时期里都不为我们所熟知。

我们再回望门捷列夫表。它对勘探金属与矿石的人而言，跟它向化学家发挥的作用一样，都起指南针的作用，铁、钴、镍和另外的六种铂类金属这九种金属占据着门捷列夫表的中心地带。而我们应该很清楚，这些金属都出自很深的地下发现的，如果不是千百万年来山岭被冲成了平原，像乌拉尔一样，只有这样、在侵蚀作用后地下的铁和铂的岩层才能显现。

大家明白了吧，它们不但是苏联山脉的基石，还在门捷列夫周期表中占据着重要位置。

我们再来讨论一下人们所说的重金属，它们分布在镍和铂之右的诸多方格中，它们分别是铜、锌，银、金，铅、铋，汞、砷。我们前面已经介绍过了，它们都是在相同的地方出现的，它们常常在矿脉里被采矿者发掘出来。

接下来我们不妨由表的中心地带往左看，其实左边分布的也全是金属。能产生宝石的金属就在这里，金属铍同锂的化合物就包含在一些宝石里；有的稀有的或者是异常稀有的元素，就聚拢在伟晶花岗岩之中，它是花岗岩冷凝的那部分。

下面我们不妨留意这张表的最左边和最右边。大家应该知道这张表能横向卷成轴，因此它两头的各种元素都互相衔接。我们熟知的一些元素就在这部分，像盐湖、海洋、岩盐这些盐产地都出产于这些元素之中，它们分别是氯、溴、碘、钠、钾、钙，这些元素能制取不同的盐。

我们再来观察表的右上方，像氮、氧、氢、氦及别的惰性气体都分布在这里，它们不都是组成空气的主要元素吗？锂、铍和硼都被安排到了表的左上角，它们会让人们联想到花岗岩的冷凝部分，就是生成的粉红色或者绿色的电气石，祖母绿是那种翠绿色的，锂辉石紫色的那部分。大家现在清楚了吧？该表揭示了元素按族在一起的原因，足以说明其在勘探金属时具有指南针的重要作用。

我们要用具体的例子来验证我们上面介绍的那些规律，为此我们就不得不说乌拉尔山脉的重要矿藏。

在人们眼中乌拉尔如同放大后的门捷列夫表一样，跨越各个岩层。山脉的轴心好似表的重点部位，占据很大比例的是铂类金属的绿色岩层。产盐区是索利卡姆斯克和恩巴这两个有名的产盐带，与它们相对应的是表两边的元素。

这个例子足以说明门捷列夫表具有深刻的、抽象的理念和现实意义。大家应该很清楚，表中元素的分布不是随意的，而是依据元素性质上的近似程度刻意安排的。因此，元素性质的相似度越高，在表里就挨得越近。

其实在大自然中也是如此，地图上标示着的各种矿产的标记，也不是任意加上的，一直聚集在一起的有锇、铱、铂，在同一个地方发现砷和锑，绝不是巧合。

在化学性质上比较接近的原子，有一定的规律可循，而且元素在地球里面的运动形式均受该规律的影响。这一切都说明化学元素周期表对人类的重要性，人类借助它开采地下的富源，勘探工业和农业上所必需的金属，没有有用的金属何谈工农业呢？

我带领着大家回到遥远的古代乌拉尔，熔化后的较重的岩浆从地下往上涌；深灰色的、黑色的和绿色的岩石混合在岩浆里，岩石内存在着众多的镁和铁。铬、钛、钴、镍的矿石也混合在岩浆里，钌、铑、钯、锇、铱、铂这些铂族金属也夹在其中。

乌拉尔第一段历史就是这样的。随着时间的推移橄榄岩与蛇纹岩逐渐成了乌拉尔山脉的骨干，如同连绵的带子朝北延伸至北极之上的群岛，向南深入哈萨克斯坦草原之下，这正是化学元素周期表的中心地带。

熔化后的岩浆向四面八方散去时，那些轻而易于逸散的物质脱离了岩浆；而岩层在通过各种变化之后就形成了现在的乌拉尔山脉；在这个转变过程中，乌拉尔曾经出现过火山爆发，在火山爆发过程即将结束之时，闪着亮光的花岗岩从火山深处结晶流出。花岗岩呈现出灰色，这一点乌拉尔地区的人们无人不晓，尤其是乌拉尔东部的人。石英贯穿着花岗岩成就的矿脉，这种石英很纯粹来自分凝的岩浆，伟晶花岗岩向外扩伸，旁支越伸越长，触角都伸到两边的岩石中去了。在这个变化过程中那些易于逸散的硼、氟、锂、铍、稀土族元素聚拢到了一起，产生了乌拉尔宝石与此同时也生成了含稀有金属的矿石。

这对应的是化学元素周期表的居左的那个部位。

可是在那个阶段和接下来的一个时期，还有灼热的熔液从地下冒出来，在它里面混合着熔点低的、液态的、不难溶解的锌、铅、铜、锑、砷的化合物，这种化合物夹带着金和银一起出来了。

生成的矿床连接到了一起并分布在乌拉尔的东边且呈链状，它们在一些地方聚拢到一块儿，而出现在另一些地方的却是旁支的矿脉和矿脉丛，它相当于化学元素周期表中分布在右边的那些元素。

到了后来火山过程结束了；那些被挤出来的地层横压力生成了乌拉尔山脉，由于地质变化山峰便由东向西发生着位移，火山岩和矿脉熔液无法找到出口，横压力也就无法发挥作用了。

慢慢地就进入长期的地质破坏阶段。在上亿年的时间里乌拉尔山脉一直被破坏着，岩层不停受到冲刷。那些不易溶解的物质无法流动，而容易溶解的都溶到了水中，并随着水流到了大海和湖泊。帕尔姆海就是由水流在乌拉尔西面汇成的，罗织了由乌拉尔冲走的所有物质。海水逐渐变干，于是港湾、湖泊、三角湾代替了海面，这些地方的底层聚集起了大量的盐。

钠、钾、镁、氯、溴、硼、铷的盐族就这样聚拢在了一起，与此相对应的就是化学元素周期表左边和右边的那些方格。

原来的乌拉尔山顶，后来就成了没有同水发生化学反应的遗留物的存储地，时长达百万年的中生代气候炎热，岩石受到破坏变身为地壳，在这里聚拢着铁、镍、铬、钴，于是便形成了储量丰富的褐铁岩层，这些褐铁为乌拉尔南部炼镍工业提供了取之不尽用之不竭的原料。

花岗岩遭破坏后在那些地区生成了石英冲击矿床，里面聚拢着金、钨、宝石，它们隐匿在沙土里，保持了原样。乌拉尔就这样沉寂了下去，被飞起的尘土掩盖了，唯有东边流来的水一直冲洗着它，毁掉它身上的小丘，锰和铁在岸两边再一次分开了。

乌拉尔山脉的一头与北极的冰天雪地接壤，另一头倒是延伸至哈萨克斯坦草原，化学元素周期表似乎就藏身于这一带。只能等新型的人才成长起来，出现更新的、更为先进的技术后，方可揭开乌拉尔山脉的谜团，才能发现化学元素周期表上的各个元素，并开采出它地下的所有资源为工业提供原料。

# 8. 原子裂变、铀和镭

从前面几节我们不难看出，原子是地球化学科学的基础，它在希腊文中的意思为"不可分"。原子有92种，元素也不多不少刚好92种，它们组合出了我们身边的世界。

"不可分的"那些物质微粒子究竟为何物呢？难道果真"不可分"？各个原子间互不相干，它们的结构真的不同吗？

认为原子是无法再分的小球体，这种观点一直都是化学和物理学的基石。物质的物理和化学性质由"不可分"的原子做了最好的诠释，这也正是物理学家和化学家虽然设想过原子有复杂的构造，而一直没进行深究的原因。

法国的贝克勒尔在1896年注意到没人发现的一种现象，他通过长期观察发现铀会放射出射线，而且镭这种新元素也让居里夫妇发现并提取到了，镭的放射现象比铀要明显很多，人们这才明白原来原子的构造并不简单。后来，在居里夫人、约里奥—居里夫妇、卢瑟福、罗让杰斯特文斯基、波尔和诸多科学家的共同努力之下，原子结构才在人们眼前清晰起来。人们不但认识了构造原子的众多微小粒子，而且还了解到了那些粒子的大小、重量、它们的排列方法以及促成它们结合的力量等。

我前面讲过，各个化学元素的原子，外表看上去尽管很小（直线长度为一亿分之一厘米），其构造却是相当复杂的，它们的结构如同太阳系般繁复。

它内部的核（核的直线长度只不过是原子直线长度的十万分之一，相当于十亿万分之一厘米），原子的质量大部分在核上。

原子核具有正电荷，重量大的原子，核内携带的正电小粒子就多，令人不可思议的是各个原子的小粒子数跟该元素在门捷列夫周期表中占据的方格的序号居然相等。

原子的核外也有电子围绕，各个电子在距核不同距离的位置上围绕着核运动。电子个数与核的正电荷数一样多，因此原子就属于电中性。

所有化学元素的小粒子均由两种小粒子构成：一种为质子，即氢原子核，另一种为中子，氢原子的质量带一个正电荷相当于质子的质量。中子实际上也是粒子，拥有和质子几乎一样的质量，不过它不带正电也不带负电。

质子和中子紧紧聚集在原子核之中，因此原子核面对所有的化学反应表现得都很淡定，也就是说身边的化学反应对它根本不起作用。

展开化学元素周期表，由轻元素一直看到重元素，不知大家注意到了没有？轻元素的原子核包含的质子和中子（不难发现，因为门捷列夫周期表中的前面的一些元素的原子量等同或者接近于元素序号的两倍）数相同。

继续向下看，下面我们来探讨重元素，通过观察我们发现，原子核内的中子数超出了质子数。而且我们还发现中子数比质子要多出不少，原子核也不稳定。从原子排位的第81位开始，人们发现存在稳定的同位素，也出现了不稳定的同位素，而那些不稳定元素的原子核就会不由自主地裂开，产生大量的能，成为别的元素的原子核。

自排位为第86号的元素开始，这些元素的原子核就没有哪一个是稳定的，它们被称作放射性元素。

放射性就是原子自动发生裂变的一种特性，放射现象发生后原子摇身一变成为其他元素的原子，而且通过放不同射线的方式释放出大量的能量。射线有三种。

首先就是 α 射线，即高速射出的粒子，一个粒子一般带有2个正电荷；就重量而言，一个 α 粒子其实就是氦的原子核，相当于氢原子的4倍。

其次为 β 射线，即高速朝外飞射的电子流。一个电子一般带一个负电荷——此为电荷的最小单位，电子的重量仅为氢原子的1/840。

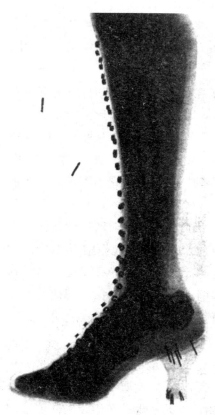

此图为一幅小腿部 X 射线图像片，大家能观测到靴子的清晰金属扣和靴子根部的钉子，因为射线无法穿透金属

最后是 γ 射线，与 X 射线相像，不过它的波长短于 X 射线。

若是我们取约1克盐放在小玻璃管中，将它的两个口熔化后封死，然后观察，于是我们就能看到镭盐放射的整个过程。

一是，倘若有那么一种仪器，测得出温度的微小变化，人们就不难测算出，该放置镭盐的玻璃管的温度较其周围的温度要高。

于是人们就有了下面的结论，镭盐的内部似乎存在一个功能齐全的发热器，并一直在工作。经观察我们就有了如下发现：在放射过程中，也就是说在原子核发生裂变的过程中，一直有能量释放出来。事实说明，约为一克的镭在放射的过程中，1个小时能产生140小卡的热量；假如一直让它变化到铅（那得等两万年左右），光产生的热量就达290万大卡，等同于半吨煤燃烧后产生的热量。

将放盐后的玻璃管水平摆放，拿

一台小型抽气机把管子里面的空气抽干净，并放到预先抽完空气的玻璃管中，接着把后面的那支玻璃管的两边熔化后封上。这样一来，在黑暗中就有淡绿色或者是淡绿色的光线射出，这样的话就与放了镭盐的玻璃管的发射情形一模一样了。

这称之为次级放射现象，来自于镭引发的一种放射性元素。它就是氡（Rn），是一种气态物。

在40天之内氡在玻璃管里的含量一直在递增，以后就稳定下来了，过了40天氡衰变的速度就和产生它的速度相同了。用带电的验电器也能查出氡的放射性，仅需将装有氡的玻璃管靠近验电器即可。自然界的空气变身离子的原因就是因为地球上放射线的存在，在这个过程中空气扮演着导电体的角色，于是验电器上的电就发挥不了作用。

如果我们反复做上面的实验，就很容易有这样的感悟，时间一长，放氡的玻璃管对验电器的影响就会慢慢减弱。超过3.8个昼夜，影响就会减弱一半；超过40天，再让玻璃管靠近验电器，就什么也不会发生了。但是假如人们在密封的玻璃管内制造放电现象，而借助分光镜观察玻璃管内的气体放电时发出的光呈何种样子，我们就会观察到那种气体的光谱了，玻璃管本来是没有这种新的氡气气体的。然后我们将镭盐放进玻璃管好些年，到了一定的时间我们把它拿出来，而后我们用比较前沿的研究方法查看玻璃管里是否还存在别的化学元素，这时候大家会看见玻璃管里出现了稀少的金属铅。

一年内一克镭的变化情况，放射出$4.00×10^{-4}$克的原子量相当于206的铅及172立方毫米的氦气体。

这充分说明，不断有新的放射性元素诞生于镭的衰变过程，这个过程一直可持续到产生没有放射性的铅出现。一旦元素铅产生，金属镭的放射过程也就终止了。实质上镭在这个衰变过程伊始，就只不过是自铀产生放射开始的接连放射过程当中的一个环节。

放射性元素在放射过程中接连产生的元素系列，人们称之为放射系。

放射性元素的原子核均不稳定，其在一定时间出现衰变的概率一样。因此，一大块内含千百万原子的放射性物质，其发生衰变的速度是不变的，无论是它们遭遇怎样的化学或物理反应。

科学研究表明，液体氦从近似零度的低温逐渐上升到好几千摄氏度的高温、压力达到几千个大气压、高压放电，所有这一切对放射性元素的放射丝毫不起作用。

用放射性元素的半衰期T来表示放射性元素的衰变速度，即每个元素的所有原子放射到一半花费的时间。不言而喻，用时的多少，对各个不同的、不稳定的原子而言，即对各个不同的放射性元素而言，均不同，不过就某一种放射性元素的原子而言，当然是不变的。

处于半衰期的各个放射性元素都不大一样：用时不到一秒的是最不稳定的原子核，稍不稳定的比如铀和钍则得好几十亿年。在持续的放射过程之中，新生成的原子核同上一代的相同，也是不稳定、具有放射性的，这么持续放射下去，最后就衰变出了稳定的原子核。

目前人类掌握的放射系有三个，即三个族：首先是铀—镭系，第一个是原子量为238的同位素铀；其次是铀—锕系，先进入我们视野的是原子量为235的铀的又一种同位素；最后是钍系。三个族中的每一个族均是十代十二代的持续放射，最后生成的不变物质为铅的三种同位素，三种铅的原子量分别为206、207、208。每一族放射后的不变生成物，不算铅还有氦，α粒子在衰变后丧失了动能和电荷，转身成了氦原子。

铀、钍、镭原子持续发生着放射，在这个过程当中一直有热量产生。

要是我们算一算所有元素在放射过程中扩散掉的热量，毋庸置疑，这些热量早就在造福人类了，地球变暖，就有衰变的"功劳"。

大家都知道飞艇和气球里面充满了氦气，它是由地球内部的铀、钍、镭在原子放射时产生的。有人指出，在这个过程中产生的氦气，如果从地球出现时起算，其数量将是十分惊人的，初步预测可达几亿立方米。

在地球里面，铀、钍、镭的原子持续不断地在放射，我们很有关注的必要，不光是因为放射过程可产生热能，还可生成工业需要的化学元素，另外放射作用犹如一个钟表、一个计时器，人们可以据此获得地球之上各种岩石生成了多长时间，甚至可求得地球自从成为固态后存在了多久。

那么，究竟该如何借助铀、钍、镭原子的放射测地质年代呢？在科研上是这么测的，上面我们已经说过了，放射性元素不管发生化学作用还是发生物理作用，其原子放射的速度始终不变。另外，它们放射后出现了稳定的、不变的氦原子和铅原子，在这个过程中氦和铅的生成量也会越聚越多的。

在得知一克铀或者一克钍在一年产生的氦和铅的量以及测到某种矿物

质内包含的铀和钍、氦和铅的量之后，接着参照氦和铀及钍的数量比，还有铅同铀与钍的数量比，人们就可求出该矿物自它生成算起过了几年。

其实，自矿物出现伊始，仅含有铀和钍的原子，根本就没有氦和铅原子的影子，之后矿物里的铀和钍发生了放射作用，才产生并逐渐累积起了氦和铅。

藏有铀原子与钍原子的矿物，就像一个沙漏一样，沙漏的用途大家应该清楚吧？下面我给大家介绍一下沙漏的结构。由两个容器上下连通而成；往上面的容器倒进沙子，一旦计时，首先就要固定沙漏，因重力作用，沙子逐渐从上面的漏斗落入下方的容器。平日放的沙量，想让它在一段时间后比如10分钟或15分钟，坠入下面的容器，人类平时借助沙漏度量时间间隔。实质上，可用它测量任意的时间间隔。仅需事先称出沙的重量，而后称出落下去的沙子有多重；或者是在容器之上做上体积相同的标记，最后看落下去的沙所占的比率。由于重力的影响，以相同的速度往下落，这样一来，就可求出在每分钟落到下面容器的沙子有多重或者面积有多大了，参照落下去的沙量，就可测算出从开始到现在经历了多长时间。

在那些矿物里由于包含铀原子和钍原子，也出现了相似的现象。该矿物好比上面那个装着一定数量沙的容器，各个铀原子和钍原子就相当于一粒粒的沙子。那两种原子以相同的速度衰变成了氦原子和铅原子，跟沙漏的工作模式完全相同，放射生成的递增的原子同放射性矿物自放射过程起到衰变过程结束的时间为正比关系。

多少铀还藏身在矿物之中，也能预测得出来了；参与放射过程的铀和钍原子为多少，可借助生成的氦和铅的分量测算出。获得这些数据后，就可知道铀的分量同氦与铅的分量的比值了，这下不就可求出该类矿物的放射时间为多少了吗？根据这种办法科学家测出，有些矿物在地球上已经存在了20亿年。如此一来，我们就清楚了：地球如同一位很老很老的老人，它的岁数在20亿岁之上。

我再和大家说说另一种现象，它是人们近来刚注意到的，不过它对我们的生活的影响却很大。大家还能记得吗？之前笔者介绍过，化学元素周期表中自81位重元素起，不但有稳定的同位素，还有不稳定的同位素，或者说是具有放射性的同位素。若是原子核稳定，那么质子和中子的数量就存在一定的比例关系，一旦这个比例遭到破坏，原子核就由稳定成不稳定了。倘若核内的中子数量太多的话，它就具有放射性了。

人们一发现元素的原子核的这个特性，就千方百计改变原子核中的原子和中子的比例，那样的话，人类就可将稳定的原子核改造成不稳定的原子核了，也就是将一些元素改造成放射性元素，不过这要如何实施呢？

要想人为改变原子核的稳定性，就得找一些炮弹，其大小不能超越原子核，而让它借助自己的超大能量去冲击原子核。

其实，大家可以自己动手制作原子核大小的、携带巨大能量的炮弹，这么一来，放射性原子就可衰变出 α 粒子。人类借助炮弹的能量先是破坏了氮原子核。卢瑟福首先做成了这个实验，1919年他借助 α 射线轰击氮原子核，于是质子就从氮原子核内飞出来了。

事情过去了15年，约里奥—居里夫妇于1934年借助钋衰变的 α 粒子影响了铝，人们观察到铝在 α 射线作用下，不仅放射含中子的射线，而且在 α 射线的作用终止后，短时间内还发挥着放射性作用——生成 β 射线。

年轻的科学家夫妇对这一现象利用化学方法进行了研究，认定此时人为放射的是磷原子而非铝原子，而且磷原子是铝原子在 α 粒子作用才下出现的。

首批人造原子就是这么来的，自此开创了人为放射的先河。没过多久，人们又想出了其他的制取人造放射元素的方法，他们借助中子轰击元素的原子核，而不再只依靠 α 粒子，中子进入原子核较之 α 粒子要容易得多，因为 α 粒子携带的是正电，因此它一靠近原子核，立马就受到核的排斥。

借助静电发电的仪器，这种巨大仪器能生产出几百万伏特的电压，可以分裂原子

重元素原子核的排斥力异常强大，不过 α 粒子的能量无以与其对抗，因此它就无法接近原子核。然而中子由于不带电，核不排斥它，由此它就能轻易进到核里面了。其实，借助中子冲击的办法，人类业已制取了所有元素的不稳定的人造放射同位素。

1939年的时候人们又注意到，在中子携带很少的能冲击最重的元素铀之时，铀原子核出现了其他的放射过程，而且是人类截至目前还没有掌握的，此时铀原子核变成了大小相同的两部分。

大小相同的两部分对应的就是化学元素周期表中，人们已经认识的元素的原子核，为其不稳定的同位素。

过了一年，也就是1940年，彼得尔扎克与弗廖罗夫发现，大自然中的铀又发生了新型的衰变或者说新型的放射，不过该新型的放射或者衰变较之普通的鲜有而已。

如果铀依然照着普通的方法衰变或者放射，起码得 $45 \times 10^8$ 年放射出的才仅是所有原子的一半，然而靠对半分裂，半衰期就为 $44 \times 10^{15}$ 年；这说明后面这种放射概率仅为普通方式的一千万分之一，不过较之普通放射这种放射产生的能量要多出不少。

科学家在1946年发现，铀在采用新方式衰变时（下图），不但能生成不稳定且接连放射的原子核，还能生成一些稳定的原子核，它们都累积于大自然中。

譬如，倘若铀在平时放射或者衰变的过程中发生变化，那么衰变得到并积累的肯定就是氦原子，要是借助新的方式衰变，衰变得到的并累积的就将是氙原子或氪原子。它们若冲击铀的同位素，就会衰变出一些新的元素，即超铀元素——93号镎（Np）、94号钚（Pu）、95号镅（Am）、96号锔（Cm）、97号锫（Bk）、98号锎（Cf）、99号钚（An）、100号铳（Cn），化学元素周期表中都给它们预留了方格。

更为奇妙的是，原子在这种新型的放射过程中速度却是可调节的，人们既能让它加快或者减慢。如果提高这种放射的速度，让一千克金属铀瞬间放射完，于是它产生的能量，就等同于燃烧2000吨煤，这意味着大爆炸将会随时出现。

爆炸后的裂块继续寻求新的平衡方式，一直持续至放射完剩余的能量，自己生成较为稳定的和减速放射的各类金属原子方会结束。

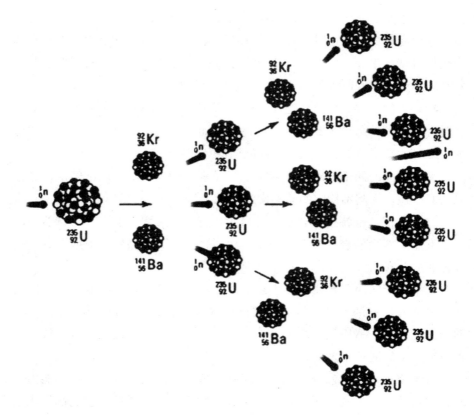

铀 235 原子核内部自动发生的链式反应

关于这个新现象我要提醒大家的是，科技不仅会人为造将如此激烈的衰变，并释放出巨大的能量，还能掌控这种反应，让其减弱或者加剧，更可以加以调控而不让爆炸发生且使能量在几千年之中慢慢释放。原子内部能的概念，是在19世纪居里夫妇提取到镭以后出现的，进入20世纪仅有为数不多的科学家敢于发表这个观点，现在不是都成为现实了吗？

在1903年科学家憧憬着人类美好的未来，觉得人们需要的能量会无穷无尽，当时的这个想法还仅是猜想，既无法用大自然中的事实来印证，也不能借助人类现有的知识进行阐述。如今预言也已实现了。

近来，各国都在关注铀，这件事本身并没有可值得大惊小怪的。在此之前，也就是在提取镭之都认为铀没有价值了。当时比利时、加拿大、美国和别的国家的一些大型炼镭厂在分离完铀和镭后，就千方百计在为铀

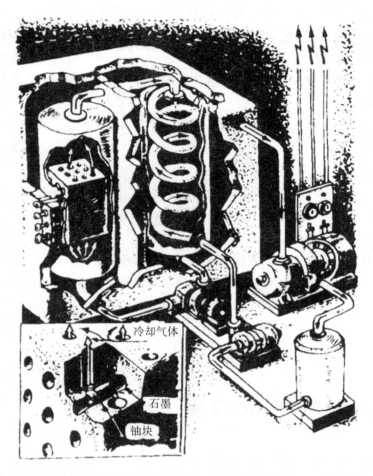

冷却气体

石墨

铀块

　　此为实现铀235核链式反应的装置"铀锅"，在它里面放着铀和反应减速剂石墨，它的外面包裹着反射中子的物质

找去处。当时人们还没有发现铀的价值，铀的售价就无法提高，厂家就压价出售于是它们就成了瓷器和琉璃砖的颜料，另外也用它制作低廉的绿色玻璃。

　　现在的情况大不如从前了：全世界都对铀刮目相看了，可以说是高度关注，人们勘探铀矿的最终目的已不再是制取镭了，而是为了开采到铀。

　　就算想彻底解决原子能利用的问题，也是要下苦功的，纵然开始用原子能时较之蒸汽锅的能量贵，大家也得搞明白，原子能可是能连续不断产出能量的，充分利用原子能的前景很广阔。

现在新型能源已在人们的掌控之中了，而且较之人类以前任何时期的能量都要大。

全人类的科学家都在夜以继日的奋斗着，目的是早日熟练掌握新出现的技术。

在原子能普遍被用于民用事业的时代到来后，就会出现装在手提箱里的发电站，怀表般大小的仅几马力的发动机，存储的能量够使几年的喷气发动机，能连续飞几个月的飞机。

如果到了原子能时代，也就是人类威力空前强大的时代。

不过站在原子能这一新的思想高度，来看待化学元素周期表，它已然有其存在的价值。

况且化学元素周期表在认识原子内部的现象时与认识原子间的化学关系方面的发挥的作用都是一样的，均起着指南针的作用。在了解了原子能的构造后，人类意识到化学元素周期表不光是化学定律，同时也是大自然的重要定律之一。

# 9. 原子和时间的关系

在这个世界上没有比时间更好理解又更难理解的概念了。在芬兰有句话是这么讲的："世界上再也没有比时间更奇妙、更复杂、更难克服的东西了。"公元前四世纪亚里士多德说过，时间是我们周围自然界里一切莫名其妙的事物当中最莫名其妙的，因为谁也不知道时间是什么，谁也无法控制它。

文化刚出现萌芽，时间与世界末日的思想也就诞生了，人类幻想过，大自然是如何创造出来的，地球、行星与别的星体的年龄问题，太阳在天空能发多久的光。

从古波斯流传下来的说法是，地球的存在时间是1.2万年。

巴比伦的星占学家推算后说，天体已经很老了，大概有200万年以上了。

上千年以来，人类一直在思考着有关时间的问题，慢慢地，人们开始采用精确一些的方法取代远古时期星占学家的观点和预言，猜测着地球的年龄。

第一位计算地球到底有多大的，是出生于1715年的伽利略，第二位是开尔文，1862年依据地球冷却理论自地球冷却时起算，求出地球存在了4000万年，在那个年代这个数字还是让人们有些无法接受的。

随后又采用地质学方法求地球存在了多长时间。瑞士、英国、俄国和美国的地质学家联系到自然界沉积的岩层足有100多千米的事实，他们想通过计算多长时间才能形成这么厚的岩层而间接来求地球的年龄。

由于一年被河水从陆地带走的物质少说也得有1000万吨，推算下来平均每25年陆地就要降低一米。地质学家联想到流水和冰川的作用，又考虑到了陆地和海洋的沉积物与冰川黏土，认为地球运转了不下4000万年。1899年约翰·乔利求出了地球的年龄，据他讲地球已经旋转了3亿年。

然而对于该结论无论物理学家还是化学家，甚至连地质学家本人也是持有异议的。

对陆地的破坏不是如约翰·乔利猜想的那样正常发生，与沉积同时发生的还有火山爆发、地震、山岳的凸起，这样一来，先前沉淀的沉积物不就又熔化并被冲走了吗？

约翰·乔利的计算结果无法让精益求精的科学家满意，他们想要借助一种钟表来测量已经流失的岁月，从而确定地球的年龄。

这回是化学家和物理学家接替地质学家来计算了，他们终于找到了一种永恒旋转的、自始至终的；该钟表不是人工制成的，更没有发条，也用不着人启动。那它到底是什么呢？这个钟表就是放射性元素放射出的原子。

大家还记得吗？自然界处处都分布着放射性的原子，比如铀、钍、镭、钋、钢和其他的几十种元素的原子都是这样在人们意识不到但却长期参与放射过程的，而且放射的速度持续不变。前面我介绍过了，不管温度是高达几千摄氏度，还是温度低至零度，更不管压力有多大，都无法让它变快或者变慢。放射性元素的原子在大自然中展开的放射过程其速度一直保持不变，这是一般的方法根本无法改变的。

诚然，人类已经能借助仪器破坏原子并新造原子了，不过大自然目前还无法企及，因此重元素的放射速度在千百万年甚或几十亿年依然保持着原样。

不管在何时何地，铀、镭、钍的原子一直在地球的角角落落产生着放射现象，生成相当数量的气体氦原子和稳定的、不再衰变的铅原子。大自然中的氦和铅元素就是科学家借助的钟表，就这样人类认识了一直在运转的、世界标准的用于测量时间的仪器了。

这将是多么难以置信却不得不面对的事实，自然界分布着几百种不同原子的电磁系统。这些原子产生出能量，与此同时它们也发生着飞跃式的变化，由一种原子蜕化成了另一种原子：新生成的原子有些较稳定——明显地，它们衰变的时间很长，而以人类目前的知识和能力根本无法发现；另外一部分原子运动个几十亿年也会没有问题的，它们缓慢地释放着能量，放射过程较为复杂；一些原子仅存在了几年、几天甚至几小时，还有些原子的寿命不足几秒钟，更有甚者不足一秒钟……

元素严格遵守原子系统衰变的规律，它们分布在自然界的每个角落，而它们数量的多少受时间的影响较大，时间让元素布满自然界。让宇宙复杂起来了，让地球充满生机和活力。

自然界就是这样慢慢地、永恒地运动：放射产生的重原子快速的消亡，另外一些原子在 α 射线的影响下出现了放射现象，生成一些稳定的原子填补那些死掉的原子的空缺，放射过程发展到最后就出现了一些非放射性的元素并日积月累着。

时下人们了解到太阳系的大部分元素不受 α 射线的影响：90%分布在地球表面的元素，其原子中的电子数量为偶数或为4的倍数，即它们抵御 γ 射线和宇宙射线破坏的能力很强。它们当中稳定性强的、构造不是很复杂的且牢靠密实的那些元素组成了无机世界，不太稳定的（如钾和铷）则在人类的生活中发挥着作用，因为它们的放射特性能协助有机体开展争取生存的斗争。但是快速放射出的元素（氦、镭）不仅不利于有机体的生命，反而有于它们害。一些星体的放射过程正在进行，比如现在已经不稳定的太阳。星云上的放射过程开始不久，那些光线不好的天体，它们的放射过程却在不断减速，近乎终止，时间影响着自然界所有元素的成分、特性和相互间的关系。

物理学家和化学家测算过，1000克的铀在一亿年可衰变出13克的铅和

2克的氦气。

那么20亿年过后，衰变出的铅就达到了225克，即有四分之一的铀在衰变中成了铅，同时又会在放射过程中产生35克氦气，不过放射过程一直在持续。40亿年后累积起来的铅就会接近400克，而产生的氦气却达到了60克，然而衰变前的铀仅剩一半了，即500克。

大家跟着我继续推算：如果地球存在的时间不是40亿年而是1000亿年，到了那个时候铀几乎放射完了，也就是说全部衰变为了铅和氦气。这意味着未来地球上的铀将会彻底消失，而宇宙中将到处都是很重的铅原子，空气里更是到处充斥着太阳的气体，即氦气。

靠着上面这些数据，最近几年地球化学家和地球物理学家编纂出了地质演变史年表。

把铀的放射过程当作钟表（下图），多数观点认为地球的年龄超过了三四十亿年，即大概在三四十亿年前，太阳系的众多行星，包括地球就

测量地球年龄的"钟表"。如果将地球的整个历史压缩至24个小时，依照衰变作用分别求出不同的时代，那么显示在该钟表的时间为：前寒武纪：17个小时；古生代：4个小时；中生代：2个小时；新生代：1小时，人类出现：5分钟

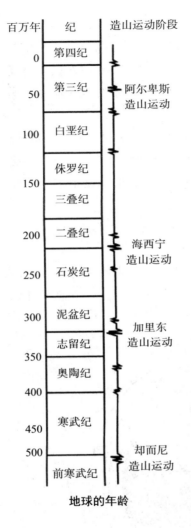

| 百万年 | 纪 | 造山运动阶段 |
|---|---|---|
| 0 | 第四纪 | |
| 50 | 第三纪 | 阿尔卑斯造山运动 |
| 100 | 白垩纪 | |
| 150 | 侏罗纪 | |
| | 三叠纪 | |
| 200 | 二叠纪 | 海西宁造山运动 |
| 250 | 石炭纪 | |
| 300 | 泥盆纪 | 加里东造山运动 |
| 350 | 志留纪 | |
| | 奥陶纪 | |
| 400 | | |
| 450 | 寒武纪 | |
| 500 | 前寒武纪 | 却而尼造山运动 |

**地球的年龄**

与宇宙的历史分离了而建立起了自身的发展史。

地壳大概形成于20多亿年之前，它是地球发展史上的重要一环，之后地球的地质史就开篇了。自从地球出现生物至今，过去了10亿年左右。约在5亿年之前，有名的寒武纪蓝色黏土层就在圣彼得堡近旁沉积起来了。

地质史有四分之三写的都是它的第一个发展阶段，在这段时间，大量熔化的物质多次从地下升上地面，损坏了地球表层已存在的固体薄膜。熔掉的物质升到地球表面，灼热的气体和溶液渗到它的里面，地壳上出现了皱褶，隆出后形成了山脉。苏联的地球化学家和地质学家经过多年研究，掌握了一些地球上最为古老的山脉（如别洛莫里德坐落在卡累利阿、年龄最大的花岗岩位于加拿大的曼尼托巴州），这两处的山脉存在的时间约在1 700 000 000年[1]。

随后有机世界进入了发展阶段。人们借助"地球的年龄表"可以了解不同的地质时代的沉积作用延续的时间长短。

大概在5亿年前，加里东大山脉凸起于欧洲北部；乌拉尔山脉和天山山脉隆起于2亿~3亿年之前，恰在此时，最后一轮的高加索火山的激性爆发也终止了，而此时喜马拉雅山也形成了。

下面我们再来说说史前时代：冰川时代出现在100万年以前，人出现的时间在80万年以前，冰川时代的最后一期结束于2.5万年前，埃及和巴比伦文明出现于公元前1000—8000年前，1950年前有了我们的纪元

---

[1] 有一些美国科学家估计曼尼托巴州的花岗岩已经有31亿年的历史，但是苏联科学家认为这个数字未免夸大。

（上图）。

　　科学家想要让他们的钟表精准运转，就得花好多年来修整。测定时间的方法也终于找到了。人类有幸解开了一个关于时间的谜团，不用说，用不了多久化学家随便见到一个石头都能给出它的年龄，也就是可精准测出它形成了多久。

　　人们不再相信化学家预言的原子不可变这样的话了，而相信一切都在运动、都在变，一切均在破坏和重造之中，有死亡的，也有新生的，以上就是站在时间角度来看待世界化学作用的历史发展。况且人类也可将原子的死亡作为了解世界的视角，将其作为测量时间的一种标尺。

# 第二章

# 化学元素

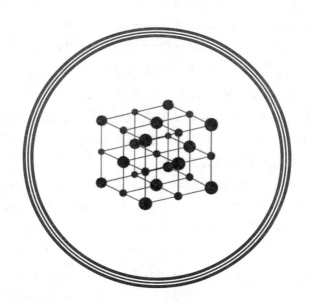

# 1. 地壳的基础

茹科夫斯基在他的诗里说，有个旅行者到了荷兰的阿姆斯特丹以后，见人就问，这家的商店、那栋房子、这条船、那片土地分别是谁的财产，然而人们的回答都一模一样："康—尼特—弗士唐。""他可真富有！"那个外国人心想，特别仰慕这个人，然而那句话的意思实际上是"我听不懂你在说什么"。

只要有人跟我提起石英，我立马便会联想到这个故事。有人向我展示过形形色色的物品：在阳光下晶莹剔透的球体，多种颜色混杂的玛瑙，颜色多样还闪着光的蛋白石，大海边洁净的沙子，熔化的石英制作成的细如蚕丝的细丝或抗高温的容器，经过打磨的漂亮水晶，奇妙而梦幻般的碧石，变成了燧石的木化石，古人制造的粗糙的箭头，上面的这些物件不管我如何刨根究底，得到的答复都是：它们都是由石英和跟石英成分近似的矿物构成的，而且它们均为硅元素和氧元素的化合物。

Si是硅的元素符号，氧之外就属它在大自然的分布最广了。截至目前人们还未发现游离的硅，它一般都与氧结合在一起，生成$SiO_2$，中文名叫硅石，另一个名字叫硅酸酐，还有一个名字叫二氧化硅。

平常说起"硅"，很容易让人联想到燧石[1]；多数人在小时候就经常与燧石这种矿物打交道了，它坚硬，跟铁器碰撞后会冒出火星，以前人们依靠它取火，后来用它引燃火药。

人们熟悉的矿物燧石跟化学家嘴里的硅石6根本就不是一回事，它只是硅的一种很平常的化合物。而硅自己，则是一种神奇的化学元素，它的原子密布于大自然之中，工业也离不开它。

## 硅和硅石

花岗岩之中有80%左右的成分是硅石，40%是硅。多数质地坚硬的岩石均来自硅的化合物。"莫斯科旅馆"装修用的那些靓丽的花岗岩、捷尔任斯基街道房子奠基用的钙钠斜长石中的那些深蓝色斑点——用一句话来

---

[1] 俄文里的硅和燧石，是同一个字根。

概括，自然界质地坚硬的岩石都有三分之一左右的成分是硅，普通黏土的重要成分便是硅。一般河岸的细沙，以及厚层的硕岩和页岩，也是硅的成分居多。说到这里大家也就不再觉得稀奇了，地球重量的30%左右为硅，地球16千米以下约有65%为硅和氧的重要化合物；即化学家称作硅石（$SiO_2$）的东西，人们平日叫它石英。大家应该知道，天然硅石可变化出200种以上的类别，矿物学家和地质学家要用100个以上的、互不相同的名字才能一一列出这种矿物的各种变种。

说到燧石、石英和水晶，我们就不能不提二氧化硅：人人喜欢紫色的水晶、颜色混杂的蛋白石或漂亮的光玉髓、放射出黑色光芒的缟玛瑙或颜色为灰色的玉髓还有种类不同的漂亮的碧石，更有砥石、一般的沙粒，每当这时我们更不能忘记二氧化硅。种类繁多的硅石的名字也五花八门，我们应该细心分辨硅这种神奇元素的化合物，仅是需要储备的知识恐怕就得一门学科。

不过自然界中还有许多其他的化合物，都是硅石和金属氧化物组合在一起产生的，如此组合后形成了几千种新的矿物，名字就叫硅酸盐。

建筑上和日常生活里均离不开硅酸盐，主要是黏土和长石，常用来生产各类玻璃、瓷器、陶器，还可以用它们生产窗玻璃、上好的玻璃杯，总而言之它们在建筑领域是大显身手，就连结实耐用的混凝土，也被主要用来铺路和建设街道、盖工厂、戏院、建造民用混凝土房顶。

人们熟知的哪样东西能与硅和硅的化合物一样，既结实而又性质各异呢？

## 动植物体内的硅

人类虽然会在技术上利用二氧化硅，可大自然的变化总是日新月异，动植物体内都含有二氧化硅了。为了让植物长出强有力的茎和饱满的穗，就会有过多的硅跑过去帮忙；麦秸灰就是硅的来源，它里面硅的含量很高，在植物中尤其是木贼，它的茎就相当结实，地质时代也就是生成煤的时期它长得非常茂盛，在低洼处的沼泽里疯长到了几十米，跟目前苏呼米和巴统公园中参天的竹子一样含有大量的硅，由此我们不得不佩服自然界是多么的善于结合规律和物质的结实特性。

发育良好的茎，不仅有益于禾本科植物的穗，因为这么一来土壤可免去风吹雨打，还有利于其他植物的生长发育。

　　现在每天都在空运花和各种观赏植物，要想不让花发皱和让茎持续挺直，一般都得花盆撒易于溶解的硅酸盐。水分中的硅石被植物汲取后，其茎就会长得更结实。

　　就拿植物而言，不光茎的挺直得靠硅及其化合物，而且微小植物硅藻的骨架也都由硅石构成；最新的研究成果指出，若是用硅藻的骨架制作一立方厘米的岩层，大概得用这种小植物5 000 000株。

　　更神奇的是一些动物的躯壳里也含硅。在动物发育的各个时期，它们躯壳的坚硬程度一般也借助不同的方法来达成。在有的情况下它们的贝壳里含有石灰，在有些情况下它们的贝壳含磷酸钙，还有一些动物除了用贝壳保护自己的躯体外，也常利用骨架支撑躯体，这种骨架由许多物质构成，而且都很结实。那些用磷酸钙的也就是如同我们骨髓中的那种物质，有的如针状的硫酸钡和硫酸锶，有几类动物的躯壳就是用结实的硅土造的，有种叫放射虫的动物的柔软躯壳就是由针状的硅石构成的。

　　几种海绵躯体上比较硬的部位含有硅石的细针，即骨针（下图）。

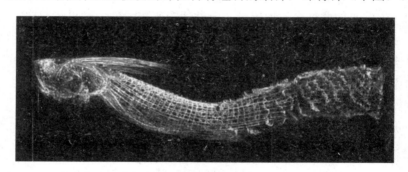

图中为"玻璃"海绵，它的躯壳由硅构成，长约50厘米

　　大自然总是想方设法在各处灵活利用硅石，比如以硅石为原料造出结实的外壳等作为柔软的细胞的外壳以保护它们等。

### 坚硬的硅石化合物

　　最近科学家们一直在尝试着解开一个谜团：为何动植物的外壳、千百种矿物和岩石、技术和工业制品，一旦含有硅成分就会变得结实起来呢？

　　了解X射线的专家借助X射线清楚地了解了硅的化合物，掌握了该幅景象的实质，不仅揭示了硅的化合物结实的原因，而且解析了它的构造。

　　其实硅元素可生成微小的带电的原子也就是离子，仅有25 000万分之

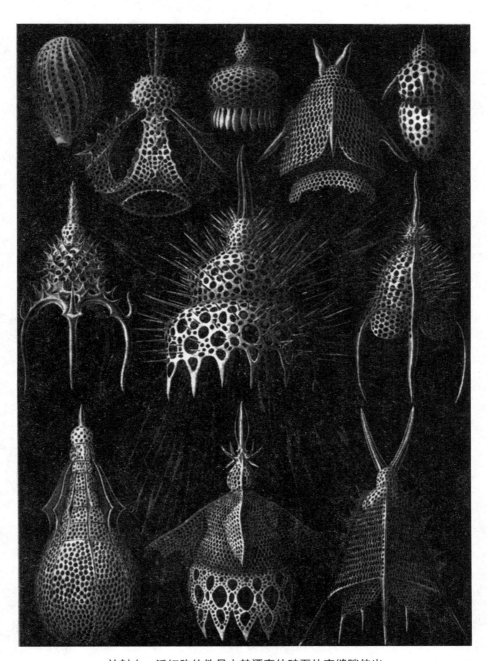

放射虫，活细胞的伪足由其漂亮的硅石外壳缝隙伸出

一厘米。然后带电的小球体便与氧离子的小球紧密结合了，不过氧离子较之硅离子要大一些，于是一个硅离子球体就被四个氧离子球体团团围住，四个氧离子彼此接触就构造出了特殊的几何体，人们称它们为四面体。

全部四面体根据不同的规则组合到了一块儿，形成复杂、庞大的结构，难以压缩和弯曲，若想分离出其中的硅原子和其周边的氧原子并非易事。

借助现代科学解释，这类四面体有几千种结合方式。

有时候其他带电的粒子也混在它们之间，在一些情况下，该四面体会组合成带状或者片状，生成黏土和滑石，不过无论何时何地，它们的构造基础都是组合起来的四面体。

从有机化学方面讲，几十万种互不相同的化合物都由碳和氢生成，同样地，在无机化学上硅和氧也存在几千种结构，而且人们借助X射线发现那些结构异常复杂。

机械方法是不足以损坏硅石的，就连钢刀都拿它毫无办法。这种物质的化学性质非常不活泼，只有氢氟酸能和它发生反应，其他的酸既无法侵蚀也无法溶解它，强碱也仅能溶解一小部分，[1]使它成为新

石英晶体中的硅原子（灰色）和氧原子（黑色）的构成情况。一个氧原子连接着两个硅原子

化合物。硅石熔化难，只有温度升高到1600℃～1700℃时才变成液态。

如此说来，无机世界的基础就是硅石及其化合物，这也没有什么好奇怪的。近年来出现了一门专用于研究硅的化学性质的科学，不仅如此，人们在研究地质学、矿物学、技术和建筑时还与硅脱不了干系。

## 硅的历史

下面我们借助几个例子来说明硅在地壳中的形成过程。熔化在地面深处的岩浆的主要成分是硅和各种金属。岩浆在地壳下面凝结，成为结晶的岩石如花岗岩、辉长岩，如果升到地面上，就会成为熔岩流，转化成玄武

---

[1] 硅石很容易和钠碱一起熔融，在这个作用过程当中猛烈放出二氧化碳来，生成透明的硅酸钠球体，硅酸钠能在水里溶解。所以我们叫它可溶玻璃（它的水溶液叫作水玻璃）。

石之类，复杂的硅石化合物像硅酸盐类不就是如此形成的吗？若硅的含量高的话，纯的石英就会出现。

朋友们快来看，此为花岗斑岩中最短的石英晶体，其为埋藏于地壳深处的岩浆冷凝的部位，即烟晶，一般出现在伟晶花岗岩矿脉。它也叫"烟黄玉"[1]，它的颗粒得小心翼翼焙烧，或者是让它待在300℃～400℃的温度下，方有"金黄玉"形成，人类常用其制作小珠子和胸针等饰物。

大家来看，洁白的石英铺满石英矿脉。读者们，这些矿脉有的可是长好几百千米呢，乌拉尔山脉的山坡上不就矗立着灯塔般的石英矿脉吗？几百米长的石英矿脉不就在乌拉尔山地吗？晶莹剔透的水晶就在里面。石英就是那些纯净而遍体通透的水晶，亚里士多德很早就提及过水晶，并叫它"晶体"，他把水晶当作冰的化石。它曾经在17世纪时在阿尔卑斯山被开采了出来，从各处挖掘到的水晶有500吨之多，能装30节火车呢。

在有些情况下，水晶的晶体颇大。人们曾经在马达加斯加岛上开采出了比较大的水晶，长8米。一个日本人从一块产自缅甸的水晶中切割出了一个直线长度达一米多长、重一吨半左右的球体。

还有一种硅石，其外观跟我们前面讲的完全不同，它是沉淀而来的，出自熔化的熔岩，那时硅石泡在灼热的水蒸气中，硅石结核和晶洞凝结于矿脉或有气体流通的缝隙。而等到岩石遭到破坏变成黏土和砾石之时，巨大的球体中就会滚落出硅石，这个球体的直线长度足有1米。

俄勒冈州称该类石球为"大蛋"，打碎后切割成薄片，加工成漂亮的成层玛瑙——原料中的一种，可用于制造钟表和那些精密仪器的"钻"、天平的棱柱、化学实验之用的小白。在一些时候，火山活动结束之后，喷发而出的物质业已凝结，而硅石依然跟着温泉跃出地壳。以这种方式跟随喷泉而出的，是冰岛和黄石公园的一种看起来普普通通的蛋白石。

朋友们有没有观赏过波罗的海和北海海滨洁白的沙丘，那几百万平方千米平铺于中亚和哈萨克斯坦的沙漠，海岸和沙漠的性质完全受沙的影响；就算都是石英质的沙也各有不同：有些是以包着红色铁的氧化物呈现的，也有些是以含着很多黑色燧石出现的，还有以让海浪冲刷得很洁白显现的。

---

[1] 这个名称不太正确，因为拿成分来说，"烟黄玉"就是普通的石英 $SiO_2$，而不是真正的黄玉；黄玉的成分比较复杂，是硅、铝、氟和氧的化合物：$Al_2F_2(SiO_4)$。

我们来欣赏一下这些水晶制品。跳入在人们眼前的这些梦幻般的作品，都是由中国的能工巧匠用不同的雕刻工具和金刚砂粉以石英的晶体为材料加工而成的。

中国工匠用几十年的时间才能用水晶打磨出小花瓶，雕成栩栩如生的龙，或者雕成一个盛装玫瑰油用的小巧玲珑的瓶子。

瞧，还有玛瑙片，它的色泽和类别众多。懂行的人会将它泡在各种溶液中，如此一来，不好看的灰暗的玛瑙就会成为纯净的、颜色漂亮的玛瑙片了，其常常被用作各种制品的原料。

然而还有妙不可言的景观进入我们的视线：亚利桑那州整片古森林成了木化石，由倒下的树干进化成的纯硅石质的化石，也就是玛瑙，是在乌克兰西部几个省和南乌拉尔西边山坡上的二叠纪沉积层中发现的。

此地的一种石头不仅闪着亮光，颜色也变幻莫测，大家听说过"睛珠"吗？就是猫或者是老虎眼睛中的那种"睛珠"。而且在此处还发现了另一种奇妙的晶体，其里面好像含有石英的晶体，跟"幽灵"一样射出光。有谁听说过金红石？一种如同红黄色尖针般的矿物，横七竖八穿越水晶的晶体，酷似"丘比特之箭"[1]，如同金色薄毡的矿物也出现在这个地区，有点像"维纳斯的头发"[2]，也就是发晶。还有一种里面存在着孔隙的石头甚是奇妙，含有不少水，硅石躯壳中的水闪着亮光闪个不停。

在这一地区人们还发现了会弯曲的管状物，也许大家会觉得难以置信，但这是真实存在的。这种物质由石英颗粒受闪电影响而熔成，科学家赐它一个好听的名字叫闪电熔岩，老百姓一般称呼它为"天箭"或"电箭"。另外还有天外来石，在澳大利亚、印度、菲律宾的一些地区的狭窄地带里，存在着特殊的陨石，里面含有大量硅石，就与绿色或者棕色的玻璃一样。

关于这种奇怪"玻璃"的形成原因存在不少争议。有一种观点认为，是古人熔化玻璃的遗留物；一种观点认为，是地球熔化尘埃的颗粒；还有一种观点认为，是大块陨铁跌落在沙子上，是由沙受热熔化生成的；不过大多数科学家都认同这样的观点，即觉得是天上跌落的颗粒……

## 硅和石英的地位

[1] 丘比特是罗马神话里的爱神。

[2] 维纳斯是罗马神话里的一个女神。

　　大家应该很清楚，前面几节我们一直在讨论石英、硅石及其化合物的发展历程。由地球深处灼热的熔化物至它的外表、由整个大自然直至铺在人行道薄冰上的沙子——硅和硅石无处不在，石英更是遍布整个世界，它确实是人类最应该关注和矿物中分布最广的一种。

　　说起石英的来龙去脉，笔者以为和大家探讨的已经够多的了，不愿再介绍下去了，不过在结束这个话题之前，我觉得有些东西还是告诉大家的好，因为石英对于文化发展史和技术发展史曾做出过不可磨灭的贡献。刚开始的时候人类以燧石或者碧石制作简陋的工具，比如埃及最初就是用石英来装饰古建筑的，美索不达米亚—苏马连[1]文化遗址中就有石英，公元前1200年生活在东方的人就懂得将沙和碱的化合物熔化后生产玻璃，显然这一切都不是偶然的。

　　在人们如复一日的生产和生活中，波斯人、阿拉伯人、印度人、埃及人不断探索着水晶的用途，根据文献记载，5500年之前人类就开始打磨水晶了。在几百年的时间里希腊人始终坚信水晶是冰的化石，是冰依照神的旨意变成了石头。

　　人类以前幻想着水晶的前世今生，于是就根据想象编出了不少关于水晶的故事。《圣经》对水晶也相当看重，所罗门教堂在修建的过程中就用了不少水晶，而且使用的种类也颇多，如玛瑙、紫水晶、玉髓、缟玛瑙、鸡血石，等等。

　　水晶加工业出现在15世纪中叶，一般人们会将其锯开、研磨、上色，普遍用它作为装饰物。不过当时还仅是个别的手工业者从事这个行业，直至后来新技术出现对制作工艺提出了更高的要求，水晶工业才大规模发展起来了。就是到了今天工业和无线电技术依然离不开水晶，在无线电方面人们得靠压电水晶片检验超声波，将超声波变成电震动，水晶更是现代工业中那些重要原料中的一种。

　　人类以前以水晶为材料雕刻笛子（目前收存于维也纳艺术博物馆），还雕刻过俄式水壶（当下收藏于莫斯科武器库博物馆）；而随着人们实践经验的积累和对石英了解的加深，慢慢地石英的用途也在逐渐转变——那就是将水晶加工成很小的石英片在无线电上使用，并由此引发了人类史上

---

[1]　历史学家将美索不达米亚文化分为苏马连、巴比伦、亚述和迦勒底四个时期，苏马连人是美索不达米亚文化的创造者。

空前的发明成果的出现——让电磁波可以传播到很远的地方去。

在不久的将来，化学家打算利用人工技术制造石英也就是纯水晶。到那时人类就会在桶里盛满液态玻璃，将细银丝在高温和高压下伸到桶内，让水晶的晶体凝结到细银丝上——用于无线电方面的纯的水晶片，也许还能制造出窗玻璃或者容器。

我们离不开紫外线，可是普通的窗玻璃紫外线根本就射不进来，以人造水晶为原料加工出的玻璃，紫外线就能射入室内了。以后还可以用熔化的石英制作水杯，这种杯子即使放在电炉上烧热后再拿到冷水中冷却也不会破裂。

将石英加工成细丝，细至如同将五百根细丝合起来也只有火柴棒粗细，这种丝是柔软衣料的原料；极小的放射虫的躯壳的原料就是硅石，硅石也将会成为人类衣服的原料，用它制成的细丝为我们遮寒挡雨……

新技术的出现是以水晶为基础的，不光是化学家以其为温度计测量陆界作用的温度，[1]物理学家也得依赖它测定电磁波的长度，除此之外，它也为部分工业部门的发展带来了生机和活力，可以预测在不远的将来石英就会与我们的生活息息相关了。

化学家和物理学家越是重视硅原子，了解得越是透彻，他们就越能在科学史和技术史上留下最浓墨重彩的一笔，与此同时，在将在地球史上留下辉煌的篇章。


## 2. 碳


恐怕大家都见过闪着各种光芒又异常贵重的金刚石、呈灰色的石墨、黑色的煤炭吧？它们在宇宙中的形状尽管不同，但它们都是同一种化学元素，即都为碳。

与地球上的其他元素相比较，碳的含量不是很高：仅占地球总重的1%。但是其在地球化学上的作用很大：它可是一切生命的基础。

---

[1] 假如水晶在575℃以上的温度结晶出来，它就生成特别的六角双锥体。但是如果在575℃以下的温度生成晶体，那么它的结晶形状又是一样，是长的六角柱体。

地球上碳的含量为45 842 000亿吨，以下就是碳在地球不同地方的分布情况：

泥炭中的含量为1 200亿吨；

土壤中的含量为4 000亿吨；

无烟煤中的含量为6 000亿吨；

活物质中的含量为7 000亿吨；

褐煤中的含量为21 000亿吨；

烟煤中的含量为32 000亿吨；

沉积岩中的含量为45 760 000亿吨。

另外，有22 000亿吨的碳活跃在大气中，还有1 840 000亿吨的碳在海洋。

有生命的物质中都有碳，化学中有一门课程专门探讨碳，下面我们就一起学习一下这种元素的历史。碳元素在地球上的发展过程很神奇，而我们对此却知之甚少。

由目前我们所掌握的人类的研究的最新进展来看，碳的第一个发展阶段就是熔化的岩浆。该熔化物在地壳深处和岩脉中冷却后会凝结成各种各样的岩石，在条件具备的情况下碳便在那些岩石中聚拢成片状或者是球状的石墨，甚至有些条件下会变成较为贵重的金刚石晶体。不过大多数碳早在岩体凝固之前就消失得无影无踪了：它们中的一些变成较易逸散的烃和碳化物自岩脉涌上来，形成石墨（斯里兰卡岛上的石墨就是这么形成的），在一些情形下碰到氧气结合成了二氧化碳，充斥到地面上来了。

大家都很清楚，即使是能力超强的硅酸都无法让二氧化碳在地球深处变成碳酸盐；事实也确实如此，在人类所熟悉的各种火成岩内，重要的矿物都不含二氧化碳。但是火成岩会将二氧化碳原样强留于岩石的缝隙中（跟留住含氯的盐类溶液一样），二氧化碳被截留在那种间隙的有很多——是大气中含量的五六倍。

不止是在活火山地带，就连终止了好久的第三纪死火山地区，都经常有二氧化碳从地壳下涌上来：或者是同其他容易逸散的化合物一道聚拢成气流，或者是跑去跟水结合变成碳酸矿泉。

生长在石炭纪的植物，它们会形成煤炭

这种矿泉水可医治人的某些疾病，于是人们就纷纷跑到这种矿泉近旁办疗养院和水疗院，高加索地区就如此。二氧化碳在这样的水中经过饱和，因此常有二氧化碳水泡往上冒，人们就以为是水在沸腾。

但是到了乌拉尔地区，大家可就见不到这种碳酸矿泉了。从地球化学的角度来阐述，乌拉尔和高加索地区水质截然不同的原因，据说是因为乌拉尔山形成的时间早于高加索山，乌拉尔地壳深处的岩石早就凝固了。

而高加索，很深的山底下还存在着热源，热源周边的岩石（像白垩、石灰岩）均含二氧化碳，在热力的作用下其中的一些岩石就会分解从而使气态的二氧化碳扩散出来，最后二氧化碳随着矿泉沿着地壳裂缝就喷涌而出了。

也有下面的情形存在，地球深处的二氧化碳气流溢出时由于过于凶猛，压力也过大，因此使得气流在喷涌时在出口的四壁上生成云雾和固体的二氧化碳"雪"。在一些地方由这种天然的二氧化碳气流形成的固体二氧化碳，在工业上作为干冰用。

在地质史上曾经有过这样的时期，那个阶段火山活动异常激烈，大量的二氧化碳就喷涌至大气中去了；也存在过这样的年代，热带植物大面积死亡而且再次变成了天然的碳。就其规模而言，工厂的生产规模跟自然界的变化过程的规模相比简直不堪一提。

活火山一直大批大批往外释放二氧化碳，比如维苏威火山、埃特纳火山、阿拉斯加的卡特迈火山等，火山释放的气体大部分为二氧化碳。

二氧化碳释放到地面后就成了产生各种化学反应的主因了，而且不住地参与各种破坏活动；与地壳深处不同，喷出地面后，大部分气体不再是硅酸取而代之的是二氧化碳：二氧化碳不但对火成岩起着破坏作用，还对金属有腐蚀作用，它与钙和镁接触后化合而聚拢为石灰岩和白云岩；海洋、湖泊等聚集水的地方一般都会集结起大量的碳酸盐，一些生物的外壳就是由碳酸盐形成的，珊瑚虫也通过吸收碳酸盐来让自己的躯体变得坚硬。

以人类目前的学识对碳在地球上的这种缓慢的变化作用还无法准确预测，因为此类变化不仅影响地球的气候，还对世界上的生物进化过程的演变有重大影响。

大家不妨设想一下，若是宇宙中不存在碳又该会是怎样的情形呢？

也就是说，在那种情况下，地球上连一片绿叶、一棵树、一根草都找不到。那个时候，岂止是找不到植物，连动物的影子也见不着。在那种情形下，自然界充斥着岩石组成的峭壁矗立在广阔的沙漠和荒地之上。当然了也见不到大理石和石灰岩，它们在地球装点出的那种白色的景观自然也是不复存在的，更没有煤和石油。在没有二氧化碳存在的条件下，地球上的气温自然也就要降下去不少，因为空气中的二氧化碳有助于对太阳热能的吸收。

若是没有碳，水也不会是现在的样子，它会变得死寂而沉静。

碳的化学特性很特殊，所有的化学元素，唯有碳在接触氧、氢、氮和别的元素后会生成各种各样的化合物。碳组合出的这类化合物在化学上称为有机化合物，各种各样的化合物又可组合出更多样的、复杂的蛋白、脂肪、糖、维生素和别的众多的化合物然后又被各种生物体吸收到组织和细胞中。

由"有机化合物"这个称呼中不难发现，人类首先是从动、植物体内提炼到了糖和淀粉这样的化合物，才开始慢慢了解它们的，然后才开始用人工的办法制造这种物质。只研究碳及其化合物、探索该类化合物的组合并进行分析的那门化学称作有机化学，有机化学中已被人们认识的有机化合物达100万种左右。实验室可人工合成的无机化合物大概不止3万种，而非人工合成的无机化合物，就是人们称作矿物的物质还不足3000种，这么相互比比就清楚有机化合物和无机化合物孰多孰少了。

有机化合物数量多，因此它们的名字越来越长、越来越复杂也就没有什么好奇怪的了。举例来说，疟疾药"阿的平"估计大家并不陌生，但是又有几个人能记得住它那长长的一串名字呢？其全名叫"甲氧基—氯二乙氨基—甲定氨基—吖啶"。

因为碳可生成的化合物数量非常庞大，于是就出现了多种多样的动植物品种，目前自然界不止有几百种动植物。不过，这并不代表碳是活的有机体，即为地球化学上所讲的活物质的骨干成分。在活物质中碳的含量约为10%，构成活物质的主要成分为水，达80%左右，其余的10%为其他元素。

大家都知道生物体具有汲取养料、发育和繁衍后代的能力，因此就有数量不菲的碳为活物质供应着养料。大家也不止一次的见到：春季的时候，池塘就出现水藻和别的植物，夏天的时候它们的长势最好，而在秋天即将来临的时候它们就枯萎掉了，直至最后腐烂在塘底，转化成富含有机物的淤泥。在后面我们要和大家讨论，该类淤泥刚好是煤和植物淤泥，也就是"煤泥"的雏形，而"煤泥"又可合成汽油。

动物呼吸时能释放出大量的二氧化碳，譬如人体中肺泡的面积大概为50平方米，一天一夜平均释放的二氧化碳有1.3千克。据此推算，地球上的人每年释放入大气的二氧化碳大概有10亿吨。

另外，地球下还有储量丰富的处于化合态的二氧化碳，它们就是石灰岩、白垩、大理石和别的矿物，上面的物质形成的岩层厚至几百米甚而几千米。如果我们将该类物质中的碳酸钙和碳酸镁内的二氧化碳全部分解让它们释放至空气，于是空气中的二氧化碳就要多出目前25 000倍。

大气中的二氧化碳其中的一些溶解到海洋中去了，植物就从大气和水中汲取二氧化碳。一旦海水中的二氧化碳减少，大气中的二氧化碳就会去增补。海洋的广阔水域具有泵的功能，使二氧化碳得以持续吸入。

二氧化碳在活物质体内循环的首要环节，就是植物汲取二氧化碳。植物的叶子，在光的协助下汲取二氧碳化，让其变身为构造复杂的有机化合物，人们将这个过程称作光合作用，在这个过程中是太阳光和植物中一种称作叶绿素的绿色物质发生了反应。季米里亚泽夫是第一位发现大自然中存在光合作用的科学家，并对此进行了深入的研究。由于光合作用的存在，地球上的植物一年中从大气中汲取的二氧化碳的量大得惊人。大气中的二氧化碳却不是越来越少，因为水和动物组织会不断匀出二氧化碳补充大气中流失的那部分。

在光合过程中形成了数量庞大的有机物，也就是植物体组织。动物以植物作为食物，维系着动物的生长发育。如果我们牢记石油和煤均为腐烂的生物进化而来的事实，于是植物汲取二氧化碳这个过程在地球化学上的作用就更加重大而明确了。就地球化学上化学反应中的产物而言，自然界不存在比光合作用还重要的化学反应。

在前面的章节我和大家讨论过，是植物和二氧化碳发生反应产生的有机化合物，动物又以植物作为食物，但是碳的变化过程并不会随着动物消耗掉植物而结束。生物体慢慢会进入自己生命的最后一个里程，即死亡。生物体死在池塘、湖沼和海洋的底下并逐渐积累起来，慢慢就转化成泥炭了。大量死亡的生物体在水中逐渐发酵腐烂，水中的微生物分解着死亡生物的尸体并使原来的生物体的组织而且促使原先的组织不断进化。唯一不变的就是死亡生物体中的植物纤维素，这是植物的本源。

那些死亡生物体的尸体被深埋于沙和黏土之下，随后，死亡生物体受到气温和压力的影响，而且在复杂的化学变化过程中，由于它们自身的特性和周边环境的影响就缓慢进化成石油和煤了。

那些死亡的生物体在被其他微生物分解以后，其余的部分形成的固体碳以三种类别出现在人们的眼前：无烟煤、烟煤、褐煤。

地球上无烟煤的储量最丰富。在显微镜下烟煤和褐煤就显现出自己的植物本性，这充分说明它们来源于植物。发现这些煤的地方都是成层的，相连的两层之间不时会出现叶子、孢子和种子的遗迹，即便不用显微镜都能看得清清楚楚。各个煤块均是二氧化碳中的碳，这样的二氧化碳最先是靠着光合作用进入活细胞的。

"捕捉到的太阳光线"，这是针对煤而言的。实质上也确实如此，植物吸收的太阳深藏在各个煤块里：植物在吸收太阳光后和叶绿素发生反应形成了复杂的植物组织，并跟随植物体的分解变换着形态。煤可以为工厂和海轮上的锅炉提供热力，支撑机器的运转，煤的发现是现代工业能快速发展的重要原因。

全球一年的煤炭开采量在10亿吨左右，比地球上任何矿物的产出量都要高。就世界上目前已经探明的煤炭储量而言，苏联的煤炭储量位居世界第二。可是苏联的工业正在蓬勃发展，以苏联目前工业的发展速度尽管煤的储藏量排在世界前列，也仅能用上100～200年。

对我国的借鉴意义就是我国当前应该查明本国的富源状况，积极储备这种珍贵的物资。煤的作用不只是提供热量，人类还可从煤中提炼到有用的物质，这些物质是煤的化学工业的基础。普通的煤就是制造苯胺染料、阿司匹林、消发灭定的原料。

煤来自植物的细胞，而液态的有机物也就是我们通常说的石油，它的原料就是植物体及其孢子；是一种特别的"捕捉到的太阳光线"，正是它造就了石油这种液化物。石油比煤对人类的作用大得多，谁都知道石油是舰船、飞机和汽车的染料，这不包括提炼过和蒸馏过的石油。有那么几种煤可用人工方法造出汽油，不过这样的煤的储藏量却不是很高，所以靠这种方式生产的汽油也是有限的，质量也不是很高。人类为获得石油，在地球上钻凿了好多4千米深的油井，以从地壳的深处开采到这种富源，即"地球的黑色血液"。

一般而言，一口油井都可持续采几年，油井的地面部分犹如一栋复杂的建筑，外观像一座37米～43米的高塔。油井架跟森林似的矗立在那里，远观壮观极了。这种规模的油田遍布高加索、乌拉尔西部的山坡（巴什基尔共和国）、中亚和库页岛。储量颇丰的石油矿藏，在伊朗、美索不达米亚和世界上别的地方也有发现。

因人类对煤和石油的大量开采，致使碳元素离开了自己以前栖身的居所地球深处而上到地壳上面来了；是人们将它开采出来的，人们为了自身的发展，就想尽办法同自然界进行各种斗争以尽可能多的获取深埋地下的矿藏，人类一年就能消耗掉7亿吨左右的煤。

为了获取足够的热量，人类尽可能地把可燃物变成二氧化碳和水。

就这样，人类一直在同大自然在开展斗争，人和自然界总是让碳朝着彼此的反方向发展：人致使碳氧化，大自然却让碳由化合态变化至游离态。

不过，我们之前讲过，想必大家还记得，在煤之外，碳还存在两种很有意思的变种，也就是金刚石和石墨。金刚石非常贵重，通体晶莹透明；

巴库油田里的石油喷泉造成了石油湖，差不多不停地连续喷发了三年

巴库油田里森林般的油井架

石墨则非常普通，并且呈灰黑色，是我们书写用铅笔的原料；由此看出，这是两种用途不同的物质。人类总是将物质的性质不同归因于物质成分的差异，不过金刚石和石墨的性质不同的原因却是由于它们晶体内部碳原子的排列方式不同。

金刚石晶体里面的碳原子结合的很紧实，所以金刚石的比重大，硬度也高出其他的矿物，并且拥有较高的折光率。金刚石是30个大气压下熔化的岩石的结晶，一些情况下，出现金刚石的大气压得是6万个。地球深处60千米～100千米处才会有这么大的压力，这样的深度，岩石出现在地表的概率不高，这也就是金刚石稀少的缘由。因为它坚硬，并且晶莹透明，所以它的地位不同凡响，是宝石中的翘楚，经过打磨后就会变成非常贵重的钻石。

印度一直以来就是金刚石的高产区，印度的金刚石出自沙地，1727年巴西、1867年非洲和苏联也在沙地中发现了金刚石。如今金刚石的高产区在非洲，即非洲的奥兰治河右岸的支流瓦尔河流域。

最初人类是开采金刚石的地方是瓦尔河河谷的沙地，后来发现距河很远的小山坡的黏土里也有金刚石。就纷纷跑到蓝色的黏土里刨，就这样

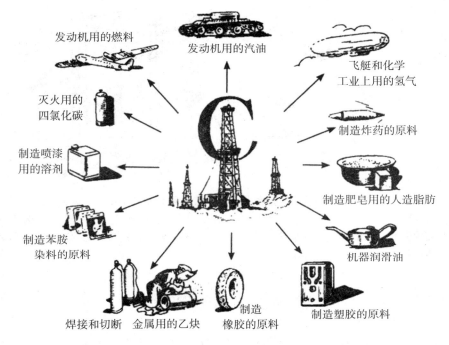

石油在生产中的作用，石油发生化学反应后可形成各种产物，图中只是众多产物中的一部分

"金刚石狂热病"就蔓延开了：许多人抢购3米×3米一块的蓝色黏土地，那个地区的地价涨了好几百万倍，购到地的人就在地上开挖一个巨型深坑，人们蚂蚁般在坑里忙着找金刚石。由坑底至地面铺设了众多线路，然后就从这些线路上往外忙着运送黏土。

可是坑挖得还没多深，黏土就被挖完了，人们眼前出现了绿色岩石，质地坚硬，人们称它们是角砾云母橄榄岩。当然了，它里面也含着金刚石，但是开采起来难度比较大，作业方法又复杂又麻烦，成本也不低，那些小地主只好放弃。开采工作停顿了一段时间后，一些资本雄厚的股份公司成了开采的主体，他们采用竖坑作业法开采出了岩石中的金刚石。

这种岩石虽然里面有金刚石却深藏地下，它所在的深度以人类当时的技术和采掘条件很难触及。之前火山活动时，在地下的深处形成了一些孔道，角砾云母橄榄岩就出现在这些孔道里面。

人类已经了解到了因为火山活动形成的这种漏斗状火山口共有

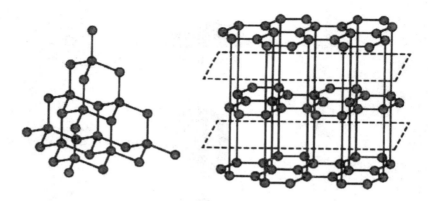

金刚石（左）、石墨（右）的原子排列。金刚石和石墨中都含有碳，不过碳原子在这两种矿物里的排列方式却完全不一样。在金刚石中，四个碳原子围着一个碳原子，并和中间的碳原子的距离都相等（呈四面体）。石墨里的碳原子成层排列，层与层间聚集的不是很密实

十五处，它们里面最大的那个直线长度为350米，其余的直线长度都在30～100米。

在角砾云母橄榄岩里面金刚石的颗粒很小，重量不足100毫克（半个克拉）。不过也有开采出大颗粒的时候，在较长的一段时间里，开采到的最大一颗金刚石人们称作"超级钻石"，重972克拉，合194克。1906年发现了一颗更大的金刚石，它就是有名的"非洲之星"，重量为3025克拉，合605克。一般重量超过10克拉的金刚石就已经很稀罕了，也就价值也就高起来了，世界上最名贵的钻石一般也就重40～200克拉。另外有一种称作钻石屑的金刚石，还有一种叫"黑金刚石"的金刚石，呈黑色。钻石屑和黑色金刚石这两种金刚石的价值也都很高，从技术层面上讲用它们钻岩石比较好。颗粒大的金刚石一般是制造金属丝的车床好原料，比

1911 年费尔斯曼所绘的天然金刚石

如制造电灯泡里钨丝的车床。

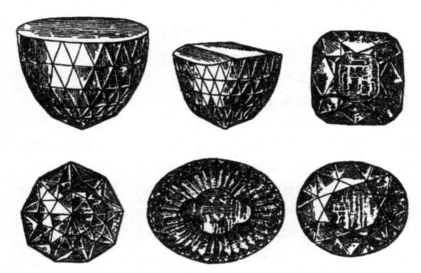

世界上最大的钻石。从上排左起分别为"蒙兀儿大帝",加工前的重量达780克拉;"奥尔洛夫",重量是194克拉;"摄政王",重量为137克拉。从下排左起分别为"仙希",重量为140克拉;经过两次琢磨的钻石称作"柯依努尔",重量分别为186克拉和106克拉

石墨也属于碳的族类,但是它和金刚石的性质差得太远。石墨的碳原子是成层分布的,易于分离。它不纯净,有金属光泽,质地柔软,很容易成片剥落,可在纸上留下痕迹。但不易被氧化,耐高温,在火中依然能保持原样。

生成石墨的条件有两种:一种是在火成岩生成时,由岩浆喷出的二氧化碳分解形成,另一种是由煤生成的。西伯利亚有名的石墨矿藏就属于第一种,在西伯利亚地区发现的霞石正长岩就是凝固的火成岩,它里面是透明的石墨晶体。人们发现大量石墨矿藏位于叶尼塞河流域,它们都是由煤生成的,因此灰分的含量高。

每天用铅笔工作的人,不就是在天天跟石墨接触吗?铅笔芯就是石墨和纯净的黏土混合后做成的,铅笔的硬度受黏土含量的影响,黏土多了铅笔就硬,软铅笔中黏土的含量就低些。笔芯生产好后往木条里一嵌,胶合完木条,铅笔也就出来了。用于制作铅笔芯的石墨仅占它的开采量的5%,多数石墨都是生产熔炼上等钢的耐火坩埚、电炉里的电极、润滑重机器

（比如轧钢机）中磨损率高的零件的原料，铸造机器上金属零件的黏土铸型也要用石墨的粉末。

现在，在地层中生成石灰岩、白垩和大理石的那一部分二氧化碳，我们还没有讨论。我想先问问大家：这些二氧化碳是如何来的？这很容易回答。用显微镜观察白垩石的粉末就清楚了。一试你就会发觉远古时期微小的古代生物的世界会重现在显微镜下，进入大家视野的是些圆圈、棍棒和晶体，它们多数都极小且很好看。它们是一些人类称作根足虫族类的微小生物体的石灰质骨架，它们中的几种现在依然生活在热带的海水里。根足虫骨架里含的是碳酸钙，根足虫死亡后，好多骨架就生成岩石。不过，生成石灰质岩石的不光有低级的微小生物，还有海洋里其他含碳酸钙的动植物的骨架。

| 深度 | 碳的变化 | 稳定的状态 |
|---|---|---|
| 地球表面（生物圈） | $CH_4$ ⇄ 活物质 → 碳酸盐（石灰岩）<br>气体　　　　$CO_2$ | 烃<br>活物质<br>二氧化碳<br>碳酸盐 |
| 变质作用地带 | $CH_4$　油页岩，煤石油，沥青　$CO_2$ → 碳酸盐（大理岩）<br>石墨　　$CO_2$ | 二氧化碳<br>碳酸盐<br>石墨 |
| 深成岩地带 | $CH_4$　$CO_2$　含碳的硅酸盐<br>碳化物　金刚石 | 二氧化碳（石墨）<br>金刚石<br>煤铁等的碳化物 |

**地球化学上碳的循环过程**

科学家可根据石灰岩中的有机体的残骸，判断出石灰岩生成的年代。依据地球化学上的最新研究成果，自然界的煤和石油的储藏量同石灰岩的存量间存在规律性的比例关系，而且这个比例有求出的办法。由此，依据各个地质时代石灰岩的形成量，可预测那个时候形成的煤和石油的数量。地球化学上的这个结论对人类具有重要的意义，就算存在一定的误差也对人类有很大价值。

好多年代久远的石灰岩在压力的作用下生成了大理石，在大理石中，有机体的所有微小的痕迹都消失殆尽。大理石中积累了千百万年的二氧化碳，退出了碳的循环系统。但是一旦大理石周边出现造山活动和火山活动，大理石受热释放二氧化碳，便又将二氧化碳带到了碳的循环过程中来，由此我们就可得知，地球上的各种变化是永不止息的，大自然在这种运动中一直维持着平衡。

# 3. 生命和思想的元素

磷在自然界是种很奇妙的化学元素，我先来给大家说两个故事。第一个故事发生在17世纪末，距离现在已经很遥远了，后一个故事发生在当代。我打算依据这两个故事得出结论，给读者们描绘有关磷的神奇的经历：大家要清楚，如果没有磷，就不会有生命，更谈不到历史了。

*　　　　　*　　　　　*

有间生着炉子的屋子杂乱无章，炉子连接着铁匠一般才有的大风箱，另外还有很大的曲颈甑，上面是烟雾缭绕……桌子上和地上到处堆满包着厚厚封皮的旧书，书里做着各种奇怪的标记。碾盐的大钵、一堆堆的沙和人骨头、装着"活水"的容器乱七八糟地堆满地面，闪着光的水银滴、精致的玻璃杯、曲颈甑及其红色、褐色、黄色、绿色的溶液摆满了桌子（下图）。

中世纪炼金术士的实验室

它就是古时候那些炼金术士用来炼金子的实验室，有一个炼金术士好多年如一日潜心钻研。他的梦想是将水银转化成金子，他想借助当时人们眼里颇为神秘的火的燃烧，而自一种金属中制取另一种金属。

他绞尽脑汁地将各种粉末和人的头骨溶解，又将人和各种动物的尿蒸干，他期望炼出"哲人石"，据说这种哲人石能将普普通通的金属转化成金子，而且人服用后也会越来越年轻。

17世纪的炼金术士一直就在这种杂乱而复杂的环境中钻研着化学上的难题。他幻想着将水银制成金子和从人的头骨中制取哲人石，但是持续做了好多年实验，还是一无所获。炼金术士便对自己的实验室和实验结果越来越严格保密了，甚至将秘方和记录本都藏匿起来。

汉堡的一个炼金术士在1669年的时候突然转运，他为获得哲人石，想到了蒸发新尿液，然后将余下的黑色渣滓加热，最初加热时他还是小心翼翼，慢慢地他就想办法让火势不断增大，后来他注意到在装残渣的管子上部不断有白蜡般的物质在集中，让他兴奋不已的是，这种物质竟然能发出光。

他就是布兰德，他对自己的实验进展严格保密。他绝不允许其他的炼金术士踏进他的实验室。当时有势力的王公纷纷赶往汉堡，想用金钱买到他的最新实验成果。在当时这个发现的影响的确很大，都引起了17世纪最著名的学者的兴趣，还以为真的炼出了哲人石。他提炼到的物质会发出冰冷而安静的光，人们称这种光为"冷火"，而将发光的物质叫"磷"（希腊文的意思为"带光的"）。

波义耳（下图）和17世纪的莱布尼茨就对布兰德的发现高度关注。没过多久，波义耳的学生也是他的助手在伦敦制取出了磷，他的制取过程非常顺利，于是他便登了广告："住伦敦某大街的化学家汉克维兹，可制成各种药剂。另外，伦敦仅有他会制取各种磷，售价为3英镑一英两。欢迎各界人士光顾。"

可是时至1737年，炼金术士依然对磷的制法秘而不宣。然而他们想使用这个奇妙的化学元素，却怎么也用不上。他们认为已经发现了哲人石，就幻想着利用能发光的黄磷将银子转化成金子，但是他们的愿望落空了。人类倒是没发现哲人石有何过人之处，反而发现利用哲人石做实验有时会发生爆炸，这么一来吓坏了这些炼金术士。因此磷当时在人们的眼里还是很神秘的，人们还没发现它的用途。大概过了200年，李比希（右图）才

罗伯特·波义耳（1627—1691），英国的科学家，对化学和物理学的贡献都很卓著

尤斯图斯·冯·李比希男爵（1803—1873），德国化学家。他创立了有机化学，而且发现了氮气对植物的重要作用，所以人们称其为"化肥工业之父"

通过实验认识了磷的第二个秘密，即磷和磷酸对植物的生命价值非同一般。人类这才恍然大悟，磷的化合物乃是大自然里那些生命的基础，实验室中的人们首次提出将"冷火"的化合物撒到田野以获得农作物的丰收。

可是人们根本就不相信李比希的提议，李比希想到用硝石生产肥料，但是失败了，人们从南美洲运来硝石，但是无人购买，不得不将硝石投进大海。利用"冷火"盐作为肥料可提高黑麦和小麦的产量，而且可让亚麻这种珍贵的纤维素植物的茎发育得更加良好，但这个想法在好长的时间里都被人们认为是不切实际的幻想，因此科学家又持续钻研了好多年，磷才成了促进国民经济不断增长的主要元素之一。

*      *      *

第二个故事发生在1939年，当时人们正在从苏联北部大雪覆盖的山坡上开采贵重的浅绿色磷灰石，这个地方开采到的磷灰石完全可和地中海沿岸、非洲或佛罗里达出土的千核磷灰石相媲美。人们将绿色磷灰石运至一些大的选矿厂，碾碎，除去有害成分，制成如同面粉一般细而柔软的粉末，而后用几十列火车从北极运到圣彼得堡、莫斯科、敖德萨、维尼察、顿巴斯、莫洛托夫和古比雪夫的工厂，让它们同硫酸发生化学反应，生成同为白色粉末的可溶磷酸盐作为肥料。人们将这种肥料借助特殊的机器抛撒至田野，结果使亚麻的产量提高了一倍，并且使甜菜的糖分增多了，棉花的产量大幅度上升，青菜长势更加好并且产量也大幅提高。

分布于田野的磷原子深入谷物和青菜进入我们的各种食物中。有人测算过，100克的一块面包里，就有10 000 000 000 000 000 000 000个磷原子，这么庞大的数字，无法用语言表述。以上我们介绍的是苏联的磷的主要来源，即希比内山脉的磷灰石。不过无论管科拉半岛的磷灰石数量如何大，光依赖它也无法满足苏联各种农作物的需要，而且还涉及运输的问题。一节节车厢里经过精挑细选的磷灰石被运到西伯利亚、哈萨克斯坦和中亚，但是那里的人们总嫌少，苏联不得不靠新发现的磷矿弥补北极地带磷矿石的缺口。苏联正在开采欧洲国土上一些地方的纤核磷灰石，而目前又在西伯利亚和中亚发现了纤核磷灰石。在苏联的广博土地上，人们在各处勘探着纤核磷灰石，矿床勘探到了人们就立马动手开采。纤核磷灰石矿层给苏联提供了几千万吨的磷肥，它让苏联农场的土地、让一切谷物和植物的茎富含磷原子。

以上我们给大家介绍了磷原子的两种来源，探讨了磷的发现过程和它今日的用途。人类一年生产的磷肥在1000万吨左右，其中有200万吨进入了土壤。

磷不仅是肥源，而且人们正逐渐发现它的其他作用，另外现在利用这种"冷火"的工业部门不少于120个工业部门。

我首先要说的是，磷有助于生命健康和思维的提高：骨头中磷的含量的高低，影响骨髓细胞的生长和发育，说到底，生物有了磷才能健康成长。脑子里磷含量的高低，代表着磷对大脑工作作用的大小。食物中的磷不足，机体就会慢慢衰弱起来。现在人类生产了各种含磷的药，以帮助那些衰弱的人和刚得完病的人补充磷的供应不足。不但人类离不开磷，而且动植物也很需要它。人类现在不光给陆地施磷肥，也给海洋施用。在港湾里撒上磷的化合物，可加速水藻和其他微生物的繁殖，也使鱼的繁殖率大增了。有人做过这样的实验，往圣彼得堡周围的池塘撒上磷的化合物，结果是撒过磷的化合物的鱼较之没用磷的大了一倍。现在磷在食品制作上发挥的作用也越来越大了，尤其是在生产汽水方面，制造高档汽水一般用磷酸。质地优良的涂料都以磷酸盐特别是锰和铁的磷酸盐为原料。也许大家还不知道，生产品质最好的不锈钢制品时都要往表面涂一层磷酸盐，为防止飞机生锈也常常在飞机的外面涂这种磷酸盐。火柴工业是人们借助"冷火"较早兴起的一种大一些的工业，年轻的读者朋友也许不清楚，在我们现在的火柴出现之前人们用的是何种火柴？或许你会回忆起自己小时候用的那种火柴，火柴棒的头是红的，擦什么东西都起火。它碰到皮鞋非常易燃。磷的性质相当危险，人类不得不去发明安全性强的火柴，也就是大家现在使用的这种。

人类用磷生产火柴后，联想到磷还能发出"冷火"，更能生成"冷雾"，因为磷燃烧后产生的是五氧化二磷，它能在空气中飘浮很长时间，生成不易沉下去的烟雾，成为一种攻击和毁坏的方法。

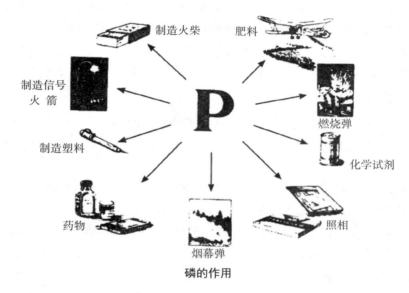

磷的作用

磷最初含在深层岩的熔化物中，随后生成细小而呈针形的磷灰盐，然后微生物如同一个活的过滤器，在稀少的海水溶液中抓住了磷，磷在大自然里的化学反应异常复杂，我们不打算在此处细说。

磷在地壳中的变迁历程很有意思，磷的发展变化与生物的新陈代谢进化过程密不可分。磷集中在有机体埋尸地，集中在动物群死的地方，洋流的衔接处也是鱼类集中的地方，那个地方也多是海底坟墓。磷在地球上的聚集形式有两种：一种是从还未凝固的岩浆中分离进而生成磷灰石矿床，另一种就是出现在死亡动物的骨骼中。磷原子在自然界的循环过程相当复杂，化学家、地球化学家和技术家了解了它们循环体系中的几个环节。磷的前世埋藏在了地下的深处，而它的未来将在造福人类的工业、在技术革新的路途上。

# 4. 化学工业的原动力

　　硫这种元素是人类最早认识的元素中的一种。硫多出现于地中海一带，远古的希腊人和罗马人无法不去关注它。火山的每次剧烈运动都会有硫喷出；那个时候的人将二氧化碳和硫化氢的臭味看作是火山神活动的信号。公元前几世纪，人类就注意到了产自西西里的大硫矿的硫的透明晶体。让人们意想不到的是它在燃烧时放出的气体会让人窒息。正因为它的这种特性人类认定硫为世界上的一种基本元素。所以，远古时期的自然界研究者，特别是那些炼金术士们都很重视硫，一般他们提及火山活动的过程或者山脉和矿脉形成的经过，都一再强调硫的作用。

爆发中的维苏威火山（1794 年）

在炼金术士的眼里，硫的确很神奇，他们目睹硫燃烧生成新的物质，因此在他们的想象中硫为哲人石的成分。他们都在努力提炼哲人石（下图），打算人工制金，不过最后还是功亏一篑。

中世纪的人在熔炼硫

罗蒙诺索夫在1763年发表了自己的那篇"轮地层"，他在论文中介绍了硫在大自然中的作用，讲得很透彻。我们为大家摘录几处：

地下的火不少，立马联想到地下火中包含的物质……没有东西比硫更易燃烧了，谁有它燃烧得剧烈。

…………

由矿井采出来的可燃物之中，又有哪一种比它更丰富呢？

无论是火山喷出的气体、地壳底下的矿泉还是陆地底下的通气口中都有硫，而且每一块矿石、每一块石块，相互摩擦都有硫的气味，都要想方设法告诉人们它们里面含有硫……众多的硫在地壳中燃烧生成气体，在深坑鼓胀，冲开地球的拦阻，升上来了，伸向四方，制造各种地震，地面上抵抗力弱的地方就最先断开了，重量小的碎片就被抛向高空了，坠落后下到近旁；重的碎片，无法飞起，就变成了山（下图）。

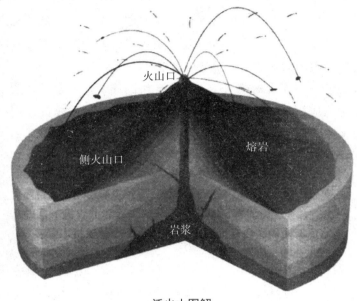

火山口

侧火山口

熔岩

岩浆

活火山图解

地壳里面的火不少，而延续火的硫也不少，那么地震也就不会少，地面也常会在地震中改变，这种改变将是巨大的，会带给人类灾难当然也会有好处，让人惧怕也给人安慰。

不可否认的是，地壳深处有大量的硫，硫冷却时就会有大量的挥发性化合物析出，它为各种金属和硫、砷、氯、溴、碘的化合物。火山爆发物的气味都不一样，比如意大利南部的喷气孔散发出的气味让人窒息，或者是如堪察加半岛在火山活动出现时就生成云雾状的二氧化硫气体，人类均可据气味分辨清楚：硫不但可以以气体的形态流出，也易溶于水，还能在地下裂缝中生成矿脉。硫和砷，锑和伙伴们住在易挥发的热溶液中，变成矿物，人类自久远的古代就懂得由这类矿井开出锌和铅，银和金。

硫在地球表面形成暗淡、不纯净、闪着光的多金属矿石和不同辉矿类和黄铁矿类矿石，大气中的氧气和水在这个过程也发挥了作用；硫的化合物在它们的作用下，变成了新的化合物，硫和氧发生反应生成了二氧化硫。这种气体我们划火柴时经常可以闻到，我们再熟悉不过了。它与水发生反应后就有了亚硫酸和硫酸。

连续经历这一连串化学反应之后，黄铁矿类矿石的晶体和氧气接触后析出硫和硫化物，这些物质损坏了附近的矿层，和流动性差的元素化合，变成石膏或者别的矿物。顺便插一句，黄铁矿类矿床和出产天然硫的地方发生化学反应出现的硫酸有一定的破坏性。

在我脑海中闪现着梅德诺戈尔斯克矿坑的样子，在它那儿黄铁矿类矿石和氧发生反应析出的硫酸有很多，人们无法抑制它的腐蚀作用，因此矿工的衣服很快就会烂掉。

许久以前，我们在卡拉库姆沙漠工作，由于不了解硫酸具有腐蚀作用；我们挑选好硫矿石样本，码好后用纸包裹，不曾想到了圣彼得堡，才发现那些包装纸全都损毁掉了，包装纸上贴的标签也早就碎了，就连运输样本的箱子都被腐蚀坏了。造成这一切的罪魁祸首当然是天然硫酸，于是不得不承认它是与众不同的液态矿物。

在卡拉库姆沙漠里硫和沙的混合物生成了硫矿石。沃尔科夫用独特的方法分开了硫和沙，往一个高压锅里放些小块的矿石，然后加水，封好，还要从一个蒸汽锅向它里面释放5～6个大气压的蒸汽。做完这一切，高压锅的温度就升至130℃～140℃，硫就可熔化至锅底了，沙和黏土反而让蒸汽冲上去了。过上一段时间后，开启锅的放硫口，让硫进入特殊的槽内，这个过程前后用时两小时左右。就用这个办法，这位化学工程师就说明了人类如何提取卡拉库姆沙漠硫的问题了。

它维持原状的时间通常不会很长：它会迅速地跟各种金属化合，火山带的硫和金属发生反应形成的化合物集中成了明矾石，活火山周边的明矾石常常呈白色斑点状或以条带分布。

一些天文学家认为，月球上环形山周边的白色光圈和白色光线也是明矾石。

硫和氧发生化学反应后，主要部分和钙化合。这种化合物不易在实验室溶解，但是它在地壳深处异常活跃，它就是人们常说的石膏，地球上有大量的石膏形成很厚的沉积层藏身于盐湖和干涸的海底。

不过硫元素在地球上的活动远不止此。其中一部分硫酸变成气体，还有好多微生物将硫的化合物还原了，硫化氢和一些挥发性气体就是从硫的化合物溶液里分解到的，含有石油的地下水冒上地面时，大量的挥发性气

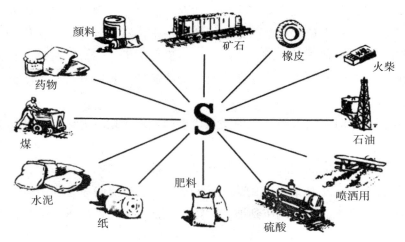

硫在各种生产上的应用

体也一起出来了，充斥在湖沼等低地的大气中，黑色的淤泥块就出自湖沼和三角湾，人们为它起名叫药泥，克里木和高加索地区的人基本上都用它来治病。

多数硫变身成了硫化氢，飘到大气中去了，重回它的流动形态，如此一来硫就完成了自己在自然界众多复杂循环中的一个循环过程。

人类利用自己的智慧人为改变了硫在地球上的旅行线路，让硫在工业上发挥起了自己的特殊作用。地球上每年可开采到的纯硫不足100万吨，然而一年开采出来的可用于制取硫然后生成硫酸的硫化铁含的硫不下几千万吨。

硫是化学工业的主要原料；光是将用硫的全部工业技术部门罗列出来都是很难的。我仅能说几个最重要的，但是这么一来，大家就清楚硫在工业上的重要性了。

硫可用于制造纸、赛璐珞、染料、药物、火柴等物品，还能用于提炼和精制汽油、醚、油类，以及磷肥、明矾和别的矾类、钠碱、玻璃、溴、碘等。缺少了硫生产硝酸、盐酸和醋酸可就难了；因此19世纪初硫在工业上做出了非同凡响的贡献，这点现在应该不难理解。生产炸药硫酸、黑色火药不是也离不开硫吗？硫对于火器也是不可或缺的。

硫的用途这么广，作用也很大，因此18世纪的历史主线就是为硫而斗争。在一个很长的时期硫都产自西西里，西西里岛是意大利的，为获取这个富源，18世纪初，英国好多次炮轰西西里岛沿岸。但是后来瑞典人发现了从黄铁矿中提取硫和硫酸的办法，这么一来，欧洲各国又都将目光投向了西班牙的黄铁矿，英国舰队又远航至西班牙的沿海，打算占领硫和硫酸的泉源。相反大家都不再关注西西里岛的硫矿了，各国都打起了西班牙的主意。

就在这个时候，人类又在佛罗里达半岛发现了地球上储量最高的硫的矿藏。

为了追求高额的利润，美国在佛罗里达疯狂开采硫，他们用到的开采方法简直让人无法相信：硫的熔点为119℃，于是他们充分利用硫熔点低这个特性，将炽热的蒸汽压到地下，让硫在地下熔化后，再将熔化的硫压出地面。

以这种方式开采硫的首台机器装置，经实践检验是成功的。熔掉的硫被压到地面上来了，后来凝固出了许多山丘。

用这种方法采集硫效率的确很高，因此美国就出产了大量的硫。人们的关注重点也不再是意大利和西班牙的硫矿了，紧接着瑞典不满足于在北极圈出产的硫化物矿石，又找到了新的硫来源。瑞典的一个工厂在熔炼黄铁矿石的过程中，无意提炼出了硫。

也就是说人类又发现了硫的一个新的来源，它就是金属的硫化物，于是人们又发现了制造硫酸的新方法。

我说这些的目的是想让大家知道，任何一种物质在工业上的运用，都会因人类创造性思维和技术的进步而发生不可预知的改变。科学上出现了新的方法，层出不穷的新方法改进了硫的提炼技术，也一次次打破了人类的生产关系。

唯有人类充分运用在给自然界的天然原料探索新用途的创造性思维，才能让人类得到天然富源产生的利益、才能为全人类创造幸福的生活。

# 5. 巩固的象征

我旅行经过新罗西斯克，该市附近一个大型水泥厂的一些技术人员希望我给他们做一个跟石灰岩和泥灰岩相关的报告，它们可都是生产水泥的主要原料。

我不得不很抱歉地婉拒，说这个题目我不是很明白。尽管我很清楚，各种石灰岩是石灰和水泥的基本原料；我更清楚，质量上乘的石灰和水泥的价值到底有多大；我告诉他们，在苏联的北方人们是如何制取这两种建筑上必不可少的产品的。

人们一般从瓦尔代高地购买石灰，这个地方和苏联的新兴都市相距1500千米，而运送水泥得从新罗西斯克过黑海、爱琴海、地中海、大西洋、北冰洋；因此我对这些工作人员讲，我了解石灰对于人们的生活和建筑的重要作用，不过我不曾研究石灰岩，因此我对石灰岩一无所知。

"那你就给我们说说钙好吗？"其中的一位工程师提议，他一再说金属钙是所有石灰岩的基础，"请说一说，如何从地球化学角度看待钙、钙的性质如何、它的命运如何、它聚集在哪里、如何聚拢，为何钙能生成大理石上优美的图案，并让石灰岩和泥灰岩表现出适宜用在工程技术上的种种特性。"

就这样我就以此作为演讲的题目发表了演说，正如后文描述的那样，我给他们介绍了钙原子在地球上的旅行过程：

大家都工作在水泥行业，它是一个生产胶结物质的部门，属于重要的建筑工业，因此你们才急于了解钙原子的发展过程。

化学家和物理学家对我们讲，钙在化学元素周期表中具有重要的意义，它排列在周期表的第20位，意为钙原子中间有一个核，核内有极小的粒子也就是质子和中子，核外存在20个处于游离态的带负电的小粒子，也就是人们常说的电子。

钙的原子量为40，它属于化学元素周期表的第二类元素，也就是位于该表左起的第二直行。钙在其化合物里，得依靠2个负电荷生成稳定的分子。用化学语言描述，钙的化合价是+2。

不知大家有没有注意到，前面我提到的20、40这两个数字都是能被4整除的，这样的数字在化学上的意义重大。我们的生活经验告诉我们，倘若我们想要让一件东西立稳，就得用能被4整除的数；能够站稳的普通物品、一切建筑物，都是对称的，而且都是左右两个刚好相等。

与钙原子相关的数分别有2、4、20、40，它们表示钙原子有稳定的特性，人们还无法预测在温度达到上亿度后能否破坏这个由一个原子核和围绕核快速旋转的20个电子组合的坚固结构。伴随着天体物理学家对宇宙构造认识的深入，钙原子在宇宙中的主要活动轨迹也越来越清晰。

大家看，这就是发生日食时的日冕。不借助望远镜都能分辨清太阳外层巨大的日珥，炽热的、快速疾驰的金属小颗粒被抛向几十万千米的高空；在这个过程中钙发挥着重要的作用。目前天文学家已经能用科学的方法预测行星际里遍布何种物质了。在一个个分散的星云之中，整个空间都充满着飞奔的轻元素原子；人们还了解到钙和钠在其中发挥着相同的作用。

宇宙中还有一些小颗粒，它们受地球影响，历经繁杂的路线活动，飞向地球。它们坠落到了地面上就成了人们所说的陨石，在这个过程当中钙发挥着重要作用。

就以地球为例，在地壳形成的过程中，在人们的生活和工业技术的发展中，很难想象的出还有谁比钙更重要。当熔化的物质还在地壳表面热气腾腾时，比较沉的蒸汽慢慢分开生成大气层时，起初水滴正在聚集生成海洋之际，钙和镁这对地球上极重要的金属朋友，其实镁也像钙那么稳定，它也是双数元素（原子排列在第十二位）的元素。

无论流在地面，或者是凝固在地下深处，钙和镁都发挥着重大作用。在大洋的底下，尤其是太平洋的底部，至今都躺着玄武岩层，钙原子在玄武石中的含量很高，而大家都明白，我们依附的大陆就浮在这种玄武层上，该层玄武岩好像凝成了特殊的、极薄的皮壳，覆盖在地下深处熔化物的外面。

根据地球化学家的测算，地壳的成分从重量方面而言，钙达到了3.4%，镁占到了2%。地球化学家说，钙的分布规律是和钙原子奇怪的特性密不可分的，也就是说同它里面存在的电子数为双数以及它的结构奇妙的稳定性脱不了干系。

地壳刚刚生成，钙原子就踏上了旅程。

在远古时期，每次发生火山活动都会喷涌出大批二氧化碳。在那个时间段空气中布满水蒸气和二氧化碳，生成沉沉的云层，环绕着地球，损坏了地球的体表，将那个时候地球上还没有冷却下来的物质夹裹到原始狂恶的风暴中去了，这么一来就开启了原子旅途中的最有意思的一段历程。

钙和二氧化碳产生化学反应就有了巩固的化合物。二氧化碳多的地方碳酸钙就溶于水了，并顺着水流动的方向而去；在二氧化碳消失后，沉淀下来的物质便生成了纯白的结晶粉末，厚实的石灰岩层就是如此形成的。只要是地球上面的冲积土集聚成黏土的地区，就出现了泥灰岩层，地壳下面炽热的物质剧烈地活动着，逐渐深入到了石灰岩，过热的蒸汽将石灰岩炙烤到了上千摄氏度，于是便将石灰岩变作洁白的大理石山丘，巍然矗立的山顶和雪交相辉映。

但是一些碳的化合物的形成却经过复杂的化学反应，形成了最早的有机物。这种凝胶般的物质跟黑海的水母似的，逐渐复杂起来了；它们慢慢出现了一些新的特性，也就是它们具有活细胞的特性。对人类影响深远的进化规律，为了生存和发展而争斗、为继续进化而争斗——均使该类物质的分子变得越来越不单纯，促进它们的分子重新组合，而依照有机世界的规则它们又有了新的特性。这样一来，世界上慢慢出现了生命……最先出现的是海洋里的单细胞生物，接着出现的是较为复杂的多细胞生物，自然界就是如此缓慢地进化着，逐渐地人这种大自然中最完善的生物出现了。

在各种生物生长且慢慢复杂起来的进化过程中，一直在为自己有稳定而结实的体魄在斗争，柔弱的动物常常抵挡不住敌人，时刻面临被敌人打败和消灭的命运。动物在它们缓慢的进化历程中，越来越会保护自己了，学会了用一层穿不透皮壳包裹自己的软体，跟盔甲一般，或者是在自己的身体里面产生一个支架，即骨骼，将柔弱的身体用坚硬的骨架支撑起来。生物的进化过程说明钙在形成坚硬而结实的物质方面发挥了重要的作用，而起源就是磷酸钙渗入贝壳，最先在大自然出现的贝壳的主要成分就是磷灰石。

但依赖这种方式获取钙也不是很可靠的，任何生命都离不开磷，然而地球上并不是处处都布满磷以供生物生成坚硬的贝壳；动植物的进化过程说明，若是依靠蛋白石、硫酸锶和硫酸钡这些不易溶解的化合物生成动物贝壳的坚硬部分，就很不错，最适宜的是碳酸钙。

确实，磷也是不可或缺的，其一，各类软体动物和虾，以及一些单细胞动物，基本上都借助磷酸钙生成漂亮的外壳；其二，自然界的动物骨骼也开始依靠磷酸盐来生成。人或者是有些大动物的骨头的成分就是磷酸钙，这里的磷酸钙实际上同人们挖掘出来的磷灰石很相近。无论是碳酸钙还是磷酸钙，都主要起着钙的作用。不同之处在于：人的骨头里的主要成分是钙的磷酸盐，而贝壳的主要成分是钙的碳酸盐。

　　只要是去过海边的科学家，比如说，去过地中海海岸，对他而言就没有比海边更让他难以忘却的景色了。

　　我忽然想起，我刚步入地质行业不久，我首次在热那亚的内尔维沿岸欣赏到的景观。当时我异常惊讶：形状迥异的各种贝壳、颜色各异的藻类、长着漂亮石灰质外壳的寄居蟹、各种各样的软体动物、一群群的苔藓虫，还有种类繁多的石灰质珊瑚（下图）。

生活在海洋的珊瑚虫

当时我站在岸边遥望清澈的海水，真可谓心旷神怡，同为碳酸钙，而样子却各有千秋，眼睛穿过蓝色的海水，看到的是五彩斑斓。忽然一只大个头的章鱼跃入我的眼帘，把我从对美景的无限遐想中拽回到了现实。它小心翼翼地游向我们站立的石头，我随手捡起一根木棍逗它们玩。

海底的贝壳和其他海洋动物的骨骼中含有丰富的钙，存在的形式不下几十万种。它们死后遗留下来的各种怪异的骨骼积聚出碳酸钙的一座座坟墓，它们正是新岩层的起源、后世山脉的起源。

现在，我们情不自禁地赞叹建筑物上面装饰着的颜色各异的大理石，赞叹发电站以灰色或者白色大理石为原料生产的配电盘，或者是我们进入莫斯科的地铁站，沿着出土于谢马尔金斯克的如同大理石般的呈黄褐色的石灰石台阶下去——这个时候我们要记着，这些大的石灰石竟然来自微小的活细胞，经过异常复杂的化学过程，将遍布大海的各种钙原子聚集到一块儿，接着它们生成牢固的晶体的骨架和纤维质，人们称这样的含钙物质为方解石和文石。

不过我们要清醒地意识到，旅途中的钙原子并未因此而停止不前。水再次冲散了钙原子，让它继续溶于水，水溶液里的钙离子重又开始了它在地壳上的旅程，有时驻足水中，生产钙含量高的硬水，有时碰到碳生成石膏，有时再次结晶成瑰丽奇异的钟乳石和石笋，构造出复杂而妙趣横生的石灰岩山洞。

继续追随钙原子至它旅途的终结处：人类捕获了钙。人类不光利用各类洁白的大理石和石灰石，还将其投入石灰窑和水泥厂的炉子中煅烧，以将钙同二氧化碳分离，如此一来许多石灰和水泥就生成了，要知道缺少这两种东西就没有水泥工业。

有如药物化学、有机化学和无机化学错综复杂的各种变化过程，处处都有钙的身影。钙在化学家、技术家和冶金学家的实验过程中起着决定性的作用。但是在今日这些都无关紧要了，大自然里到处充满钙，人类已经能利用一些技术控制这种稳定的原子进入一些较为细致的化学变化过程中了，人类为钙投入的电力都有好几万千瓦了；人们不光让石灰石里的钙原子与二氧化碳分离，还将钙和氧割裂，提取了纯净的钙，它是一种有光感、有光芒、柔且弹性十足的金属，在大气中易燃，外面会被一层薄膜包裹，成分和石灰近似。

莫斯科地下铁道的"新库兹涅茨"站，壁面是用白色的乌拉尔大理石砌的

人类使用钙原子，全然借助它善于和氧化合的特性、借助钙原子和氧原子之间的稳固关系和密切的个性。人类将钙原子添入熔掉的铁里，人类摒弃了借助各种形式的去氧剂、摒弃了借助一些复杂的办法去除不利铸铁和钢的有害气体，而将钙原子投入马丁炉和鼓风炉，迫使钙原子担当这项重任。

这样一来钙原子再次进入循环，它的金属颗粒刚闪了没多长时间，迅速生成结构复杂的含氧化合物，形成了在地壳外面较为巩固的化合物。

现在明白了吧？钙原子的发展历程超乎我们的想象；要想找一个在地球上的旅行线路较钙还要复杂的元素，在地球形成的过程中发挥的作用大于钙，在工业方面的重要程度超越钙的，很难。

请记住：钙是异常活跃的原子之一，在自然界可以生成无限种晶体结构。人们借助这些活跃原子来生成新的还有可能是前所未有的坚固的建筑上用和工业上用的材料，也许还会有更大的发现。

但是要想获得更大的发现，人们更应加倍付出，认真探索这种原子的实质。要做一个善于钻研的化学家和物理学家，而且地质方面的知识要扎实，才能成为一个有作为的地球化学家，才有可能在地质学上另辟蹊径。要熟练掌握化学、物理、地质学和地球化学的所有知识，才能成为一个优秀的技术家，方知如何步入工业上的新道路，充分利用自然界分布广的元素，去好好了解大自然吧。


# 6. 钾

具有代表性的元素钾，在周期表的首类元素中排在后几位，属于典型的单数元素，因为代表其特性的一些数字均为单数：所谓原子序号，指的是组成其电子层的电子数是19，它的原子量为39。其仅能同卤素的一个原子构造出稳定的化合物，比如和一个氧原子化合；也就是人们所讲的，钾的化合价是1。首先，钾为单数元素；其次，它的原子中带电的小粒子不少，这就说明它具有好旅行的个性，进而表明它的离子异常活泼。

钾好动，它在地球上的发展历程跟它的朋友钠很相近。它们之所以具有近乎相似的命运是同它们活泼的个性和异常多变的反应密不可分的，钾在极硬的地壳中形成100种不止的矿物，除此之外还有几百种矿物也含有数量不多的钾。钾在地壳中的平均含量大概为2.5%，这一数字不算小，这足以说明钾、钠和钙均为自然界的主要元素。

在丰富的地质发展史上涉及钾的这一部分颇为有意思。人类也已将钾的发展过程弄明白了，现在我们就将钾原子在自然界的旅行过程介绍一下，在咱们谈论完它生命循环的头一个过程后，我们不妨回过头来再看看它旅途中的第一段。

在地底下熔化的岩浆冷凝之际，不同的元素就纷纷离开原来的位置，越活泼、越爱旅行的，易于形成挥发性气体的或者是流动性强的易熔的颗粒，分离的速度就越是慢，在这个过程中钾的分离速度就异常慢。地壳深处刚开始生成的晶体不含钾，在绿色橄榄岩的深成岩里就没发现钾，此类深成岩在地壳的深处分布成了一个带状，躺在海底的玄武石岩钾的含量也不足0.3%。

在熔岩变化多端的化学反应里，自然界稍微好动的原子都聚集在它的表面，在此处带强电的硅和铝的微小粒子稍多一些；此处钾和钠等类单数原子的数量也不少，且都呈碱性，另外也有很多逸散的含水化合物。该类熔后的岩浆形成的岩石，也就是人们称的花岗岩。花岗岩在自然界的分布很广，人们形象地称其是飘在玄武石上的大陆。

花岗岩在地球深处冷凝了，花岗岩里钾的含量大概为2%，人们称作正长石的矿物里钾的成分较多，大家的朋友黑云母和白云母里面也有钾的成分；一些地方的钾更多，最后堆积成一种庞大的形如晶体的白色矿物，被人们称作白榴石，在意大利有一种熔岩中的钾含量非常高，因此白榴石也就多些，人类采掘这类白榴石主要用于制取钾和铝。

由此说明自然界钾原子的主要来源于花岗岩和火成岩里的酸性熔岩。

大家应该知道，花岗岩和酸性熔岩在自然界如何让水、大气及其大气中的二氧化碳遭到破坏，植物的根是如何生长至它们里面去的，借助分泌的酸腐蚀自然界中的一些矿物。

到过圣彼得堡周边的人，就会发现花岗岩的露头和在巨砾里的花岗岩损坏程度大为不同，花岗岩里面的矿物受到风化，岩石没有光感，在以前那些存留花岗岩的区域仅余下洁白的石英沙聚集出来的沙丘，与此同时长石也受到不同程度的损坏。自然界不同的有力的作用因子将长石中的钠原子和钾原子卷走了，仅剩下层纹状矿物特殊的骨架，变成了变化多端的岩石，人们称之为黏土。

由此，钾和钠这对好友便又进入了新的旅程，不过它们的友谊也至此

19 世纪的盐场

终结了，因为花岗岩造到毁坏后，钾和钠也就各奔东西了。钠易于随水而去，无论是什么人、无论采用哪种措施，都无法将钠的离子阻隔在淤积的黏土和沉积物中。江河在侵吞它后飞身跃进海洋，在大海里生成氯化钠，也就是大家每日必不可缺的食盐，它也是一切化学工业的基本材料。

钾和钠分手后走的却是另外一条路。海里的钾含量很低，岩石中含的钠和钾相同，但是1000个钾原子可达及海里的仅有2个，土壤和淤泥、海洋盆地、沼泽和河里沉淀下来的物质吸收了其余的998个。地里的土壤汲了取钾的养分后，土壤才有了肥力。

第一位揭示地球化学性质的是俄国有名的土壤学家格德罗伊茨，他研究发现土壤中的某些颗粒会阻隔不同金属的流失，尤其会想办法留住钾，由此他说，土地肥沃归功于钾，因为土壤中的钾原子很小，很容易被各种植物的各个细胞吸收，它们常常以为是自己供应养料让自身茁壮成长。还真是的，植物汲取微小且好动的钾原子之后，嫩芽就会出现。

最新的科研结果表明，钾、钠和钙待在一起，极易让植物的根系汲取。

离开钾，植物就无法存活。人们现在还没有弄明白，植物为何离不开钾、植物中的钾发挥着什么样的作用，实验结果证明，断绝钾的供给，植物就会干枯而死。

不光植物与钾休戚相关，动物也离不开钾。比方说，人类肌肉中的钾多于钠，人体里的钾多停留于人脑、人的肝脏、人的心脏以及人的肾脏里。特别要说明的是，有机体的发育离不开钾，而成年人对钾的需求量不是很高。

钾在自然界的旅行线路不仅多还异常的错综复杂，其中的一条旅行路线开始于土壤。土壤中的植物根系汲取了钾的养分，存留在已死的植物躯壳里，另外的一部分钾流进了动物的机体，最终重回土壤成为腐殖土，活细胞再次在土壤中汲取它。

绝大多数钾的迁移路线都是这条，不过也有一些钾原子却奔向了大海，与别的盐类一块儿生成海水的盐分，当然海水里的钠原子是钾原子的40倍。

始于海水的这条路线是钾原子的第二条旅行线路。

当地壳运动导致成片海洋干涸之后，在大海被分割成浅海、湖泊、三角湾、海湾等之际，就会出现如同黑海周边的萨克、耶夫帕托里那样的盐湖。在夏季气温上升后，湖水蒸发的速度会加剧，盐就从水里分离出来了，让海浪抛向海边，而在一些情况下湖底会彻底干涸，此时跃入人类视野的便是铺满盐的湖床，如同发着亮光的白布。此时盐形成一定的沉淀还得有个过程：一是碳酸钙从湖里结晶出来，二是石膏（硫酸钙），随后是氯化钠，即食盐，三是其余的就是含盐量高的天然盐水，不同的盐类占天然盐水的百分之好几十，其中钾盐和镁盐的含量更高。

天然水里的钾比钠更好动，它代表着庞大的原子的特性，旅途中的它们没有驻足的意思，直至在阳光的炙烤下湖水彻底蒸发掉，持续到盐层的外面有白色和红色的结晶体也就是钾盐出现，钾矿床就这么生成了。

不时有大量的钾盐集中在地球上，它们都是工业上不可或缺的原料。进入这个阶段，就不光是土壤中的特殊力量在起作用了，钾的旅行路线不再仅受植物的影响，更不是南部剧毒阳光将其聚拢在盐湖的边沿，从工业方面而言盐早就在人类的引导下开发出了新的旅行线路。

在已经过去的100年里，化学家李比希发现了钾和磷在物体里的重要作用，因此他经常说："土地失去这两种元素农作物就无法良好发育。"于是有一种在当时被认为是空想的理念浮上了他的心头，他觉得人类理所应当增强土壤的肥力，并可事先预测植物对钾、氮和磷的需求量，然后借助人力把这些盐类施撒在田地。

不幸的是19世纪四五十年代的人根本不接受李比希的观念，认为他是异想天开，就说李比希提议作为肥料的硝石，都是从南美洲长途运输的，很昂贵，大家都不愿买，磷矿作为磷的供应地在那时还不为人们所发现。李比希让人们将骨头磨细作为磷肥，但是价钱又太高。当时人类还不知道该如何用钾，人们不时会收集些植物的灰烬施撒在田地里。乌克兰的农民很早就懂得焚烧玉米秆作为肥料施到农田，他们也没有什么科学作为理论基础，靠的就是日积月累的经验和独特的智慧，在劳作中感受这种植物灰对农作物的裨益。

在好多年之后，世界各国对于肥料越来越重视了；农作物的能否丰收，从某种程度上说就要看人能否将农作物汲取的各种养分及时补给土壤，进一步说就是能否将农田中谷物、薯草、果实退出循环的养分还给土壤以便参与下一轮的循环。时至今日，钾就是农作物丰收和土壤良性循环的重要元素之一了。

关于这个问题仅需了解一些国家钾肥的耗用量就不难理解了。就以荷兰的钾肥施用情况为例，光是1940年一公顷的氧化钾消耗量就在42吨，是不是有点惊人？而美国一公顷的用量约为4吨。

苏联的名农业化学家宣称，苏联境内的农田氧化钾的使用量，一年不下100万吨。

由此人类在很久以前就面临着一个难题：那就是要尽早找到钾盐的大矿床，挖掘出钾盐，然后以其为原料生产肥料造福人类。

在已经逝去的时间里，钾盐工业基本上在德国境内，其境内盛产钾盐的地区在哈茨山东部山麓的斯塔斯福，有名的斯塔斯福盐就出自这里，钾盐被装载至几十万趟火车上从德国的北边运输到各地。

各个农业国不能无视这种情形继续下去，它们不能坐以待毙，要知道农业可是那些国家的经济支柱，花费了不少时间和人力，才在北美洲发现了数量不多的钾矿；法国也是小有成就，它们在莱茵河附近勘探到了钾矿；意大利也在不断努力，着手从火成岩里面含钾的矿物里提炼钾。然而，这些人们搜集到的钾跟广袤而贫瘠的田地的不竭需求相比简直是不堪一提。

俄罗斯的科研工作者也耗费了大量的时间在本国的版图上苦苦寻觅钾盐矿。库尔纳科夫带领一帮年轻的化学家努力工作，终于找到了地球上储量最高的钾盐矿床。这个发现带有很大的偶然性，不过科研方面的偶然性却跟长时间的努力是分不开的。"偶然发现"一般说的是为一种理论长期奋斗的最后一个历程，是对艰苦卓绝、长期求索的一种褒奖。

俄国钾盐矿的寻找正是如此。院士库尔纳科夫对俄国的盐湖仔细

尼古拉·谢苗诺维奇·库尔纳科夫院士
（1860—1941）

研究了数十年，但是他的研究方向始终没变：在地底下的何处有远古时期钾盐盐湖的遗留。他在做实验时观察了彼尔姆区远古盐田里盐的成分，留意到一些盐钾的含量很高。

他去一处古时期的盐田观察，发现了一小块红褐色的矿石，有点似红色的钾盐，也就是出自德国钾盐矿的光卤石。在场的工作人员谁也不知道这块岩石来自何方，更无法确认它是不是德国钾盐标本中的一块。然而库尔纳科夫却将它拿起来装进衣兜，接着回到圣彼得堡的实验室中去研究。他多方研究后得出的结论，让大家很兴奋，小石头居然是氯化钾。

这是第一个发现，然而这个发现距离真相还是很遥远，也就是说人类还得想方设法求证这块钾矿石是不是来自索利卡姆斯克，从而得出索利卡姆斯克存在储藏量高的钾矿，并在该地区加大勘探的力度，他们下决心要在20年代那个相当不济的时期由地底下开采出盐并搞清它的构成。

苏联的地质学家普列奥布拉任斯基就是从事这项工作的，他认为就得凿出深井，没过多长时间果然就钻探到了厚实的钾盐层，于是地壳外面的钾盐的新纪元便就此诞生了。

如今，距那次伟大的发现已经十分久远了，地球上的钾盐的储量分布状况也大不如从前了。倘若人们以氧化钾的吨位数来代表钾盐的储量，那么足以说明苏联是钾盐储藏量最丰富的国家；德国的储藏量为25亿吨，西班牙的储量在3.5亿吨，法国的储藏量是2.85亿吨，美国和别的国家的储量比这少得多，另外苏联的钾盐矿床还没有全部找到。

这也不是没有可能，苏联在不远的将来也许还会找到新的钾矿，到时候就可了解三四亿年前钾原子在远古时代的彼尔姆海里活动的概况。

当前我们对苏联的那段古代史是从以下几个方面理解的：远古时期的彼尔姆的范围达及苏联欧洲版图的东部，它是北冰洋向南延展的浅水区。其有部分海湾恰好从阿尔汉格尔斯克周围绕到了别洛耶湖，当然在诺夫哥罗得周边也存在。该海以东以乌拉尔山脉为界，沿着西南扩展到了顿涅茨流域和哈尔科夫。其东南延续到了苏联的南方，达及里海边。一些科学家觉得那个时候的彼尔姆海起初是与特提斯海相连的，故人们称作特提斯的海是远古时代的二叠纪时期将地球拦腰环绕的一个大洋。随着岁月的流逝，特提斯海的水越来越少了，沿岸就出现无数湖泊，随之湿润的气候就逐渐变成了沙漠气候了。

　　猛烈的热风击垮了刚生成不久的乌拉尔山脉，整个山脉坍塌，坠落在以前的彼尔姆海附近，彼尔姆海便向南延伸了。其北边的湖泊和三角湾地带沉淀了好多石膏和食盐。而南边的河水中钾盐和镁盐的含量却越来越高。在东南重新聚拢起了天然盐水，目前被人们围起来在此晒盐，如同萨克湖的盐水。于是逐渐就有了无数的浅海和浅湖，水中残余的钾盐和镁盐都饱和了。

　　于是钾盐慢慢沉淀起来了，从索利卡姆斯克起一直到乌拉尔山脉的东南，无数钾盐矿就这生成了而且深藏地底下。在此处一直朝下钻，随处都可发现大块的食盐晶体，而食盐晶体的上层便是钾盐。

　　正是缘于这么一块不惹眼的红褐色石块，让敏感的科学家发现了，并带进实验室进行研究，谁也没料到居然找到了人类亟须的钾。自此苏联不光有充分补给农田随着农作物退出循环的钾了，还可以利用剩余的钾建立一些造福人类的钾化学工业，以生产一些化学工业上极其需要的很特殊的不同化合物。也就是在工业和国民经济方面用途广泛的一些钾化合物，像苛性钾、硝酸钾、过氯酸钾、铬酸钾。人们在获取钾盐之时，也得到了大量的副产品镁盐，轻金属镁以电解镁盐为原料而生产，另外有种人们称作"琥珀金"的镁的合金在建造铁路和生产飞机方面开创了新篇章。

　　过去俄国农业化学家的梦想现在都已经成为现实：如今苏联一年生产的氧化钾吨位数，够给境内的田地施肥了，而且农作物的产量也有了大幅度的提高。

　　人类认识的和使用的钾的过程就是如此。

　　然而该元素自身却具有一个很特别的个性，我们不该遗忘。其实，钾有种放射性的同位素，虽然放射性很弱，但是这种同位素很不稳定，自身可放射出几种射线，随后摇身一变成为新元素的原子，新原子越聚越多最后就形成了钙原子。

　　在很长的时期里人类无法求证这种现象，随着研究的深入人们发现钾40自身对自然界的生命发挥的作用也是不容忽视的，因为在不巩固的钾原子变身成钙原子的过程中会产生大量的热。依照苏联放射学家的测算，地壳里面因原子放射而产生的热量中，钾盐放出的最少在20%，由上可知钾原子的放射过程为自然界提供了大量的热能。

　　也难怪生物学家和生理学家打算借助钾的这一特性来诠释植物的孕育

过程，在他们看来，植物之所以与钾息息相关，缘于钾具有的放射性，因为钾在细胞生命周期中发挥着特殊的作用。

科学家为了求证这个问题进行了多次实验，然而直至今日也没有定论。或许放射性的钾原子及其射线在活细胞中发挥着重大的作用，它可让细胞和生物在其生命周期里产生新的特性。

单数的且不稳定的钾元素，在地球化学的发展过程中的作用就说到这里，这也是钾在自然界旅行的经过。

就各种化学元素而言，都有其在地壳外面、里面和工业上的旅行路线；但是有相当数量的元素，它们的旅行线路的一些地方人们还没搞清楚，还有一些元素的旅行游记仅记录了一些片段：于是后来的化学家的首要工作就是将那些只留下旅行片段的元素的旅游文字记录补充完整，而且要做到连贯。钾的旅行线路还是清晰可辨的，它在自然界的生活，人们已经搞清楚了。

人类不光弄清楚了钾的全部经历，还在科技的支持下寻找到了它的藏身地，以让它在工业上发挥作用，人们直至现在依然没有弄明白其在生物体中的作用，这也许是钾在自然界活动中还未揭开的谜团。

# 7. 铁

铁不光是自然界的重要元素，还对文化和工业的发展做出了重要贡献，既可作为发动战争的武器，又是人类的劳动工具。在化学周期表中，没有一种元素像铁这样在过去、现在和将来都为人类做着重要的贡献。古罗马的老普林尼曾说到了铁，而且说得很精辟。公元79年维苏威火山活动时他去世了，于是100年前的谢韦尔金开玩笑说老普林尼死于火山活动喷出的灰尘。

下面我们就来看看谢维尔金的译文，欣赏一下老普林尼是如何描述铁的发展过程的："铁矿给人类带来的是工具也是武器。作为工具的它，可刨土栽树，开垦一片果园，修剪葡萄，让它年年吐出新芽。还可为人类建造居所，加工碎石，在人类的生活中尤其是在这些方面都离不开铁。它作为武器，人们用它来发动战争和劫掠，它不光能与敌近战，还可用于远攻，可枪打、手抛、弓射。我认为，这是人类借助铁来把自己的邪恶发挥到了极致。因为这是人类为铁安上翅膀让其去毁灭自己的同类，因此它是人在作恶，不可将罪孽归于自然。"

人们有意地去了解这类金属始于公元前三四千年，自此人类的发展都是围绕着铁进行的。人类用铁的历史始于人们无意中发现落到地面的陨石，他们用陨石制造出一些东西，如同人们今天见到的阿兹特克人、印第安人、因纽特人和近东的居民拥有的那种制品一样。要不然远古的阿拉伯人怎么会说铁来自天上呢？所谓"天石"是埃及土人对铁的形象称呼；后来阿拉伯人又把埃及的古代传说发扬光大，他们说来自天上的金雨落到了阿拉伯的沙漠，地面上的金子转身成了银子，然后又摇身一变成了黑乎乎的铁，并说这是对那些要独吞上天恩赐部落的责罚。

铁在很长的时间里得不到广泛应用，是因为从铁矿石中制取铁并非易事，而且从天上往下掉下的陨石数量也非常有限。

唯有进入公元后1000年的那段时间，人们才逐渐学着从铁矿中制取铁；就这样青铜器时代结束了，随之而来的便是铁器时代，而且一直持续到今日。

世界民族之林如同当年找金子般寻找着铁，人类找铁的过程在人类的发展史上留下了浓墨重彩的一笔。可无论是生活在中世纪的冶金家，还是炼金术士，都没有真正地认识铁，人类真正了解铁的时间并不长，始于19世纪，从此之后铁现身于工业，并成为工业上的一种重要金属。在冶金工业大发展之时，技术含量不高且规模较小的熔铁炉被鼓风炉取代了，人们大规模兴建如马格尼托哥尔斯克般令人惊叹的大型冶金工厂，其生产能力有好几千吨。

那个时候世界各国的主要富源就是铁矿，资本家常常为储藏量在几十亿吨的洛林铁矿而斗争，甚至不惜挑起战火。大家应该还记得，德法两国在19世纪70年代就曾为莱茵河一带储藏量在几十亿吨的铁矿而发生了武装冲突。

瑞典北极圈非常有名的基律纳瓦拉铁矿中就储藏有优质矿石，年开采量达1000万吨，英德两国为争夺此矿还发生过不少冲突。

也许大家还记得俄国的铁矿是慢慢发现和挖掘的，最先是在克里沃罗

## Des premiers Caracte-res.

- • Le Point.
- — La Ligne.
- ○ Le Cercle.
- ᒐ Demy Cercle.
- Γ Ligne reflexe.
- △ Le Triangle.
- □ Le quarré.
- † Fig. de la Croix
- L La Voyelle L
- V La Voyelle V
- X La Confone X
- Υ La triplicité ignée

## Caracteres & Signatu-res des Elemens.

- □ Terre.
- ▽ Feu.
- ✳ Air.
- ☉ Eau.
- ⊖ Sel.
- ⟁ Souph.
- ☿ Mercu.

## Caracteres & figna-tures des Planettes & des Metaux.

- ♄ Saturne. Plomb.
- ♃ Iupiter. Eftaim.
- ♂ Mars. Fer. Acier.
- ☉ Le Soleil. L'Or.
- ♀ Venus. Cuivre.
- ☿ Merc. Arg. vif.
- ☾ La Lune. L'Arg.

## Caracteres & figna-tures des Mineraux.

- ⚍ Souphre.
- ⊟ Tartre.
- ♆ Vitriol.
- ⊖ Sel commun.
- ✳ Nitre.
- ⚝ Antimoine.
- ☿ Cinabre.
- ▽ Eau Forte.

中世纪炼金术用到的符号

19 世纪的铁工厂

格和乌拉尔，然后勘测到了库尔斯克储量很高的铁矿。苏联的铁矿富源分布很广，为苏联的工业发展提供了源源不断的原料，制取的铁铺设铁轨、架设桥梁、生产机车、制造农业机器并用于生产劳动工具，战争时还用它生产炮弹和炸弹，仅一次战役消耗掉的铁就相当于一个铁矿的开采量。譬如，1916年发生在"一战"中的有名的凡尔登战役，就让凡尔登地区成了一个"钢"矿。

人类争夺钢铁的斗争，带动冶金业慢慢步入了新的发展阶段。

慢慢地，优质钢取代了铁和普通钢的位置，人类逐渐地发现往钢里添入几千分之一的稀有金属，比如铬、镍、钒、钨和铌，生产出来的合金的韧性就高于普钢。

为了改变铁的特性，为了掌握铁的化学反应过程，人类为多出铁在鼓风炉和铸铁车间破解了一个个重大难题。要知道，铁最终会从人类的手里消失得无影无踪，它不同于金子，人们可将金子放在保险箱和银行，溜走的量也就很小了。但是铁散布在地壳外面、在大自然中，一点也不安分；谁都清楚，铁是很容易生锈的。不信你拿块上面有水的铁让它与空气接触，很快就会锈迹斑斑；如果不给铁皮房子涂上油漆，只要一年房顶就会出现好多洞。人类从地下挖掘出来的古代武器，比如枪、箭、盔甲，也都变成了红褐色的氢氧化物，这些武器也被氧化了，说明自然界的化学规律无处不在：铁与大气中的氧接触，就会产生氧化作用。那么人们就遇到了如何保护铁不被氧化这一难题了，人类究竟该怎么做呢？

人类不光如我们上文提及的那样，通过往铁中掺杂一些东西来改变铁的特性，人类还人为地给铁披上锌或锡的外衣，让铁摇身一变成为白铁或是马口铁；为机器的重要部位镀上了铬和镍，给铁刷上不同的涂料，将铁放在磷酸盐中浸泡。总之人类通过各种办法来阻止大气里的氧与铁亲密接触，避免铁被氧化，而且还千方百计不让铁被自然界的湿气和氧气侵蚀。但我要明确告诉大家的是，杜绝铁锈的形成是一件不易做到的事，人类直到现在都在不断探索更完美的防止铁生锈的办法，比如探索用锌和镉，甚至在研究有没有锡的替补品。大自然里的氧化作用有自己的组织体系，以人类目前的技术水平还无法完全阻止；因此人类找的铁越多，钢铁工业也就越发达，防止铁生锈的任务也就越发的艰巨。

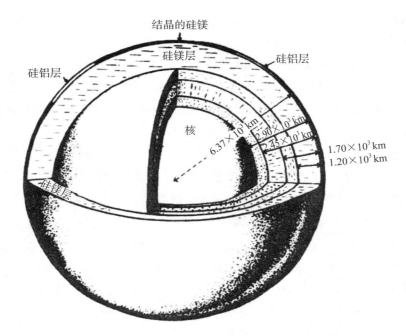

地壳结构图。硅铝层为含有大量硅和铝的岩层（也就是花岗岩型），硅镁层为含着丰富硅镁铁的岩层（玄武岩型），地心是铁质的核

听到"保护铁"这三个字，你一定会觉得有些不可思议，因为自然界的铁并不在少数。在刚结束的世界地质大会上，地质学家测算了自然界铁的储量，异口同声地说，未来会发生铁荒：根据预测，再有50～70年，自然界的铁将会被人类消耗殆尽，到了那一天人类唯有用别的金属来取代铁了。他们还指出，建筑方面的用铁、工业方面的用铁和日常生活中的用铁就得用混凝土、黏土和沙来取代。他们预测的时间已经过去了大半，依照他们的预测铁枯竭的时日该降临了，然而一个个新铁矿不断被地质学家找到。在苏联，铁矿的储量完全够工业之用，况且新的铁矿也在不断被发掘出来，以人类目前掌握的技术还无法预测出人类会在何时找不到铁矿。

自然界最为重要的元素就有铁。人类在所有的天体上都发现了铁的光谱线，它在灼热的星体中散发着光，人类也发现了在太阳外面飞的铁原子，而且每年都有落入地面的铁原子，它们就是很微小的宇宙粉尘和铁陨石。像亚利桑那州、南非洲和中通古斯卡河一带，都曾有天然陨石坠落，它们可是宇宙中最重要的金属。地球物理学家经研究证明，地心都是掺着镍的铁，而在铁的表面覆盖一层玻璃似的物质就成了地壳，就如同人类用鼓风炉制取铸铁之际溢出来的矿渣。

然而人类在工业上不光提炼不出如同宇宙中的天然铁块，更无法由地底下挖掘出铁，或许大家已经知道了，我们生活和工作触及的仅是很薄的一层地面，人类的钢铁工业预测到的铁矿储量也仅能触及地下几百米深的地方，因为人们的勘探技术仅能达及这个深度。

地球化学家也给人们揭示着铁的发展变化过程，据他们讲，地壳有4.5%的成分为铁；在宇宙的金属里面，仅有铝的数量大于铁。我们应该很清楚，铁藏身于刚刚冷凝的岩浆中，该岩浆冷凝后就是橄榄岩和花岗岩，它们躲在地底下极深的地方，重量很大而且还是最先凝结的岩石（硅镁层）。

我们大家都明白花岗岩（硅铝层）的铁含量很低，花岗岩散发着白色、粉红色和绿色的光，这充分说明花岗岩中的铁含量不高。然而由于自然界存在复杂的化学反应，因此聚拢了数量巨大的铁矿石，其中的一些铁矿石就形成于亚热带，在该地区热带的雨季和夏季的炎热气候交替。在此地易溶于水的物质都被从岩石中带走了，而堆积出含有大量铁和铝的矿层。

大家应该不会忘记，北方的大部分地区，在每年的春季都是春水暴涨，水中的有机物，将不同岩石所含的数量不少的铁卷到湖沼之中；湖沼中生活着一种特殊的铁菌，在铁菌的作用下，铁就会变成豌豆般大小或者更大一些的块，沉淀下来……由此在湖沼中、在海水纵深处、在长期的地壳活动中就生成了铁矿；毋庸置疑，动植物的成长过程时常影响着铁矿的形成。

远古时代的海水就沉淀出了克里沃罗格和库尔斯克的铁矿，而地壳下面的热气又及时地改变着它的结构；于是人们在那两个地方见到的铁矿，就不同于刻赤的褐铁矿，而是成了黑色的镜铁矿和磁铁矿。

铁不光在地球表面旅行。虽然海水里的铁含量低，说海洋不含铁也不为过，然而在一些海里的一些地方，在特殊的情况下，就连海水和水较浅的海湾也存在铁的沉淀物。更有大片的铁矿层存在，这样的铁矿常常出现在海洋沉淀物里，这样形成的铁矿包括苏联有名的乌克兰罗普尔、刻赤和阿亚特等地的铁矿。而在地球表面以及河川湖沼里，随处可见旅途中的铁；由此植物要找到这样的元素也并不难，若是植物缺了这种元素就会灭亡。

倘若一盆花离开铁的话，花的颜色便会急速消失，花的芬芳也闻不到了，叶子很快就变黄并枯竭。活细胞依靠富有生气的叶绿素才能发挥其功能，它汲取二氧化碳里的碳而还氧气与大气，一旦离开铁就无法拥有不可或缺的叶绿素了，这是因为铁是形成叶绿素的基础。

铁正是这样在地壳、在植物里、在生物体里面完成它的整个循环过程的，而人体血液中的红细胞正是这类金属旅途中的最后一段，要是缺了铁，就无从谈及生命，更不用说人类的劳动了。

# 8. 锶

大家都见过五彩斑斓的烟火或者是色彩亮丽的信号火箭：随着美丽的红火花在空中逐渐消失，随之而起的便是炫目的绿色烟火。

每逢重要节日，夜晚都会有上千条绚丽多姿的火花在空中交错燃烧，如同好几个太阳在竞美，火箭"嗖嗖"跃上云霄，将黑暗的夜空由红、绿、黄、白几种颜色装点成了绚烂的夜空。相同的红色火箭，也有别的用途，轮船逢险，它就变身求教信号了，夜航的飞机也扔下它作为信号，在战争时打算夜间发动攻击或是轰炸，也以此作为军用信号。

但是知道如何生产这种烟火的人大概没有几个，人们称这种烟火为"孟加拉"烟火，这个称呼来源于印度：在佛教的一些仪式上，和尚往往会找一个角落躲着伺机燃放黄绿色或血红色的烟火，目的是为了让崇奉的人相信佛的存在。

大家未必清楚，此类烟火是以锶和钡两种金属的盐类为原料而制作出来的，锶和钡都属于碱土金属的范畴，在过去很长的一段时间里人们都不曾将锶和钡分开，然而在实验中人们发现它们在燃烧时，锶会散发出黄绿色的光而钡则散发出鲜红色的光，紧接着人们又找到了制取这两种金属挥发性盐类的方法，而后人们发现将此类盐和氯酸钾、木炭、硫黄混杂在一块儿，并将这些混合物加工成球形、柱形和锥形，便可从枪和烟火筒中发射而出。

锶和钡在大自然的变化多端的旅行线路中，目前已经快接近它们旅途的终点了。如果我将锶和钡在地球里面的丰富的旅行见闻告诉大家，也就是由熔掉的花岗岩和碱性的岩浆说起，直至它们在制糖工业、国防工业、冶金工业和烟火工业上发挥的作用，或许有些人会认为讲这些会显得索然无味。

顺便插一句，当时的我还在莫斯科大学读书，伏尔加的一份报纸刊载了一位来自喀山的科学家介绍的和锶的矿物有关的故事。他是位很有天赋的矿物学家，在文中他具体介绍了他和朋友在伏尔加河发现了一种漂亮的蓝色结晶矿石也就是天青石的事。他论述这种矿石是如何在二叠纪的石灰岩中由离散的原子聚拢在一块儿生成蓝色的晶体，还论述了这种矿石的特性和作用。他将这个故事描述的活灵活现，由此在我的脑海打上了深深的烙印，几十年过去了我都无法忘记天青石这种蓝色的矿石，这种矿石的颜色呈天蓝色，因此人们管它叫作天青石。

一直以来我的梦想就是找到这种石块，功夫不负有心人，终于在1938年的一次偶然机会中，我不经意间发现了它，于是那段故事又环绕在了我的脑海。

那段日子，我在位于高加索北部的基斯洛沃茨克疗养，大病初愈的我，连去山上走走的力气都没有了，然而我还是很想往山上的悬崖和采石场。在我疗养的那个地方周边又建起了一些美丽的房子，新房的原料就是粉红色的火山凝灰岩，这种凝灰岩来自亚美尼亚的阿尔蒂克，因此人们叫它阿尔蒂克凝灰岩。墙壁和大门的原料是浅黄色的白云石，工人拿着小锤子用心的将白云石都给敲平了，还凿上了漂亮的纹饰。

我总爱往工地上跑，一待就是大半天，我在那里观察工人修凿质地柔软的白云石，去掉一些特别坚硬的部位。有位工人告诉我："这种石头里面经常会出现硬块，一般我们都称这为'石头病'，因为它妨碍我们雕琢；瞧，我们就采用这种办法拿掉那些硬块，然后将它们丢弃到那里。"

我急忙走近那堆工人眼里的废料，突然发现在一个硬块中出现了蓝色的晶体：我当时兴奋极了，我发现了我梦寐以求的天青石。多美呀！它足以和出自斯里兰卡的蓝宝石相媲美，如同在阳光下散发出光芒忽而变色的矢车菊。

我用锤子敲开了那些硬块，于是我的眼前就出现了大量的天青石晶体，它们犹如整簇蓝色的鬃毛一样散布在白云石的那些硬块中，让我十分兴奋。另外在天青石晶体里面还有无色的方解石晶体，而那些硬块就是石英和灰色的玉髓，就跟一个牢固的相框将天青石镶嵌在了里边。

我向工人打探这些修建房屋的白云石的来源，他们告诉我采石场的行走路线。第二天我起了个大早，坐上了高加索式的马车，从土路上一直朝能挖掘到白云石的那个地方奔去。

我们沿着水流汹涌的阿利空诺夫卡河往前赶，走过"欺诈和爱您的堡垒"这幢美丽的建筑。河谷突然变窄了，成了窄狭的河谷了；极陡的山坡跟垂直的墙一样耸立着，它们正是石灰岩和白云岩；没过多久我们就远远地看到了采石场，那里堆放着一大堆碎石块和碎石片。

最初的时候我们不懂，我们就想办法弄碎白云石里的那些硬块，发现里面全是方解石的晶体和水晶，除此之外还有白色和灰色的蛋白石和不太透明的玉髓，然而最后我还是找到了我想要的天青石。我们将这些绛蓝色的天青石挑出来，摆放整齐，又根据要求用纸包裹好，随后沿着峻峭的坡道将它们滑了下去，又转身继续采集这些难得的标本。我们自豪地将这些天青石标本运回了疗养院，从纸里将它们一个个取出来，洗得干干净净，然而我们还不知足，不久，我就又骑着一匹小马出去找蓝色的天青石了。

我的屋子摆满了含着蓝色天青石的白云石块，虽然疗养院的院长对我们这么做非常不满，我们依然不停往屋里运进新的石块。我们的行为，引起了邻居和其他休养人员的注意，大家一下子都爱上了这些蓝色的石头，有一些人追随我们到了采石场，由艳羡我们，到了最后自己也弄一些标本堆在屋里了。

可是大家根本就不了解我采集这些石头的动机。

在一个很闷的秋夜，跟我一块儿疗养的人跑来了，让我介绍这种神奇的蓝石头的故事，让我告诉他们这些蓝石头是何种物质，为何它们会镶嵌在基斯洛沃茨克出产的黄色的白云石里面，它是用来干什么的。我找了一间适宜的屋子，在人们面前放上了一些天青石样品，尽管我做了一些准备，但是考虑到这些听众里有人既不懂化学又不懂矿物学的现状，我还是有些担心，我就在这种复杂的心情中开讲了：

我们就从几千万年之前说起，那个时候上侏罗纪的海浪涌上了隆起的高加索山脉。海水时而往后退，时而又扑向山麓，于是海水就摧毁了花岗岩质的断崖，让红色的细沙沉淀到了沿岸附近，即运来铺疗养院周边路的那种细沙。

古代从高加索山顶奔流而下的河水来势汹汹，在山洪泛滥的地区和面积较小的海湾生成了众多的盐湖。随着岁月的流逝，海水往北迁移了，作为海洋的沿岸及其湖底、三角湾和浅海的底下沉淀了不少黏土和沙，集聚起了石膏矿层，甚至在一些地方还生成了岩盐。

在海水较深的地方沉淀起了很厚的黄色白云石，基斯洛沃茨克人对这种白云石一点也不陌生，"红石"山上有名的石头台阶和苏联煤炭工业部疗养院的房子就是以这种石头为原料修建的。该白云石生成的岩层目前都已经很厚了，其黄、灰、白这三种颜色都很匀称、纯净。

然而生成这些沉淀物的那片海的命运却复杂而多舛，它的海岸过去云集过众多的生物。如果我们有幸降生在那个年代，就能欣赏到它沿岸的那幅生物圈图了，就像我们现在在地中海沿岸峭壁上与科拉半岛那适合生物成长的温热的海湾里见到的那种龙腾虎跃的情形般。

形态各异的蓝颜色和紫红色水藻，生着漂亮外壳的寄居蟹，类型和色泽各异的蜗牛和贝壳，所有这一切犹如一条颜色多变的毯子，悬挂在悬崖之上。水中有露出红色棘针的海胆，五角星状的海盘车以及形状各异的水母。

在已经干涸的海岸一带，海底的石头上盘踞着数不清的微小放射虫，其中有几种跟玻璃一样透明，它们是洁白的蛋白石，还有一些呈极小的球状，直径不足一毫米，长着一个柄，柄的长度是它身体的三倍。它们驻足海底的石头上，不时盘踞在苔藓虫的上面，偶尔还会附着到海胆的棘针上，与海胆一同在海底绕圈。

它们就是著名的棘针放射虫，其骨骼是由18～32枚针状骨片构成的。过去人类都不知道这些棘针是何种物质怎么生成的，之后人们无意中发现，这种棘针既不是硅石，也非蛋白石，而是人们预料之外的硫酸锶。诸多的放射虫从各处搜集来了硫酸锶，然后又不断从这些硫酸锶中汲取自己身体需要的养料，并慢慢生成了结晶的棘针。

这些放射虫在完成自己的新陈代谢后，就沉下去了，就这样缓慢聚集起了一种很稀有的金属：到了最后它就从大块的花岗岩和白色的长石中给冲刷出来了，大家应该很清楚产自高加索的花岗岩里是含那种长石的，在这种金属被冲刷出来以后就流散到了高加索海沿岸的水里了，重新经放射虫新陈代谢的再次循环而沉入海底。

若是在那个久远的地质年代，没有新的地质变化惊扰古代侏罗纪海沉淀物的宁静生活，恐怕人类永远都想象不到在上侏罗纪的海中居然有这样的放射虫存在，化学家自然也就不会去基斯洛沃茨克采石场那纯净的石灰

棘针放射虫，原生动物的一种，它的棘针的主要成分就是硫酸锶

岩和白云岩中去寻找锶了。

但是自然界的事情总不以人的意志为转移，还是发生了地质变化，即火山爆发再次出现在高加索地区。熔化的物质不断喷薄而出，最初生成山脉，地壳裂开的地方有蒸汽不断冒出来，随后冲出来的就是矿泉了，在高加索的矿水城凸起了白垩纪和第三纪的岩层，形成了有名的岩盘，生成了别什套山和铁山以及马舒克山等。

地球深处的热汽侵入石灰岩、石膏和别的盐类的沉淀物，地壳深处的矿水构造出成片的地下河和地下海，其中有些温度渐渐降下去了，一些还在热气的炙烤中；有些矿水浸透了远古时代沉淀下来的白云岩和石灰岩的缝隙，把岩石变成了液态，重新让它们凝固结出晶体进而化作漂亮但硬度较高的白云岩，这种白云岩可是建造房屋的优质材料。

通过变化多端的化学反应，离散的各个微小锶原子，从棘针放射虫的残余遗骸中溶到了水里，随后在侏罗纪的白云岩裂缝再次沉积下来，进而生成漂亮的蓝色天青石晶体。

又经过成千上万年的时间就变成了今天我们看到的天青石晶洞，假如地球表面有冷水浸透到那里，其晶体的颜色便会变淡而且透明度也会下降，它亮光闪闪的晶面立马就会朦胧一片，这样的话，锶原子又将重新在自然界旅行，直到它寻找到新的、牢固的化合物为止。

以上我给大家讲解了基斯洛沃茨克天青石的发展历程，实质上苏联的好多地区都经历过这样的发展阶段。一般在地质发展史上讲到大海慢慢消亡取而代之的是浅海和盐湖的那些地方，便会有棘针放射虫葬身于此，它们躯壳上长着的棘针在千百万年的漫漫岁月中堆积起来，就形成了硫酸锶的晶体。

苏联中亚版图上的山脉都被天青石环绕着，出现在亚库特共和国的天青石晶体是由远古时代志留纪的海中形成的，它的生成经过和我们前面介绍的情况基本一致，然而天青石的最大矿床形成于二叠纪的海中，当时在伏尔加河沿岸和北德维纳河附近水域的石灰岩里均沉淀了数量可观的天青石。

我不打算给你们介绍地球里面的天青石晶体之后的变化历程了。大家都应该很清楚，有好多天青石溶于水，锶原子进入土壤，随着水流而去了，进入了海洋溶在了里面，不久之后便又在盐湖和沿海的港湾重新集中了，重新被放射虫汲取生出棘针，又过了几百万年，再次形成了天青石晶体。

在这种循环往复的化学反应中，在自然界的变化过程当中，矿物学家和地球化学家仅抓拍到了一些琐碎片段和其中的一些环节。科学家得具备一双慧眼、严谨的分析能力和辩证的科学思想，才能看清宇宙里各种原子变化多端的旅行线路。他还要具备将琐碎的断片整理成完整的章或是节，并将各节汇总成章进而形成一本完整的书，借助这本书还原地质变化的内在原因，也就是原子是如何在自然界旅行的，它们在旅途上碰到了哪些好伙伴，又在何处摇身一变成了牢固的晶体，然后稳定下来了或是依然不安分，哪些离散的原子在何处不住地换着旅伴，在一些时候再次混在溶液中，而一些时候又重新飘荡在自然界。

一名地球化学家，理应知道原子在自然界的循环过程。

见到任何一种晶体，都要能说明白晶体形成的始末，大家能说清锶原子最初是怎么形成的吗？

锶原子生成于宇宙的何处，是如何生成的？为何锶的光谱线在一些星体上会光彩夺目？它的光谱线在太阳光中有何用处？它来自何方？锶为何齐聚地球表面呢？为何聚拢于花岗岩熔化的岩浆中呢？为何又跟钙齐聚于白色的长石晶体中呢？

所有的问题都堆到了地球化学家的跟前，直到现在都还没有明确的答案。地球化学家解答这些问题，很难能像我论述基斯洛沃茨克周围的天青石蓝色的晶体的发展过程一样清晰明了。而且，对于锶原子在自然界最后的那几段旅程，地球化学家也是无法诠释清楚的。

在一个很长的时期里，人类都没关注过锶，到了需要生产红色烟火之时人们才想起了它，然而需求量也不是很大，人类由地底下采集到的锶盐也不是特别多。然而有个化学家无意中发现了锶对制糖业的重大作用：他观察到锶和糖结合能产生特殊的化合物，人们称这种物质为糖化锶，在锶的帮助下可从糖蜜中分泌出糖，而且非常成功。就这样世界上风靡用锶了，德国和英国的锶开采规模越来越大。然而又有一位化学家通过实验发现，在制糖时也能用廉价的钙取代锶。于是用锶精生产糖的方法就不太适宜了，人们就不再用锶了，锶矿也歇业了，然而一些地方的人还从别的矿物废料中制取锶盐用于生产红色的烟火。

不过在1914—1918年，"一战"打响后，信号弹的消耗量急剧上升，高空照明、航空测量都要用到可穿透烟雾的红色烟火，而且就连探照灯的炭棒都得用稀土族和锶的盐类浸泡。

就这样，锶又一次进入了人们的视野，然后冶金学家又发现了从金属中提炼锶的办法。锶同钙和钡这两类金属类似，能用于消除钢铁中的有害气体和杂质。

就这样，锶又走进了黑色冶金工业，再次引发了化学家和冶金技术人员和生产部门的高度关注：今天我给诸位介绍天青石这一蓝色矿石时，地球化学家正在极力寻找天青石矿，想弄清楚锶是如何聚拢在中亚的山洞里的，大型工厂也在提炼锶的盐类，他们正在设法从矿水中制取盐类，总而言之，工业和农业又想利用锶造福人类了。锶究竟以后会如何，谁也说不清。锶发展过程中的第一阶段和最后几个阶段，地球化学家直至现在都还没弄明白……

我给疗养院的人介绍天青石的发展历程时就讲了这么多。

人们认为用不到的蓝色晶体，在听完我的故事后又引发了人们的热情，锶突然又成了造福人类的因子了。大家也就能理解我们一大清早奔向采石场长的举动了，就连抱怨我们将石头装满屋子破坏疗养院管理规定的主治医师，在听完我的介绍后也对我们网开一面了。

我突发奇想打算做一篇天青石的文章，这个故事收录在了我创作的《岩石回忆录》这本册子里了，如果大家有兴趣，不妨去翻翻、读读那个小故事，这样大家就都知道漂亮的蓝色天青石是如何的美妙神奇了。

# 9. 锡

金属锡异常平凡，一点儿名气都没有。人类虽然无时无刻不在用它，但是人类在平常的生活中很少提及它。

这种金属造福人类，却不留己名。大家有所不知，下面的东西里都含有锡，比如青铜、马口铁、焊镴、巴弼合金、活字合金、炮铜、镴箔、"意大利"粉、美丽的搪瓷制品、颜料等。这些物品虽然形态各异，却都非常实用。

这种金属不但性质奇特，而且很怪，有几个特性人们直到今天也无法弄清造就它的原因，地球化学对此也做不出更准确的说明。

锡出自地底下喷出的花岗岩的岩浆，该岩浆含有大量的硅石，即人们常说的"酸性"岩浆。但是并非所有的岩浆中都含有锡，因此直至今日人们依然无法弄明白，是什么规律在支配着花岗岩和锡的关系，为何有的花岗岩含锡，而其他的看似相似的花岗岩却不含锡。

另外，人们还发现了一个很有意思的现象：锡虽属重金属，而且很沉，然而它不同于别的重金属会沉淀在岩浆的底部，相反，它总是漂在岩浆的上面，因此它一直驻足于花岗岩的最上面。那么，这到底是为什么呢？

其实原因很简单：熔于岩浆的蒸汽和气体各不相同，此类气态物质易于逸散，在这个过程中卤素也就是氯和氟发挥着巨大的作用。人们通过实验得出，在室温条件下锡都可同这两种气体化合，在岩浆中，锡遇到氯和氟立马就能化合成挥发性强的化合物，也就是锡的氟化物和氯化物。正是由于那个时候的锡身处气态的化合物，它才能与硅、钠、锂、铍、硼等这些元素的那些极易挥发的化合物一路杀出，飘落在冷凝着的花岗岩的上面，有时也会脱离花岗岩，纵身跃入花岗岩之上别的岩石的缝隙。

落在花岗岩上边之后，因为物理、化学条件有变，水蒸气便和锡的氟化合物及氯的化合物发生了反应。这时候锡迅速脱离了氟和氯跑去跟水中的氧化合了，形成的物质早就不是气体状态的了，相反是有光感的固体物质，即锡石，工业上主要从此类矿石里制取锡。在生成锡石的这段时间里，偶尔也会形成别的重要矿物，比如黄玉、烟晶、绿柱石、萤石、电气石、黑钨矿、辉钼矿等。

花岗岩岩浆中很容易挥发的卤素化合物能生成较大的锡石矿床，然而人们近来获悉，它可不是锡石矿形成的唯一缘由。在这种挥发性化合物飞到花岗岩表面那段时间后，即在火山活动末尾喷出的岩浆冷却之时，也能生成锡石。到那时，岩浆中的水蒸汽就变成液体水，其可将不同金属的化合物，主要是硫化合物——从岩浆的发源地冲出来，夹带至遥远的地方去。这一过程中的许多问题我们还没弄明白。然而大家要知道，岩浆里的锡也能跟随硫一块儿出来。要提醒大家的是，在这个过程中硫的主要任务也就是将锡带出；一旦锡脱身，也会像它之前抛弃卤素一样将硫丢到一边，跑去和氧化合，通过这种方式生成锡石这种矿物。

大家也都知道，含锡的矿物有很多。但是那些矿物都很少能够看到，有几种更是稀有，因此就无从谈及它们的工业价值了。无论是过去还是现在，锡石都是制取锡的矿石，其主要成分为$SnO_2$，纯度较高的锡石里面的锡含量在78.5%左右。

锡石多以黑色或黄褐色矿物的形态出现。假如是黑色，那就说明它里面有铁和锰等杂质；当然，偶尔也会出现米黄色和红色的锡石，白色的锡石则很罕见。一般来说锡石的晶体都很微小，由于锡石的硬度很高，化学特性又很牢固，重量很大，因此在花岗岩遭受风化作用破坏时，它能不受任何影响，而且不易分散，同别的较重的矿物一同存在于花岗岩遭遇破坏的河床或者是海边，不时还会形成含量较高的冲积矿床。由此，锡石不是来自它的"原生矿床"，就是出自它的"次生矿床"，即冲积矿床。

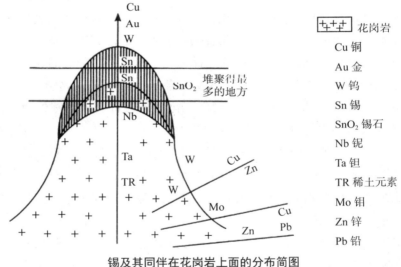

锡及其同伴在花岗岩上面的分布简图

不过，不管锡石是从哪里开采出来的，第一步要做的工作都是选矿，即摒弃它的不同杂质，接下来就开始熔炼。也就是借助燃料中的碳让锡复原。锡石里的氧与碳化合生成了二氧化碳逸散了，其余的就是金属锡。

从锡石中制取的无色的锡是柔和的银白色（比银子的颜色暗淡）金属，可任意弯曲。锡能碾成薄片状，这是它与众不同之处，它的熔点为231℃。锡还有更多特别的特性，比如会"喊疼"：它在弯曲时会发出特别的声音。锡还有一个无法忽视的奇妙特性，它对寒冷的气候过敏。当它遇到冷空气后便会呈现出不健康的状态，颜色也就由银白色变成灰色了，体积慢慢递增，而且逐渐散碎，并经常碎成粉末。锡的这个特征近似病态，人们称其为"锡疫"。很多种在艺术和历史方面颇有价值的锡器，都因为这种锡疫而受损，而且这种锡疫的传染性也很强。不过也不要太悲观，这种锡疫可以进行"治疗"，并且不是特别的麻烦，仅需将患病的锡疫重新熔掉，让它慢慢凝固即可。假如凝聚的过程非常顺利，锡便可复原，拥有它原来的特性。

在古代，推动人类文明传播的正是锡。人类认识锡的历史已经很久远了，人类用锡的历史早于铁：公元前五六千年人类就掌握了熔炼锡的技术，却不懂得怎么熔炼铁。

无色的锡是质地柔软而不牢固的金属，不适合加工用品。然而在铜中掺进10%的锡，就可制出一种金灿灿的合金，也就是"青铜"，它的性质优良：较之纯度较高的铜要坚硬，极易浇铸、锻压和加工。如果我们将锡的硬度定为5，如此一来铜的硬度便为30，而铜和数量不多的锡熔成的合金也就是青铜的硬度不就成了100～150吗？正是由于青铜具有这些特质，在一段很长的时间里人们才普遍使用它，考古学家将其作为一个历史时期单独划出，即历史上所谓的青铜器时代，在那个历史阶段，人们使用的劳动工具、武器、日用品和装饰物基本上都以青铜为原料制作而成。那个时候的人们是如何发现这种合金的，直至今天人类依然都没能搞清楚。我们假设，人类不断熔化混有锡的铜矿石（今天依然能找到铜和锡的这种"复合"矿石），直至最后才发现了铜和锡混合熔化的结果，于是就明白了这种合金的作用。

考古学家在发掘古人居住的遗址时发现，青铜制品一般会存在于各种古物当中，像生活用品、铜币和铜像，此类铜器深埋于地下好多年都没有遭到破坏。想要弄清楚这些铜器的产地，就得进行化学分析，只有这样才能得到准确的结果。

在遥远的古代，金属提纯绝非易事，借助目前的技术和方法，便可将古时候金属里面的好多微量元素，都检验出来。如果了解了它里面的杂质，就可推演出，古人是在何种矿中挖掘出铜和锡来生产这件器皿的。倘若历史学家或者考古学家能通过求证得出，哪件青铜器就产于它的出土地，这说明地质学家和地球化学家就应该迅速在这个区域范围寻找，也许很快就可找到被人们忘到脑后的锡矿。

即便是到了青铜器时代后面的铁器时代，青铜依然有一定的市场。它是制作艺术品的材料，另外它还是铸造硬币、钟和大炮的原料。

锡和铅及锑都能形成质地优良的合金，合金是人类在技术上的创举，带有魔术的神秘性。一旦人们将两种或者更多种类的金属熔在一起，这类金属往往就会变换组合方式进而出现各种"奇迹"，苏联的科学家分析了这种现象并做了诠释。产生这种现象是因为合金内部的分子结构起了变化，合金的特性也就不同于它所含的各个金属的性质。比方说，用质地柔软的金属熔成的合金的坚硬程度，通常就高得惊人。

人类称作巴比特合金的这种化合物就是由锡和铅生成的，在大型的、精密的仪器和机床中，假如有旋转的飞快的钢轴，为了预防意外的出现，就需要巴比特合金。因此这种合金的另一个名称便为"减摩合金"，这缘于它耐磨（借助专业术语就是说它的摩擦系数较低）的特质。它在技术方面的作用很大：它能延长价格昂贵的机器的寿命。

用锡可"焊接"别的金属，这也是锡的特质之一；人类在技术上采用的"焊镴"也就是锡和铅及锑的合金，就是借助锡的这一特质。相比之下，锡在印刷上的作为并不是每个人都很清楚的，"活字合金"的主要成分就是锡，在活字合金的帮助下就能浇成铅字，制成"铅版"。

"意大利粉"就是人们对白色氧化粉末的称谓，用它同白色或者多种颜色的大理石发生摩擦，大理石的外面就会如同镜子般光滑，别的物质可没这种功能。

锡的不同化合物越来越普遍地被应用于化学工业和橡胶工业，比如人们用它们印花布、给毛和丝上色、生产搪瓷、制造釉药、加工有色玻璃、金箔和银箔，而且锡在军事上也有重大作用，不过在这里我就不提了。

锡矿最早是在亚洲发现的，人们在位处欧洲的不列颠群岛南边也找到了锡矿，人们高兴地称这些群岛为"锡石"群岛。人们到现在都无法说清，锡矿是因这些岛而得名还是这些岛因锡石而得名。锡石的名字历史悠久，荷马在他创作的《伊利亚特》里就用锡石表示锡了。我要说的是，在英国境内的康沃尔半岛上锡石是和黄铜矿一同出现的，因此要从这种矿石中提取到青铜，仅需将其熔融便可。

马来半岛目前是锡的主产区，全世界50%的锡来自这个地区。现在马来半岛已探明的锡矿就有200多处，有储存在花岗岩里的，也有藏身于储量丰富的冲积矿床里面的。在冲积矿床上开采锡的办法就是借助水力：采矿人员利用水力冲洗机往锡矿喷冲击力很强的水柱，其他矿物就纷纷流向别的沟渠了，采矿人员就下到沟渠中奋力搅拌这些泥浆，这种重体力劳动的作业人员都是童工。沟渠的出水口设有门槛，因为锡石很重，进入门槛后就被截留了，那些童工随时都会将锡石清理出去并运到指定的位置。很明显，这种开采锡矿的办法非常落后，靠的就是掠夺穷苦的工人。用这种原始的办法开出的锡石约有60%～70%，接下来它们就被运入工厂用来提炼锡了。

人类为了锡，常常不惜借助武力。在"二战"中，亚洲陆地和岛屿的锡矿以及英商那些位于新加坡的炼锡工厂都被日本掠夺走了，为日本的军事目的服务，同时，日本还用这些锡帮助其盟友，即德国的希特勒。当然，日本这么做还有一个想法，就是让美英彻底失去获取这种战略金属的渠道。

大家翻开世界地图后就会发现藏身花岗岩的锡同这种花岗岩无法与之分离的锡矿，还有钨矿和铋矿，在太平洋沿岸形成了一个带状区域，这个带状区域由南至北途径勿里洞岛、邦加岛、新克浦岛、马来半岛、泰国和我国的南部。

在这个带状区域富含锡矿还有和锡矿石混合在一块儿的别的化合物，可这个带状区域是如何形成的呢？关于这个问题的答案目前地球化学家正在研究。

不光马来半岛，锡石储量丰富的地区还有南美洲的玻利维亚，科迪勒拉山脉中同样分布着大量锡矿。位于塔斯马尼亚岛和刚果的锡矿储量都不是太高，当下世界各国的锡产量有近20万吨，这里面有40%～50%用于生产马口铁片。

伴随着罐头行业的兴起和蓬勃发展，马口铁片的需求量开始猛增，重千百万克的肉、鱼、蔬菜和水果封装在了由马口铁片制作的罐头中。大家有没有想过马口铁片的作用？有没有想过这些罐头的作用？有没有想过马口铁片到底是什么？

马口铁片其实就是涂了层薄锡的铁片，锡层仅有约百分之一毫米。给

19 世纪出现的罐头工厂

铁片涂上锡加工的罐头，会防止铁锈形成，而且可使纯粹的锡不溶于罐头的溶液之内，避免了损害人的健康，给铁涂锡胜过涂其他任何金属，因为涂锡后铁的性质会更稳定。由此我们就可以说，锡的"青铜器时代"已经过去，制作罐头的崭新时代已经来临。

# 10. 随处可见的元素

想必大家都很熟悉碘，当我们的身体受伤后，我们就会在伤口处涂抹一些掺了牛奶的红褐色碘滴。碘是大家都非常熟悉的药剂，但是碘到底为何物？它在大自然中的命运又如何呢？

有哪一种元素能比碘更让人摸不着头脑、更充满矛盾的呢？但是人类却对它知之甚少，对它旅途中的活动更是不了解，时至今日，谁都没法说明它为什么能治伤，并且没有人知道活跃在自然界中的碘从何而来。

顺便说一句，门捷列夫很早就了解到了碘不招人喜欢的特性。门捷列夫依照原子递增的顺序为元素排队，而碘和硫却根本就不遵守这个规则：硫的原子量大于碘，但是硫却位于碘的前面，这种排列方式一直延续到了现在。

　　在那个时候，硫和碘损害了周期律的严整性，虽然我们已经认识到了这个排法的合理性，但是很久以来，人们一直觉得这是一个奇怪的现象，而且有人无数次地提出质疑和批评，说门捷列夫对元素的排列是随心所欲、根据自己的喜好进行的。

　　碘是一种固态物质；它形成的灰色晶体具有金属光泽。那种晶体犹如金属，闪着紫光，但是假如我们将金属般的碘晶体搁进玻璃瓶，瓶子的上面不久就会有紫色蒸汽出现。碘没有液态，易于蒸发，这就是大家目睹的第一个矛盾，接下来我们来看第二个矛盾。由碘形成的蒸汽是紫色的，但碘却是呈金属形状的灰色晶体。然而碘的盐类平时都无色，仅有个别碘盐略带黄色。

　　关于碘还有另外一个无法解开的谜。根据苏联地球化学家的预测，地壳中碘的含量仅为地壳重量的0.00001%～0.00002%，所以碘属于稀有元素，但是它无处不在，若是借助精密仪器来研究大自然的话就会发现碘原子布满了整个世界。

　　所有的东西里都有碘，无论是坚硬的土块和岩石，还是透明的水晶或是冰洲石，均含有不少数量的碘原子。海水中的碘含量高，土壤和流水中的也不少，动植物和人体中的更多。人类离开碘是无法生存的，因此人类会从空气中吸收碘或者从饮食中吸收碘，要知道，大气里的碘是很丰富的。那么，为何到处都充斥着碘？它们来自何处？它起初是怎么形成的？该稀有元素由多少米的地下升上来和我们亲密接触？

　　人类的精密分析和观察都没法说清它的来源，因为不管在火成岩的至深处，还是在熔化的液体岩浆里，人类都找不到碘的踪迹。地球化学家如此描述碘的生成：早在史前，地球一包上坚硬的外壳，不同的挥发物质的蒸汽生成云层，环绕着炽热的地球。碘和氯一同由地球深处的液体岩浆中分离出来了，水蒸汽起初凝结的水流带走了碘和氧，刚开始海洋就是用这种办法将空气中的碘据为己有的。

　　碘究竟是不是这样形成的，现在还没有定论，就连碘在自然界的分布状况人类都还没完全弄清楚。人们就知道北极和高山上的碘含量低，低洼处和海岸周围的岩石中碘的含量高，沙漠中的碘丰富，而在南非洲和南美洲的亚他磲马沙漠生成的各类盐里，人类发现了含碘的矿物。

　　碘易溶于空气；借助精密的仪器，人类发现碘在大气中的分布是按一定的规则进行的：碘的含量受高度影响。莫斯科、硌山上的碘较之帕米尔和阿尔泰4000米以上的高处高出好多倍。

人类不但知道地球上存在碘，还在从高空坠落到地面的陨石中发现了碘，科学家早就在用最新的科研方法在太阳和星体的大气中寻找碘了，不过没有任何进展。

海水中的碘确实不少，从一升海水中可提取到2毫克碘，这足以说明海水的碘含量丰富。海水在接近岸边的地方、三角湾或是海近旁的湖泊浓缩起来，盐也在这些地方沉积下来了，像白色的毯子一样铺在岸边。黑海沿岸一个叫克里木的地方和中亚的众多湖泊，都发现了如此积存下来的盐，苏联科学家都已经仔细分析过了。不过在那些盐中根本就没有碘，也不知道碘是如何消失的。确实，有一部分碘留在了淤泥中，但是大部分已经分散到大气中去了，仅有为数不多的留在了剩下的盐水里。只要有钾盐和溴盐集中的地方，就没有碘盐。

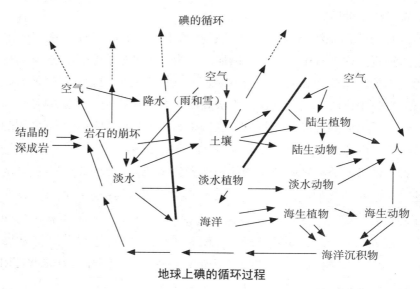

地球上碘的循环过程

有的盐湖和海的沿岸长有茂盛的植物，尤其是水藻居多，它们都掩盖了沿岸的石头。因为人类还无法认识的生物化学的作用，碘集中到了水藻里；一吨水藻含有碘元素几千克。一些海绵里的碘含量更高，达到了8%～10%。

苏联的科研工作者深入研究了太平洋沿岸。秋季，海浪将30多万吨海带抛向海岸，这些褐色海藻含着几十万千克的碘。人类捞到这些海带后留下一部分做食物，而把其余的燃烧后提取碘和钾盐。

不过介绍到这里，碘在地球上活动过程还没讲完。地下水中不光含有石油还含有碘，巴库周围就有成湖的这种含碘含石油的废水，苏联就从它里面制取了碘。除此之外，火山也会从地下喷出碘。这种元素在地质史上的命运各不相同，因此要为这种游移不定的原子做一幅完整而连续的生活图和流浪图，实属不易。

碘进入人的视野后，人类又想解开另一个谜团：碘是很毒的，还有碘的蒸汽对黏膜有刺激作用，人类却又能用它治伤、止血、杀菌、防止伤口感染。如果碘滴或碘的晶体使用时过量了，就可致人死亡。但不可思议的是，人体如果缺少碘的话，健康就会大受影响。不光人体还有好多动物，必须得摄取身体所需要的碘。这点大家都不难理解，缺少碘的地区，人们会得一种称作甲状腺肿的疾病，高山地区的人患这种病的人有不少。我们还了解到，这种病在高加索中部和帕米尔地区的一些村庄发病率一直居高不下，它在阿尔卑斯山也是来势汹汹的。

近年来美国科学家了解到美国的一些地区也在流行甲状腺肿。假如做一张流行甲状腺肿的地区分布图，另配一幅水里碘含量的百分比图，它们之间将是很切合的。

人的健康状况跟碘极为密切，一旦大气和水中缺少碘，人体是极度敏感的，健康立马就会出问题，而治愈甲状腺的良药正是碘盐。

碘在工业上的表现也很有趣，不仅普遍，形式也多种多样。一方面，人类找到了X射线都无法穿透的化合物形成的装甲，而这种化合物就是由碘和有机物生成的化合物，往人体中注射这种化合物，就能拍到人体组织的清晰照片了。

据我们了解，近些年来碘还被用到其他方面。往赛璐珞里加碘后，它就有了特殊的价值，不过要特别说明的是，这里用的是一种特殊的碘盐，它是一种针状的小晶体，这种晶体进入赛璐珞后，阻死了企图从各个角度穿过的光波，偏振光就是如此生成的。苏联这些年来生产了一些特殊的、昂贵的偏振光显微镜，有了这些新的起偏振片，现在也已生产出了性能优良的放大镜，可以成为显微镜的替代品。在野外勘探时这种放大镜不可或缺，用两三片起偏振片互相配合观察，就可把各种东西的颜色辨别得非常清楚，我用这种方法观察过阳光下的壁毯或者电影银幕，旋转两片起偏振片，太阳光谱的颜色就会迅速改变，而且非常漂亮。若是将起偏振片安装到汽车上，晚上开车走在街上就不会让对面开来的汽车灯光照得睁不开眼，因为偏振片阻隔了对方的灯光，只能看见迎面而来的汽车的两个发光点。

漆黑的城市上空，飞机借助降落伞投掷下含镁的照明弹，就着照明弹的光，飞行员在起偏振片的帮助下就可了解地面上的情况。

大家清楚了吧？碘元素不光用途多，而且它的使用范围也很广，对于它的命运、旅行路线这些让人捉摸不透的问题和矛盾。人类还得继续钻研，才能了解清楚，进而弄清这个遍布自然界、无处不在的元素的本质。

碘元素的发现过程也很有意思。1811年，库图阿开着一个小工厂，他在用植物灰生产硝酸钾时，在植物灰中发现了碘，这位药剂师的发现并未在科学界掀起轩然大波，根本就无人理睬，过了100年，才认可了这个发现。

# 11. 氟

在我写这本书之前，我就想好要用一章的篇幅在我的著作中介绍氟及其特性，然而真正要动笔写这章时，我不得不终止自己当初的想法，因为我对氟及其化合物可以说是一无所知，对于漂亮的氟及其化合物和它在工业上的作用，我毫无了解的兴致，因此对于写好这一章我毫无把握。没办法，我唯有去翻阅我过去写的一些文章，我没想到，我真的从之前的作品中找到了不少有价值的东西，比如我自己谈论地球化学元素的文章，而这些正是我写此章的素材。

达尔文曾经在他的自传中讲过科学家如何工作的问题，他说过，虽然科学家没有必要去记住一切，但是他应将他观察到的东西以及在书中发现的重要知识，记录到小纸片上，遇到他研究方向和课题的书，他都应该在摘录好自己需要的东西后将它们一一放到书架上去。

达尔文不主张科学家应该拥有一个无所不包的大书库的观点，他将自己近几年需要解决的问题列了出来，然后用心去逐个求解。仅仅为了一个问题他都是数十次查找资料，一个问题的资料都能占去他书柜的一格或是两格。

几年或是十几年过去了，他才积累了一个科研问题的一大批事实资料。他就将这些资料和书籍汇总，遵循相应的逻辑顺序编到自己作品中的一些章节里面去，他的那些生物名著因此也就成了现代生物的基础。

参照他的这种办法写一本大书或是写专题论文都非常方便，我早在20年前就采用他的办法了，并学着他的做法为我的专著预备资料和各种书籍。我抛弃了我的大书库，将它捐给了科拉半岛上的希比内研究站，只给自己留下了和我近几年要研究的问题关系密切的一些书籍。

在这诸多问题中，最大的问题就是我打算写自然界全部元素的发展变化过程，打算写一写各种元素在宇宙的旅行过程，想告诉地质学家、矿物学家和化学家各种元素的特性和它们无论是在地球上还是在人类手中的活动。

一

我好久以前就颇想去见识一番外贝加尔有名的矿床，别人将从该处获取的黄玉晶体送给了我，黄玉可是一种漂亮而珍奇的氟矿石，来人还送给了我萤石不同颜色的晶体和色彩不一的晶簇，萤石是一种工业原料。

我们到达了满洲里车站。

车站停着一辆马车，不久马车就沿着外贝加尔南部的草原奔驰，鼠曲草犹如织工精巧的白色毯子铺到了大草原。马车驰向一条伸向山顶的坡道，越往前，出现在我们眼前的景色就越迷人。蓝的、淡黄色和淡蓝色的黄玉都出自各个花岗岩的露头；我们一览"晶洞"的奇观，也就是伟晶花岗岩的空洞，内有萤石的八面晶体，它是氟和金属钙的化合物。尤其让我们觉得不可思议的是，在一个不大的山谷中发现了一个储藏量极高的这种矿物的矿床。

在此处找不到出自花岗岩炙热水溶液后因凝固而沉淀下来的单晶体，而是齐聚着数量庞大的，粉色、紫色、白色的萤石，真是五光十色，被西伯利亚的阳光一照射便熠熠生辉。

在矿工将它们采集出来后，途径西伯利亚，运至乌拉尔、莫斯科和圣彼得堡的冶炼厂。站在这里我联想到了从远古时期地底下熔化的花岗岩喷出的气体，其中具有挥发性的氟化合物就聚合成了萤石。该萤石呈现的是花岗岩在地底下逐渐凝固步骤中的一步，这种花岗岩的附近都是它喷出的蒸汽和气体。

写到此让我不由得联想到了这种萤石发展过程中的另一个情节。我回想起旧矿物学上曾经介绍说萤石的色调如何得优美，说它是生产一种称作萤石瓶的原材料，还说这种瓶子很昂贵。

我的思绪又飘起来了，英国的萤石工业体系很完备，博物馆就展出着精美绝伦的萤石制品。

最后我忽然又忆起了发生在莫斯科郊区的一件事。

当时我还非常年轻，正在莫斯科的大学讲授矿物学，记得有次我问：让学生一块儿去鉴别莫斯科周边的矿物，其中的一种紫色石块让我印象深刻。它是在140多年前也就是1810年，在莫斯科省的韦列亚县一个称作拉托夫的山谷找到的，因此人们就称它为拉托夫石。

此类矿物在石灰岩中形成成层漂亮的矿层。在奥苏加河和瓦祖泽河也就是伏尔加河支流沿岸，发现了整片的这种矿物，是一种紫色的立方晶体。我们满心欢喜地拿着这种紫色石块去探究，才发现它居然是纯净的氟化钙，正是我现在说的萤石。它的数量很大，它在石灰岩中的矿层很规整，因此让人难以置信它出自炽热的熔化了的花岗岩喷薄而出的气体，好似产自外贝加尔的黄玉和西伯利亚东部的萤石。

该类萤石的沉积层和莫斯科附近的基地，即远古时期的花岗岩相距2000多米，由此也就不难理解为何会在伏尔加河支流附近聚拢出这种漂亮的萤石了，我们急切地想找出别的化学作用的影子。苏联的年轻人在卡尔宾斯基的协助下，搞清楚了这种岩石的出处，资料显示此地的拉托夫萤石和远古时期莫斯科的海洋沉淀物有密切的关系，该类萤石齐聚后有生物参与其中并发挥了作用，一些海生的贝类，尤其是石灰质的贝壳，它们的细胞中存在结晶的氟化钙。我们描绘这幅远古时期的画面想向大家说明的是，氟在大自然的活动线路既独特又变化多端。

## 二

现在我要写的是参加在丹麦的哥本哈根国际地质学大会的一篇日记。

在大会结束后，我有幸参观了哥本哈根跟前的一个有名的冰晶石工厂。洁白的冰晶石和冰块的来自同一个地方，也就是说它们都来自格陵兰附近冰雪覆盖的山顶。有意思的是，这种矿石从表面上看跟冰没有什么不同，而它刚好出自格陵兰西岸常年被冰雪覆盖的北极圈，很是贴切。在人们大批量将冰晶石挖掘出来后，就用船运到哥本哈根。首先将冰晶石送入专业的工厂，然后从它里面制取别的矿物，尤其是铅、锌和铁的矿石，余下的就是洁白的粉末，制取铝时以其作为溶剂。

人们将这种粉末放进特制的箱子，送到化工厂，好让它在化工厂发挥新的作用：在熔化金属的时候放进这种白色粉末，制取的液态金属就会发出银色的光芒，进而流入一个预备好的大槽。该金属就是铝，冰晶石是制铝不可或缺的元素。

目前制取铝的方法还不是很多，铝无论是在民用方面还是军工方面都发挥着重要作用，目前全世界一年的铝产量在200万吨左右。人类发明的发电设备可让大河和瀑布创造出不竭的电能，接着用冰晶石熔化氧化铝，生成纯净的金属铝。虽然目前人们使用氟化铝和氟化钠的复盐，舍弃了天然的冰晶石，不过这些依旧是冰晶石，仅仅是人工取代了天然而已。

## 三

一些陡峭的岩壁屹立在塔吉克斯坦湖畔，人们在峭壁上面找到了晶莹剔透的萤石片。它的透明度这么高确实很难得，它是制作显微镜镜头和精密仪器的好材质。人类是离不开透明的萤石的，因此就派了这个特殊的勘探队上到悬崖上面。[1]我从勘探队的报告中读到他们遭遇到的困难和挫折并最终从石灰岩中采集到了透明的白色萤石，真为他们感到自豪。

经过勘探队的不懈努力，开通了一条通往湖上悬崖上的萤石矿床的小路。然而要将这些珍贵的矿石运下来送到村子，难度也是不小的。但这些开矿的塔吉克人硬是靠着自己一双勤劳的手完成了这项看似不可能的任务，用他们的双手将这些矿石从悬崖传了下来，然后拿软草包扎好，装进箱子，背到了撒马尔罕。[2]苏联生产光学仪器的工厂就这样得到了透明的萤石，因此生产出了精密的透镜，他们还靠这些晶莹剔透的萤石生产出了

---

[1] 塔吉克人把萤石叫作"白石头"。这个矿床是在 1928 年由一个叫作那札尔－阿利的小牧童发现的。

[2] 光学上用的萤石是一种特别娇嫩的矿物：它不但会震碎和碰碎，就连温度激烈改变也会破碎。即使水的温度和空气的温度相差只有几度，如果把它从空气里放进水里，它也会产生裂纹，这就失去它在光学上的宝贵性质。

世界上最精密的光学仪器。

## 四

在捷克一个疗养机构休养的那段时间，我受邀参观这个市的一个玻璃工厂，这座工厂是靠新技术和较高的机械化建造的。我们到了生产大玻璃的车间，这个车间非常大，大型的窗玻璃如同一条宽宽的带子整个熔了出来。其中的一些车间生产质地优良的高级玻璃，然后用稀土族的盐类和铀的盐类上色。最有意思的是雕刻美术画的车间，先是用纯净的玻璃生产出花瓶，然后刷上层薄石蜡，最后由经验丰富的雕刻家用刀具在石蜡上作画。他不时用小刀刮去石蜡层或是在一些地方刻上细线，完工后呈现在人们眼前的就是一幅在森林中的猎鹿图了。随后拿着这个模型复制，借助特制的仪器做出图的轮廓，一间陈列着数十个涂了石蜡的花瓶上面都做上了相同的画。全部花瓶都慢慢展现出相同的轮廓，画面都是森林和逐鹿的情景。接着就将这些花瓶放在一种特殊的炉子中，炉子借助铅衬里将具有毒性的氟化物生成的蒸汽引入炉子，氢氟酸就浸透了玻璃上未涂蜡的部位，一些地方渗透的深些，有些地方渗透的浅些，受到浸透的表面就生成了毛玻璃。然后将花瓶搁进热酒精，或者放在水中或者是直接加热熔掉石蜡，如此一来，因为氟蒸汽的浸透，人们就看到了细致而漂亮的图画。最后用特制的、能急速旋转的刀修饰画面，将一些地方往深刻一下，就大功告成了。

## 五

写到这里，我在记录氟及其化合物的资料中发现了大学化学讲义中的一段内容。

"氟属于气体元素，具有难闻的麻醉臭味，化学性质活跃。差不多可和所有元素化合，与此同时或是爆炸或是产生数量巨大的热能，它甚至都可和金化合，难怪提取它颇费功夫。尽管在1771年舍勒就发现了氟，然而纯净的氟却直到1886年才提炼出来。"

在大自然中，人类仅了解氢氟酸的盐类，其中以氟化钙为主。这是一种有着漂亮颜色的矿物，人们称其萤石，它易于让金属矿中的矿石熔化。然而大自然里的氟还遍布在别的化合物中，比如磷灰石含的氟就多达3%。在地球化学的发展历史中，氟来源于熔化的花岗岩中喷薄而出的挥发性强的物质，不过还有数量不多的氟来自海洋的沉淀物，源出自机物齐聚出的氟化物。

生产光学玻璃的原料正是块状的萤石，光学玻璃不同于普通玻璃，它可穿透紫外线，另外色彩漂亮的萤石还可用于做装饰品，然而萤石的重要作用是让金属矿物变得易于熔化。另外它还可用来提炼氢氟酸，氢氟酸的溶解能力超强，可侵蚀玻璃，直至侵蚀水晶。

冰晶石是氟化钠和氟化铝的复盐，采用电解法提炼铝是离不开冰晶石的。氟在植物和一些生物的生命周期里发挥着重要作用，生命离不开氟，然而如果氟的量超过了生命的需要也会损害生命，会让生命体患上多种疾病。

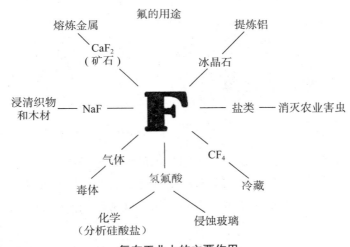

**氟在工业上的主要作用**

海洋中的氟非常有用，海水中的氟有些是因生物的作用（比如贝壳、骨骼、牙齿）齐聚而来的，还有一些包含在变化不定的碳酸盐，尤其是磷酸盐（也就是纤核磷灰石）之中。一升海水含氟一毫克，牡蛎壳的含氟量是海水里的20倍。

最近几年，科学家参照周期表深入研究了氟化物的特性，找到了氟奇妙的新作用：它可用于生产一种特殊的物质，人们称作四氟化碳，这种物质不含毒，同大气接触也不会发生爆炸，性质稳定，由固态转化成气态时会吸收大量的热，因此可用于特殊冷库。现在仅依靠四氟化碳就能生产出冷藏装置，用于冷冻不同的食品。

### 结束语

以上就是我从书夹里发现的一些过去搜集的资料，然后我自己概括了一下。在这章我将该元素在自然界的作为几乎都说了，实际上这个元素的重要作用还很多，以后好多变化多端的气体都会和氟扯上关系。自然界恐怕再也找不到超过氟化合物的毒物了，也找不出较之氟更好的防腐剂，它能够让温度一直处于低温，有时可达到–100℃，正因为如此我们才能在小柜子中储存食品，而成本也较低。

人类对氟的研究还很不透彻。它变化多端的化合物性质也很特殊，有关这个问题可研究的地方还很多，关于它将来对国民经济的重要作用究竟如何，还有它对工业的重要作用又是什么，对于这些问题我们目前还无从谈起。


# 12. 20 世纪的金属

铝是最有意思的元素之一，说它有意思，不只是因为它在不长的时间里，为人类的生活、为技术、为国民经济带来了益处，也不只是因为这种轻金属和镁可造出飞机，它的有趣之处在于它的特性，尤其是它在化学上的作用。尽管人们认识铝没有多长时间，可是它不仅用处大而且分布也最广。

大家都知道，因为不同年代岩块受到的分化和破坏进而形成的黏土和沙底下，存在一层包裹整个地球的岩石地层，也就是人类嘴里的地壳。岩石层很厚，它的厚度不低于几百千米，而且依据目前的预测，也许比这还要厚。自这一层继续深入下去，慢慢地就进入另一个地层，也就是含铁和别的金属的矿层了，就一直这么往下，就来到了地球的中央部位，很多资料显示那个地方就是一个铁核。

在地上形成很大凸起的就是包裹着地球外表的岩石，它们不是大陆就是洲。

作为大陆和山脉基础的这层地壳，是铝硅酸盐和硅酸盐的功劳。单从字面看，大家就会清楚硅、铝和氧是铝硅酸盐的成分，它也是人们称这层地壳为"铝硅层"的原因。

花岗岩是硅铝层的主要构成部分，就重量而言，氧的含量大概为

50%、硅25%、铝10%。这就足以说明，铝在自然界的分布情况了，它在所有元素中位列第三，在金属元素中位列第一，地球上的铝要比铁多。

地壳的主要元素是铝、硅和氧，这三种元素在地壳中形成了各种矿物。这些矿物里的原子都按一定的规律排列着：或者是一个四面体，或者是一个硅原子居中，或者是一个铝原子居于中间位置，而四个氧原子排于四个角上。

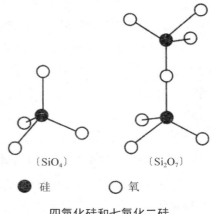

〔SiO₄〕 〔Si₂O₇〕

● 硅　　　○ 氧

四氧化硅和七氧化二硅

这说明，不但有硅四面体还有铝氧四面体，而在这些四面体中铝发挥着双重的作用：或是如同其他的金属，遍布这些硅氧四面体里将它们连接起来，或是在几个四面体占据硅的位置。

以下就是硅和铝的四面体组合出来的图形，它们搭配在一起后就生成了地壳中的各种主要矿物，人们总称它们为铝硅酸盐。猛一看，铝、硅和氧原子排列起来构成的图犹如精巧的花边，或者是毯子的花纹。只有借助X射线才能辨别出这些图形，通过X射线就好像给矿物的内部结构拍了照一样。

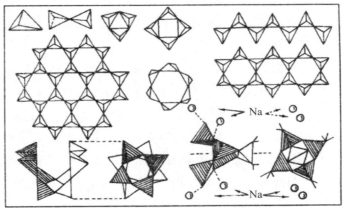

硅氧四面体的各种搭配方式：单个四面体，由两个四面体连成的沙漏状的、环形的、链形的、带形的四面体，六环齿轮形四面体连接成的平网，最后一排是长石和钠沸石（从属于沸石群的矿物）骨架结构的影像

我忽然想起，孩童时代的我认为石头一点儿生气都没有，现在我们有幸进入它里面看它的内部构造，忽而又觉得它是那么的有趣且不简单。

一些铝硅酸盐遍布各处，要了解清楚观察长石这种矿物就行了，地壳中一半以上是长石。长石含在花岗岩、片麻岩、其他一些岩石中，地球外面披着由这些岩石生成的甲胄一样的东西，它们还在地面上凸起成高大的山脉。

在几千年的时间里长石持续遭遇大自然的风化，逐渐在地面上就堆起了数量庞大的黏土，黏土中的氯含量为15%～20%。地面上到处都是黏土，而铝就出自黏土，因此有一段时间人类称铝为"黏土素"。这么称呼铝的确有点不合适，于是就不再这么称呼了，改叫氧化铝为矾土。

黏土里面的成分异常复杂，要从它里面提取铝可没那么容易，所幸的是大自然含铝的物质不止黏土一种。矾土也是铝和氧构成的天然化合物，铝的成分是主要的，这种化合物以不同的形式出现在大自然里。

自然界中的无水氧化铝（$Al_2O_3$）被人们称为刚玉，不但坚硬而且非常美丽。这类矾土的透明度各不相同，这缘于它们不光含铝和氧，还混合有铬、铁、钛这些极微量的染色物质，这种带色的矾土都是上等的宝石。同为矾土，只要往里面添加一点点杂质，就可让矾土的颜色绚丽多姿。它们就是光彩夺目的红宝石和蓝宝石，人类从远古时代就对它们爱不释手，围绕着这些宝石人们编织了好多故事。早在远古时期，人类就学会了使用不是很纯的、有些不透明的、褐色的、灰颜色的、浅蓝色的和浅红色的刚玉晶体，就硬度而言，刚玉仅低于金刚石。

混进磁铁矿和别的矿物的刚玉小晶体，变身成了大家再熟悉不过的"金刚砂"了；朋友们，你们当中谁没有用金刚砂磨过削笔刀？

话说又回来了，其实将铝从刚玉中制取出来也并不难，可惜的是刚玉的价值虽大，但它的产量并不是很高。

从遥远的古代开始，早于文化的发端，从石器时代一直发展到今天，人们沿袭着用花岗岩、玄武石、斑石、黏土及其铝硅酸盐形成的别的岩石，以它们为原料建起整座城市、修建房屋、制作艺术品和器皿、制陶和瓷器。

不过上千年来，人类从来就没有深入研究过铝这种金属的神奇特性，从来就没有好好琢磨过藏身于石头里的这种金属。

　　大自然里面的铝都不是以金属状态而存在的，都是与其他的元素生成不同的化合物，而这些化合物不光性质跟金属铝不一样就连外表也不同于金属铝。

　　聪明的人类进行了日复一日的艰苦努力，方才获得了这种金属、方使这种金属越来越多地进入了人们的生活。

　　最早大概是在125年前，人类提炼到了少有的银光金属铝。那个时候的人们还没有预见到，它对人类生活的重大影响，加之制取它也非易事。但是时间转到了19世纪初叶后，许多科学家利用电解法制取铝并大获成功，他们通过高温电解熔化铝的化合物，铝在阴极析出后隐匿在一层渣滓之下。用这种方法制取的铝为纯净的银色金属，因此当时的人们称它是"黏土里提出来的银"。

　　之后这种提炼铝的方法也在工厂传播开了，这么一来，铝的用途也就越来越广泛了。铝的颜色和银子差不多。不过铝的性质却很怪异。

　　人类社会进入今天，人们已不再是从黏土中制取纯净的氧化铝了。大自然为人类生成了一种铝矿石，是含水的氧化铝（它是矾土的水化合物），其变成了两种化合物：水硬铝石和三水硅石。而它们经常与铁的氧化物和二氧化硅混于一处，变成铝土矿就是那种黏土状或石头般的矿层，这种矿主要就分布在沿海的沉积物中。

　　黏土矿富含丰富的氧化铝（50%～70%），工业上提炼铝就主要靠这种矿石。苏联科学家发明了一种将出产于希比内山的霞石（$Na_2Al_2Si_2O_8$）变成氧化铝。50%～60%的氧化铝含在蓝晶石页岩里，另外白榴石和钠明矾石均含氧化铝，目前科学家正尝试着从这些矿物中制取氧化铝，不过直至今日，不算霞石，这些矿物还没有一种能替代铝土矿的。

　　制取金属铝得经过两个相互独立的过程：第一个过程是处理铝土矿而这个过程却是相当复杂的，从它里面制出的矾土也就是纯净的无水氧化铝；第二个过程是在特殊的电解槽中电解氧化铝，石墨板就放在电解槽里。

　　将矾土粉末和冰晶石粉末混合后放入电解槽中，接通强电流，当电解槽中温度达到1000℃左右后冰晶石就会熔化，矾土自然会溶于冰晶石，然后，矾土在电流的作用下分解成铝和氧。接通电源后，槽底为阴极，熔化的铝就在槽底集中。槽底有一个可自由开关的出口，可让铝顺利流入模型，液体铝在模型中就凝固出了泛着银光的铝块。

要在100年前提炼出这种轻金属还是一件不容易的事，因此在当时用40个金卢布才能买到一磅铝。目前人们借助水来满足人类对电的需求，这样一来，大量提炼铝也就成为了可能。

铝的特性人们不陌生，它属于轻金属族类，重量仅相当于铁的1/3。铝有一定的延展性，而且相当结实：既可以抽成丝，还可以压成薄片。一是它似乎不怕被氧化，这从铝锅、铝罐等铝制品中就能发现；二是铝跟氧的亲合性极大。铝这种近似矛盾的特性，门捷列夫很早就注意到了。问题的关键在于，铝刚制取出来，大气中的氧化铝立马就给它包裹上了没有光泽的薄膜，这种薄膜可阻止铝一直被氧化下去。不是所有金属都具有这种自我保护的能力。譬如人人都知道，铁的氧化物也就是铁锈，根本无法阻止铁的继续氧化：因为这层氧化物过于松脆，空气和水很容易渗透。相反地，铝上面的氧化物不仅密实还富有弹性，能有效防止铝继续受到氧化。

铝遇热就会和氧气迅速而剧烈地化合成为氧化铝，与此同时释放出大量的热。铝燃烧释放热量的特性，被人类采用一定的技术加以利用从别的金属的氧化物中提取该金属，具体的办法就是将金属铝的粉末同那种金属的氧化物混合在一块儿。人类称这个方法是铝热法，在这个过程当中金属铝由别的金属的氧化物中争抢氧而让那些金属还原。

比如假设我们将氧化铁的粉末和铝粉混合到了一块儿，然后拿镁条点燃这种混合物，你就会发现氧化铁和铝的剧烈反应了，这一反应会释放出大量的热，此时温度可高达3000℃。在如此的高温下，让铝还原的铁就熔化成了液体，而生成的氧化铝如同渣滓般浮在铁的上面，人类就借助铝的这种特殊性质来提炼一些不易熔化却在技术上颇有价值的金属。

利用这种方法制取的金属有钛、钒、铬、锰和其他的一些金属。缘于使用铝热法时温度会升得极高，因此被人们称作铝热剂的物质也就是氧化铁和铝的混合物，可用于焊接钢铁。想必大家都见过如何焊接电车的铁轨吧？给铝热剂加热让它燃烧，熔化掉的铁就跑至两段铁轨的连接处，将它们焊接到一块儿了。

如铝般能在极短的时间内就引人注目，实在是不多见。

人类很快就在汽车工业、机器制造业和别的工业部门大量推广和使用铝了，在很多地方取代了钢铁。铝进入军舰生产行业给这个行业带来了一些大的变革，比如借助铝能生产出"袖珍战舰"（大小跟轻巡洋舰差不多，然而其威力却不输大型战舰）。

人类掌握了从天然矿物里大量制取这种"银"的方法，从"黏土里提出来的银"代表着人对自然界的了解更深入了一步。

铝或者含铝的轻合金是生产坚固的飞艇、机身、机翼或者全金属飞机的最佳原料。

这类新工业离不开铝，铝为它提供了发展的机会和空间。

抬头看看飞过我们头顶的飞机，除去发动机，飞机重量的69%是铝和铝的合金，甚至在飞机的发动机上，极轻的金属铝和镁也占到了25%。

工业上对铝的需求量非常大，一些火车的车皮基本上是以铝为原料，机器制造业对铝的需求量极大尤其是航空工业，单是制造铝丝和电气工业上的零件，一年都得用掉几十万吨的铝。

不过这些还不足以完全说明铝的用途。

铝还有其他一些用途：探照灯上用的反射镜，炮弹以及机关枪的子弹带上的主要零件，照明灯、燃烧弹中用到的铝粉以及氧化铁的混合物。我们还可以联想到人造结晶矾土（电刚玉、刚铝石）的重要意义，现在就用前面介绍过的那种铝土矿来制取这种结晶矾土，它们被当作研磨料，多数用在金属加工方面。

纯净的氧化铝人类为了让它结晶往往会给里面添加一些杂色，这样就获得了漂亮的红宝石和蓝宝石，这种人造宝石不管是在硬度和美观方面都不输天然宝石。这类宝石不怕磨，因此它们主要是给精密仪器作支撑重要部分的"钻"，比如用在钟表、天平、电表电流计等的仪器内。

人们将极细的铝粉涂抹在铁的外面，就得到了特殊的不会生锈的铝铁片，石印油墨就是以极细的铝粉为原料制作而成的。过去，木板画这种民间艺术的创作人员相当倚重铝粉，给木板画涂上油，随后借助蛹一样柔软的东西将铝粉撒到板画上。

那样一来，板面就成了漂亮的、闪着银光的背景，艺术家就可在背景上来完成自己的艺术创作了。

人们为何说铝是20世纪的金属？

因为铝的性质异常奇特，它的用途不断在被人们发现，它的储藏量很丰富，因此人类有充分的理由认定，目前人们对铝的钟爱犹如以前人们偏爱铁一般。

# 13. 未来的金属

历史学家曾讲过，尼禄这位罗马皇帝在统治期间喜欢隔着绿色的祖母绿晶体欣赏角斗士们在角斗场上的表演。

他下令焚烧罗马城，大火燃起之时，他也是隔着祖母绿看映红半边天的火焰，当他发现红色的烈焰和祖母绿混合在一起，犹如数量庞大的黑舌头时，他高兴极了。

在金刚石还不为古希腊和古罗马的艺术家所了解的时候，若是他们打算用石头雕刻一个人面像做纪念，并想表示对此人的敬仰，就会跑到非洲找努比亚沙漠纯净的祖母绿。

印度人从古代起就同等看待金黄色的金绿宝石和祖母绿，斯里兰卡岛的沙地上出产这种绿宝石，对于浅黄绿色、蛇色的绿柱石及其浅蓝绿色、海蓝宝石也是同等看待的。蓝柱石是人类发现的一种很罕见的矿物，珠宝界称其为娇柔的"蓝水"，一种火红色的硅铍石出现在了人们的生活中，不过这种宝石只要被太阳照射几分钟便会黯然失色。

上面给大家介绍的那些宝石，漂亮、光芒四射、纯净，因此人们早就留意它们了；许多化学家一心想了解它们的构成，可惜的是一直没有任何进展，最后竟然错误地认为它们是普通矾土的化合物。

2000多年过去了，克利娄巴拉下令派人去努比亚沙漠里的地道，让他们在较为有名的大矿坑寻找绿柱石和祖母绿。

骆驼商队将找到的绿石头驼到红海边，然后装船运走，就这样宝石就流入到印度王公、伊朗皇帝和土耳其的宫殿中。

人们发现美洲后，在欧洲看来产自美洲的暗绿色祖母绿不仅颗粒大而且色泽亮丽，于是在16世纪时就将它带到了欧洲。

绿柱石在秘鲁和哥伦比亚的储量异常丰富，印第安人用这些宝石供奉他们的女神，然而，西班牙跑去征服了印第安人，并且夺走了这些宝石。

西班牙人也劫掠了哥伦比亚的寺院，不过哥伦比亚的宝石矿床却深藏在地形奇特的山地，西班牙人花了很长时间都没能找到，然而他们一直不放弃疯狂的寻找，那些宝石的矿坑最终还是没能逃过被洗劫的命运。

直到18世纪末，这些矿坑的宝石才被开采完。

也就是在18世纪，人们开始在巴西沙地采集海蓝宝石。从字面看，它的意思为"海水的颜色"，这种宝石也是名副其实，它颜色多变，犹如苏联南部的海水颜色，大气磅礴、变化多端，在黑海附近住过的人或者是欣赏过艾瓦佐夫斯基有名的油画的人不难理解其中的含义。

乌拉尔的马克辛·科热夫尼夫在1831年，跑到树林搜集枯树，他挖一个树根时，很意外地在树根下面的泥土中找出了俄国的首颗祖母绿。

人们在地球上的各个矿坑寻找祖母绿都有100多年了，浅色的绿柱石被整车地往外运，加工的都是鲜蓝色，其他的都不要。

……以上就是绿宝石的过去，人类在公元前几百年的时候已经在写它了。

它就是这种未来金属的发展的开端，人们称这种金属为铍。

1798年之前，人类也没预料到这些漂亮的宝石中居然含着一种人们还不曾了解的金属。

1798年2月15日，也就是法国革命历"六年雨月[1]26日"，法国科学院召开了一次盛会，沃克兰宣称，以前被人们认作是矾土的好多矿物，其实它们里面含有一种人们还不了解的新元素，他称这种元素为"铍"，希腊文意为"甜味"，因为他品尝过，这种元素的盐类具有甜味。

其他化学家得知这一消息，纷纷着手研究，得到了与沃克兰同样的结果，美中不足的是这种元素在矿物中的含量不是很高，一般每种矿物的含量在4%～5%。随后化学家又仔细研究并测算出了铍在地球上的数量，直到此时人们才意识到这种元素是一种稀有金属，它在地球上的分布量在0.0004%以下，但是超出铅或钴一倍，若是将它和与它一起出现的金属铝相对比，它的含量仅为铝的两万分之一。

但是化学家和冶金家现在已经基本上了解了这种金属，在过去的15年，在人们的面前出现了一幅美好的图景，现在人们称铍是未来最有前途的金属，还是有一定的道理的。

---

[1] 法国革命历的雨月是从 1 月 20—22 日到 2 月 18—20 日。

其实，铝的比重已经非常小了，但是这种白色金属的比重仅为铝的一半。铍的比重仅为水的1.85倍，而大家都清楚，铁的比重为水的8倍，铂的比重为水的21倍。

铍和铜及镁是制成合金的优质原料，而且重量轻。

铍的众多用途人类还不曾了解，一些国家将铍的用途视作军事机密，不过人们现在明白了，铍的合金在飞机制造方面的作用越来越大了，生产品质好的汽车发动机火花塞，就得往陶瓷中加一些绿柱石粉末。X射线可轻而易举穿透金属铍的薄片，而铍的合金异常轻，还很坚固。另外，以含铍的青铜为原料生产出来的发条很实用。

其实，铍也是奇异家族的元素，无论是从理论上还是从实际意义上来讲，铍的价值都不容小视。

苏联还需在了解、熟悉这种金属方面继续努力。

人们已经知道了一些发现铍的办法了，大家都很清楚，花岗岩里就有铍，就含在熔化的花岗岩里的剩余的气态物质中，与别的挥发性气体和稀有金属齐聚地壳下最晚凝固的那些花岗岩内。

它就是人们嘴里常说的伟晶花岗岩，铍在这个地方的矿脉变成了异常美丽、闪着光芒的宝石。

人们发现铍依然和别的矿物聚在一块儿，人们已经懂得该去什么地方找铍了，因为人们已经了解了这种轻金属的活动规律，业已熟悉它的所有特征和性质了。

对铍的勘探工作一直在进行，规模也在逐年上升。

铍在地球上的旅行线路也说明了其在工业上发挥的重要作用。技术家探索着从矿石中制取铍的办法，冶金学家也在钻研如何以铍为原料生产超轻合金，他们希望在生产飞机时用上这种合金。

为了更好地利用天空，为了提高飞机和飞艇的安全飞行率，就得有轻金属，因此人类预测，日后铍肯定会取代铝和镁这两种金属在航空业上的地位。

到了那一天，人类发明的飞机一小时就可飞好几千千米了。

我们要为更好地利用铍而努力奋斗。

地球化学家的任务就是接着找新的铍矿。

化学家还得探索分离这种轻金属和它的伙伴铝的方法。

技术家的任务，就是找到制取这种最轻合金的方法，这种合金在水中不会沉入水底，如同钢般硬、如橡皮般富有弹性、如铂般结实、如宝石般亘古不变……

上面这些话在今天的人们看来可能会觉得有点像幻想，不过，人类的诸多幻想不都成为现实了吗？甚至有的成了人类的"家常便饭"：20年前无线电和有声电影在人类的眼里就是梦，但是现在都已经实现了。

# 14. 汽车的基础

福特曾经说过："没有钒就没有汽车。"福特就是以钒钢为原料生产汽车轴而发展起来的。

萨莫伊洛夫说道："没有钒的话，还有几种动物都生存不了。"他是有名的矿物学家，他发现一些海参类动物的血液中钒的含量在10%。

一些地球化学家也说："如果没有钒，也就不会有石油。"地球化学家认为钒对石油的生成有着非凡的作用。

这种神奇的金属在很长的时间里都不为人类所知，为了提取它还争论不休。

在遥远的古代，北方出现了人们传说中的女神，人们称她为凡娜迪丝，她异常美丽，人人喜欢她。某一天有人叩响了她的房门。女神当时就坐在安乐椅上，她心想："就让他敲一会儿吧。"但是敲门声消失了，那人转身离去了。女神很好奇，她思索着："该会是谁呢？很有礼貌，但又优柔寡断。"她打开窗户，看过去。发现是一个名字叫沃勒的人，他匆匆地来又匆匆地走了。

没过多久，又有人叩门，但是这次的敲门声坚定而有力，还一直敲到了女神打开门。女神发现一个风度翩翩的男子站在屋外，喜上眉梢，他就是塞弗斯特姆。两人很快便坠入爱河，不久就有了儿子，取名凡娜吉，也就是钒，它就是在1831年由物理学家兼化学家塞弗斯特姆发现的一种新金属。

　　贝采利乌斯在一封信中这样描述钒和发现钒的过程。不过贝采利乌斯忘写了，早在塞弗斯特姆之前就有人叩过凡娜迪丝的房门，这个人就是卓越的戴尔·利奥。他是西班牙早期杰出人物之一，他捍卫墨西哥的自由，并为此而斗争，同时又是有名的化学家和矿物学家，身兼矿山工程师和矿坑测量师，他对当时科学家先进的理论能融会贯通。早在1801年，他就在研究墨西哥的褐色铅矿石了，而且注意到铅矿石中好像还含有一种人类还没有认识的金属。由于这种金属的化合物有多种颜色，因此就称其为颜色齐全的金属，后来又改称红色的金属。

　　可惜的是，戴尔·利奥没有想办法去求证他的发现，只是将标本交给几个化学家让他们分别研究，但是那几位化学家都错误地以为含在矿物里的是铬，沃勒也出现了相同的误判，因此他就没有了叩开凡娜迪丝房门的自信。

　　一个很长的时期里，大家一直有疑虑，有很多人想证实这种金属确实独立存在，但是均以失败告终了，一直到了塞弗斯特姆才终于解决了这个难题。在那段时间里，瑞典正在大建鼓风炉。在这个过程中出现了一种怪现象，一些矿山的矿石炼出的铁很脆弱，而其中有些矿山的矿石炼出的铁却不光质地好也很有韧性。塞弗斯特姆就将这些矿石分别拿去检验，过了没多久他便从塔贝尔山上的磁铁矿中提取到了一种很奇特的黑色粉末。

　　于是他便在贝采利乌斯的提示下一直钻研，终于得出那种矿石里含有新元素，它就是戴尔·利奥称的那种元素，即褐色的铅矿石含的那种金属。

　　塞弗斯特姆的研究成果发表后，沃勒怎么样了呢？他给那位年轻的化学家写了封信，他这样写道："我真糊涂，眼睁睁看着褐色铅矿石里的新元素跑了；贝采利乌斯讲得很正确，他看我一副不自信的样子，没有坚持到叩开女神凡娜迪丝的房门，他怎么能不讥笑我呢。"

　　时下，钒是工业上的重要金属之一，但是人类在认识它之前它等待了非常长的一段时间。你也许还不知道吧，最初的时候，5万金卢布才能买到一千克钒，而现在，用10个卢布就能买到一千克钒。1907年，提炼3吨钒用了一整年的时间，当时人们不知道它的用途，它也是英雄无用武之地，不像今天这样满世界的人都在找它。钒的性质特殊，全世界的人都需要它，1910年就有150吨钒被开采出来了，正在那时南美洲又有钒矿出现。1926年，钒的开采量提高到了2000吨。目前，钒每年的开采量都不下5000吨。

有了钒就能生产出汽车、铁甲以及可穿透40厘米厚的优质钢板的装甲炮弹，不仅如此，它还是生产钢制飞机的优质金属原料，一些精巧的化学工业、硫酸工业、染料工业中都离不开它。

钒的优越性都有哪些呢？在炼钢时加进一些可提高钢的弹性，弱化钢的脆性，使钢不致遭遇硼击和振动就重新结晶；汽车和发动机的轴就以这样的钢来生产，因此轴就一直处在振动中。

含钒的盐类也很怪异，就颜色而言分别有：绿、红、黑、黄，有青铜般的金黄色，有如墨水一样的黑色。可以它的盐类生产颜色亮丽的整套颜料，这样的颜料既能给瓷器上色，也能用于照相纸方面，还能用于生产特殊的墨水。钒锰还能治病……

我们不想一一罗列钒的各种用途，不过有一点我还是要和大家讲一讲的。钒是制作硫酸的助手，而硫酸又是全部化学工业的神经。在生产硫酸的过程中，钒耍尽了滑头：它仅促进化学反应，起到催化作用，它本身并不参与反应。虽然有一些物质能够降低它的催化效果，不过人们还是有办法解决这些问题。另外，金属钒及其钒的一些盐类是构造复杂的有机化合物时所必需的，而且起到的作用非常奇妙。

钒是一种不同寻常的金属，人类又却为何对它知之甚少呢？读者中有好多人没听说过，全世界每年的开采量也不高，在5000吨左右徘徊，这个量仅为铁年产量的二万分之一，仅为金年产量的5倍。

很明显，要找到它的矿床并开采出来不是一件很容易的事，对于这个问题的解释，我们就来听听地质学家和化学家的说法。以下就是他们介绍的这种不平凡的金属在地球深处的活动。

自然界的钒并没有人们想象中的那么少，根据苏联地球化学家的预测，在人类可开采的地球深处，钒的均含量为0.02%，这个量已经不少了，相比之下铅的含量还只是它的1/15，银的含量只是它的两千分之一。因此，深埋地下的钒跟锌和锰一年的开采量都在几十万吨以上。

在自然界，在人类探得着的地球下面有钒，在铁聚集的地方也含有一定数量的钒，这个是陨落至地球上的陨石说的。钒在含铁的陨石里面的数量，相当于地球下面数量的2～3倍。天文学家在光谱中也发现了钒原子的光谱线，而地球化学家正为此苦恼。世界各处都有钒存在，自然界就不存在没有这种单金属的地方，但是钒高度集中的地方并不多，能够把钒轻易开采出来用到工业上的地方也不是很多。其实，铁矿基本上都含有钒，一旦钒的含量达到百分之零点几的地方，工业部门就会去开采。人类要是能够从几千吨的铁中提取到这种贵重金属，就已经了不得了。

若是化学家发现某种矿石的含钒量在百分之一，报纸上就会写，找到了储藏量丰硕的钒矿。显然，地球上一种内在的化学力量在连续分散钒原子。科学家的研究目标就是，到底是何种力量把分散的钒原子集中起来了，如何阻止它们步入旅途、分散、移动的企图。这种力量确实存在于宇宙，因此人类开始探索钒的矿床了，希望读者继续阅读下去，后面就讲到可聚集钒原子的一些作用了。

钒是沙漠金属，怕水，易溶于水，将它的原子沿着地面冲散，苏联中纬度和北纬度地带的酸性土壤也是它最怕的东西，唯有南纬度地带是它的安乐窝，那里的空气含氧量高，还有硫化物的矿脉持续崩坏。在位于罗得西亚炽热的沙下面，在太阳下面的墨西哥，也就是它的老家，在长满龙舌兰和仙人掌的丛林里，它生成黄褐色如同铁帽子一样的物质，堆成褐色的小山，犹如士兵的钢盔戴在硫矿的露头之上。

人们发现在古时候的科罗拉多沙漠也存在过钒的化合物，在乌拉尔地区的二叠纪的沙漠中也有过它的身影，该沙漠的东部被包围在了乌拉里达山脉之中。太阳能照射得很炙热的地方、沙里能生成钒的盐类的地方，人类就应该设法将分散的钒原子集中起来让它们形成具有工业意义的矿床。即使这样，钒的储藏量也不高；钒的原子总是想逃出人的手掌心，但是有种巨大的力量，能够控制钒而不让它分散，这种力量就是活物质的细胞，也就是有机体，构成这种有机体血球的不是铁，而是钒和铜。

一些海生动物的躯体中聚集着钒，尤其是海胆类、海鞘类和海参类；它们成群结队漂在海湾和海边，占据了几千平方米的面积。谁也无法说清，它们拥有的钒原子来自何方，海水中根本就不含钒。很明显，这些动物自身具有某种特殊化学特性，它们自己能从食物的碎屑、淤泥和海藻的残骸等物质中汲取钒。人类直至今日都没发现，有哪种试剂的作用能赶得上生物体的那种灵敏和单纯，生物可将几百万分之一克的钒一点一滴地积累在身体里，在它们死亡后就为人类留下了宝贵的遗产，人类就能让这些钒在工业上大显身手了。

可是，不管那些生物提取钒的能力如何的了不起，世界上货真价实的钒矿还是少得可怜，钒的含量也是不值一提，由地沥青、沥青和石油中制取又没那么容易。钒在自然界的聚集路线甚是神秘莫测；科学家的求索之路还很漫长，人类期待着他们解开钒聚集的神秘面纱，这样才能让钒的历史连接起来，并将钒在大自然中的活动连成一条线。

因此我们不仅要弄清这种金属以前的命运，还要清楚在哪儿可以找到它，如何找它，也就是要把理论方面的结论在工业的实践上落实并获得成功。唯有这样生产汽车轴的金属才能是合宜的，制造铁甲舰和坦克的装甲钢就有了提高钒百分比的钒来源。工厂依赖钒作为催化剂有力地促进了化学反应，就可生产千百种构造复杂的有机化合物，而这些有机物有的是食品，有的却对经济和文化的作用很大。

以上就是地球化学家对与钒有关的问题的介绍，我们对这样的诠释也不是特别的满意；我们和别人一样满怀期待，希望他们再接再厉在给我们满意答案的同时能更好地指导人类的实践。

# 15. 金

人类很早就认识金了，大概是从看到河沙里闪着光的黄色颗粒开始积累关于金的知识的。

我们来考察一下人类使用黄金的过往史，就会发现其中存在好多能引起我们兴趣的、颇有价值的事件。从人类文明的诞生到帝国主义战争的发动，其中的好多次战争，都席卷整个大陆，世界各个民族日累月积的矛盾，各类犯罪活动和流血冲突的发生，都跟金有着千丝万缕的联系。

我们就说说斯堪的纳维亚古事记里的一些传说吧。

这些传说好多都跟金有关：尼伯根族进行的斗争其目的就是想把人类从金子的魔掌和统治中拯救出来；以莱茵河的沉淀金子为原料加工戒指，就是罪恶的开始；齐格弗里德为了让人们摆脱金子的奴役，战胜天国诸神，不惜献出自己的生命。[1]

　　而且我们在古希腊的叙事诗中也发现了一个传说，它记叙的是一位阿尔戈船上的勇士上科尔基斯寻找金羊毛的故事。他们千里迢迢来黑海沿岸即现在的格鲁吉亚这个地方采集羊毛（下图），这里的羊皮上覆盖着一层金砂，他们从龙的手中抢到了羊皮。

古希腊神话争夺羊毛取金

---

　　[1]　这里讲的传说见德国歌剧家瓦格纳写的《尼伯龙根的指环》这部歌剧。尼伯龙根族是神话里的古代民族，相传这个民族灭亡的时候把金子和一切宝藏都沉在莱茵河底。《尼伯龙根的指环》这部歌剧就是用莱茵河的沉金打的戒指做线索，歌剧里描写的一切罪恶都是由这个戒指引起的。齐格弗里德是歌剧里的主角，天国诸神代表黑暗世界的统治者，歌剧里描写了齐格弗里德为了拯救世界不受金子的统治而打倒天国的诸神，后来被爱金子的统治者所暗杀。

在大量的古希腊神话和古埃及文献中，就有在地中海上为争夺黄金而引发混战的文字记载。所罗门王为建造耶路撒冷的教堂，为争夺黄金也是数次征战俄斐古国。历史学家为了确认这个国家的具体方位，可谓是呕心沥血，然而依然一无所获，时而说在尼罗河的发源处，时而又说在埃塞俄比亚。一些学者说，"俄斐"的意思就是"财富"和"黄金"。

民间流传着蚂蚁采金的传说，不同的研究者都诠释过这个传说，说法却是各不相同。

该传说来源于一个故事，据说在古印度有个家族生活在沙漠，而沙漠生活着一群蚂蚁，大小跟狐狸一般。这些蚂蚁从地下带出了大量的金子和沙，附近的居民不时跑来运走黄金。希罗多德验证了这件事的真实性；纪元前25年斯特累波在他的作品当中也有相似的记录。普林尼对此却不以为然，然而不管怎样，无论是欧洲的作家，还是阿拉伯的作家，整个中世纪他们没有一次写出了这个故事的真实情形。时至今日，关于这个传说的准确注解依然无从找到，最好的注解就是在梵文中"蚂蚁"和"金粒"是两个同音词。很明显，由于"金粒"和"蚂蚁"是同音词才会有这个美丽的传说。

人们在位于俄罗斯南边的西蒂亚时期遗留下来的古物中发现了做工精细的金制品，它们都出自并不出名的西蒂亚珠宝工人的手笔，他们擅长雕琢正在狂奔的野兽。现在，这些金制品陈列在圣彼得堡冬宫的埃尔米塔日博物馆，与西伯利亚古物里相同精细的古物里的金制品摆在了一起。

金在古人的生活中占有重要的地位。炼金术士以太阳的记号表示金。当时在斯拉夫文、德文、芬兰文中，金的字根均含Г、З、О，Л这几个字母，而在印度文和伊朗文中，金的字根含有A、У、Р这几个字母，由此拉丁文的金字就是"Aurum"，这就是金的化学符号Au的起源。

语言学家也没闲着，目的是想搞清楚金的名称并确定它的字根。他们研究的出发点是找到其来源，想弄明白远古时期产金的地区。颇有意思的是，在埃及的象形文字中金字就如同一块头巾、一个口袋或者是一个木槽，不由得让人联想到采金的办法（下图）。

古代的淘金法

金的色泽和品质各不相同。埃及的金来源于沙，古埃及的好多文献都记载了这些沙的具体方位。埃及位于西北的好些地方都盛产黄金，比如红海沿岸、在尼罗河水域远古时期崩塌下来的花岗岩的沙里，尤其是柯塞尔地区都是金子出没的地方。在埃及的古文献中对产金地都做了标注，阿拉伯沙漠和努比亚沙漠都有金矿的矿坑，其实早在公元前两三千年人类就发现了好多金矿。

在以后的文献里，好多著述者对金矿都做了细致的描述。一些文献说金子和色泽亮丽的白岩石同时出现，由此可以看出早在那个时候人类就发现了石英矿脉，一些著述者还不了解石英矿脉，错误地将其当作大理石之类的物质来记叙，在那个时候人类就懂得了金子的价值和采掘办法了。

人类在15世纪时发现了美洲大陆，由此掀开了黄金发展史的新篇章。

西班牙人由美洲运走了大批黄金，当然全是武力的功劳，于是便在欧洲流行起了淘金热。

进入18世纪初叶也就是1719年，人们在巴西的沙地上发现了大量的沙金。世界各地都风靡着"黄金的热潮"，各国蜂拥而起纷纷寻找金矿。时间进入18世纪中叶，人们在叶卡捷琳堡周围的石英矿脉里首次找到了金的晶体。在100年之后，也就是1848年，人们在美国发现了，那是在很远的西部，即洛基山脉以西的地方，在接近太平洋海岸的地方，有个名叫约翰·苏特的人在尚未开发的加利福尼亚找到了金矿，可是他之后竟然死于贫困。

淘金者蜂拥到加利福尼亚，他们赶着牛车去西方淘金。不到50年，人们在阿拉斯加半岛的克郎代克也找到了金矿，而这个地方却是俄政府以不可思议的价格卖给美国的。拜读过杰克·伦敦小说的人都清楚，人们在克朗代克为了找寻黄金可没少下功夫。人们直至今日还忘不掉那段历史，留下"黑蛇"相片以示纪念，人们从雪山顶和严寒的北极圈开拓出了道路，路上满是连绵不断的人群，人们肩扛或用雪橇拉着淘金的工具，怀揣淘金的梦想一路前行。

人们在1887年第一次发现了南非约翰内斯堡的沙金，最先找到这个富源的是布尔人[1]。然而这些沙金并没有让他们过上好日子。历经连年的流血冲突，这个富源落到了英国人手里，因为这个富源，酷爱自由的布尔人差不多全被英国人杀掉了。今天约翰内斯堡的出金量达到了世界产金量的一半还不止，另外人们在澳大利亚也找到了金矿。

黄金在俄国出现的历史非常有意思。1745年，有个叫马尔科夫的农民无意间看到乌拉尔地区的叶卡捷琳堡周围，沿别廖佐夫卡河一带有金砂。到了1814年的时候，布鲁斯尼岑这位采矿工长第一次发现乌拉尔地区有沙金，于是他便让沙金服务于工业，因此乌拉尔有俄国金工业摇篮之称。很快到了19世纪后半叶，西伯利亚的勒拿河也出现了沙金，这个消息不胫而走。这个富源让人们无法平静，他们前赴后继跑去淘金，甚至有人设立路标，做起了卖说明书的生意。一些人在西伯利亚的密林不畏艰险淘到了金，发了财高兴而归，也有一些人金是淘到了，然而却被他们在当地挥霍

[1] 布尔人是移往南非洲的荷兰人。

19 世纪末的美国加州淘金者

一空，更多的人由于天气差的原因还不幸患上了坏血病客死他乡。

进入20世纪20年代，人们在阿尔丹河流域又发现了大量的富源。

有一次我碰到了一位刚刚发现阿尔丹河金矿的时候就在那里工作的淘金工，他向我讲述了阿尔丹河以前的情况。他告诉我好多白军都跑到那里淘金去了，白军中的冒险家不顾一切，就是想去阿尔丹河上游淘金。他还告诉我一个牧师也放下自己牧养的信徒去淘金了，那位牧师到了阿尔丹河上游，他依靠筏子跑到一般人不易前往的地方，淘到了25普特黄金。他讲述人们如何在阿尔丹河建立苏维埃政府，以后金矿就是苏维埃造币厂的一个车间了。在这之后，又陆陆续续发现了别的储量丰富的金矿。

人类就是这么缓慢地发现黄金的。目前业已找到的黄金不止5万吨，有大约一半放在银行，它们的价值不止100亿金卢布。人类在技术上的不断进步让黄金的产量越来越高，不但含量高的金矿人们能开采，就连含金量很低的金矿人们也能开采了。

最初人们采用原始的手工方式开采黄金，也就是用勺子和盆冲，逐渐地人们学会了用"美国槽"[1]淘洗金子，人们在加利福尼亚发现了黄金后，这种淘金用的木槽就享誉世界了（下图）。

---

[1] "美国槽"是一种窄长的木槽，一头有一道槛会截住金子。

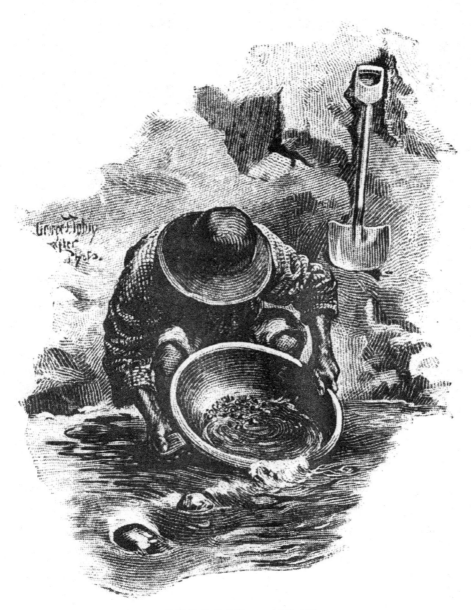

最简单的采金法——用盆冲洗

　　然后人们又借助水力淘金，也就是借助强力的水柱淘洗金子，随后让微小的金屑溶于氧化物的溶液；后来人们又想出新的办法从硬度极高的岩石中制取金子，在一些大型的选矿厂就是采用这种办法将岩石中的金子一点点制取出来的（下图）。

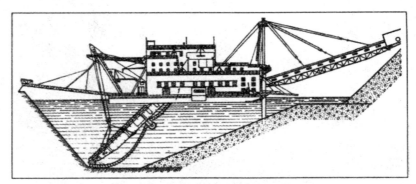

在金矿作业的采金机，作业深度达 25 米

　　人类想出各种办法存储黄金，不是将它锁上，就是放到银行的保险库，运送黄金时甚至还有军舰护航。但是，黄金作为硬通货流通的制度已经一去不复返了，因为它非常容易磨损。

　　无论是用于文化上的还是用于经济上的，人们几千年来采到的金总共也不到自然界含金量的百万分之一。那么，人们为何将金作为崇拜物来供奉并把它当作重要的财富呢？答案正是由于金的某些特质。人们将金作为"贵金属"，是因为它的表面不易起变化，光感持久，不易溶于一般的化学药剂中。唯有游离态的卤素比如氯气、三分盐酸和一分硝酸组合的王水或者具有毒性但不常见的氰酸盐才能让金溶化。

　　金比较沉，它和铂族金属都是非常重的元素，它的比重为19.3，想让它熔化也不是难事，将其放到1000℃以上的高温中即可。然而它不易汽化，想让金达到沸腾的地步，需要2000℃的高温才行。金的质地柔软，易于锻打，其硬度不高于最软的矿物，用我们的指甲就能在纯金之上留下划痕。

　　化学家能精准的测算出金，十亿个其他金属的原子中哪怕只存在一个金原子，化学家都可在实验室中找出来，这样的微量元素在当时的技术条件下用哪种天平都称不出来。

虽然地球中的金不少，但它们却很分散。根据化学家的测算，地球中的金含量仅相当于地球总重的百亿分之五。我们都知道银比金的价值低，然而地球里的银仅是金的一倍。大自然处处都有金，这是大家需要注意的。太阳周围炽热的蒸汽中存在金，陨石中也存在金（自然要少于地球上的），海里也有金。依照近来的实验结果，海水中的金含量在十亿分之五，即一立方千米海水中的含金量是五吨。

不仅如此，花岗岩里也含有金，它们齐聚花岗岩熔化的岩浆的最末一部分，窜进灼热的石英矿脉，在石英矿脉中与硫化物，尤其是与铁、砷、锌、铅和银的硫化合物，在150℃～-200℃的较为低的温度下结晶。通过这种方式就生出了数量不少的金，由于金结实，重量大，因此它齐聚沙之下。而且地层中循环的水对金没有丝毫的影响。

地质学家和地球化学家花了大量的功夫才搞清楚金在大自然中的活动情况，准确的研究报告说明，自然界的金游荡个不停。金由于自然界的作用形成了很细的颗粒，并被水逐渐带走，因为它能够少量溶于水，尤其是南方含氯量高的水中，然后金再次进入循环，有的进入植物机体，有的随着农田灌溉到了土壤里。通过一些实验我们得知，树根汲取金，金流动到了木质纤维。近些年科学家证实，玉米粒中的金含量就相当高，有一些煤灰的含金量更高，每吨煤的含金量甚至能有1克左右。

综上可知，金在人类提炼出来之前，在地球上的经历非常曲折。人类为了开采黄金动了2000年不止的心思，好多炼金厂的规模也很庞大，然而我们对于这种金属的发展过程、对于它的了解并不是很全面。我们对流散的黄金的了解不多，我们只清楚它旅途中的一些断片，目前我们不能将我们获知的它的零星的断片组合起来构成一个整体。连绵的山脉和花岗岩的断崖被水浸透，一些金子就被水卷入海洋，它们之后的命运又怎样呢？彼尔姆海在位于乌拉尔的沿岸沉积了大量的盐，石灰石和沥青的沉淀物，但是海里的金上哪里去了呢？

所有这些问题都有待于地球化学家和地质学家去研究。苏联在西伯利亚的产金区面积达几百万平方千米，那里正是科学家的天然的实验室和大显身手的地方。

但是金以后不会再被锁在银行的保险柜，更不会再让经纪人和资本家带到交易所投机去了，未来金会被用于干别的事，它会被用于科研，用在工业上的精制品上，人们会在电工和无线电上使用它，即所有部门，一般导电度较大、可抵御所有化学反应而自己不起化学反应的金属，只能用金，因此金定会走出仓库和保险柜而投身于工厂和实验室，被人们作为牢固的金属用。

# 16. 稀有而分散的元素

地壳由几十种化学元素构成。其中的15种较为普通和常见，几乎在每种岩石中都不难发现这几种元素，而其他的元素则不常见。

这些较为稀少的元素中，一部分大量集合在一起，在矿层变成矿石，有些如金、铂等在地壳中的含量就极低，生成微小的、勉强可辨的天然金属小粒，仅在少数地方形成较大一些的天然金属块。

不过不管它们怎么得少，都还是独立的，即使小到不借助仪器就无法看见，还是可以形成自己的产物。不过有一些化学元素，它们在地球里的含量非常低，并且没有独立的矿物。这类元素的化合物会溶解在那些较为普通的矿物里，犹如盐和糖在水里的溶解一样，单从现象看无法分清它是纯净的水还是有什么物质溶解在它里面了。

矿物也如此，无法从表面看出它里面有没有溶解东西。假如说水仅需品尝就能知道它里面有没有溶解东西的话，矿物的化学分析可没那么简单，而想要提取其他矿物中的元素，那就更麻烦了。

这些化学元素在地球上的旅行并不是一帆风顺的，它们途径熔化的岩浆、水溶液，在岩石或矿脉中变成坚硬的矿物，生成稳定的化合物。在漫长的旅途中，它们起着着不同的变化，唯有关系好的元素，才能携手一起经历旅途中的种种磨难。

两种元素的化学性质相似度越高，就越不易找到把它们分开的化学反应。而且有些稀有元素，它们也不生成纯的矿物，而是不时溶解、散布到一些元素的各种矿物中，人类称它们为分散元素。它们都是些什么元素？无论是在平常的生活中还是学校的课本中，我们都无法找到答案，但是伴随着工业技术的日新月异，这些元素逐渐地进入到了我们的视线了。

它们分别是：镓、铟、铊、镉、锗、硒、碲、铼、铷、铯、镭、钪、铪。上面列举的元素都有一定的代表性，如有必要，还可列举更多。

我们不妨思索一番，这些稀少、分散的元素都在大自然的哪些地才能找到？它们如何分散？人类是如何在其他矿物中找到它们的？它们都有哪些用途？

现在我们有一方褐色矿物，它的横断面不仅平滑而且亮光闪闪。它很重，似乎不是矿石，但又的确是矿石，这就是闪锌矿。

闪锌矿的成分如下：一个锌原子总是和一个硫原子互相配合，它们是主要的成分。觉得闪锌矿的构造简单，那说明你不了解它的构造。假设我们眼前的样品为黄褐色，于是该矿石的另一块样品也许就是褐色的、暗褐色的、黑褐色的，更有可能是纯黑色的，况且纯黑色的闪锌矿具有真正的金属光泽。

为什么会这样呢？

闪锌矿颜色暗淡的原因，皆是因为它里面溶解着硫化铁：闪锌矿不含铁的时候近乎呈天然色，或者是黄绿色和淡黄色。含铁量越高，它的颜色也就越深。简而言之，这类矿物的颜色标志着它的含铁量的高低。借助 X 射线探究闪锌矿的内部构造，就能弄清楚锌原子和硫原子的分布状况，四个硫原子环绕着一个锌原子，而一个硫原子身边也围着四个锌原子。

假如将一些地方的锌原子换成铁原子，闪锌矿的颜色就变深了，与此同时铁原子分布得很匀称：或者是100个锌原子跟一个铁原子搭配，或者50个、30个、20个、10个……好客的锌原子碰到铁便问："你生活在我家里不觉得拥挤？"大自然的铁多于锌，但到了闪锌矿它所处的空间就受到了制约，科学家管它们的这种性质称有限的可混性。

就这个例子还有一个很有意思的比喻，比如有个狐狸窝空着，但是老鼠和熊都无法将它作为家，到了冬季熊就得找一个宽敞大的地方冬眠；狐狸的家仅能给跟它大小差不多的动物住，这跟闪锌矿的情形类似，唯有和锌原子大小比较接近的原子才能取代它的位置。

闪锌矿里还包含镉、镓、铟、铊、锗……由此看来锌确实很好客。不光锌如此，硫也如此，只不过在程度上要逊色一些而已，它的性格活泼经常热情地跑去接近硒和碲这两个稀有而分散的元素。

大家现在发现了吧？闪锌矿深藏不露，外表看似简单，里面却很复杂。黝铜矿、黄铜矿和其他众多的矿物也是这样的。

不过地球化学家新发现了几条补充规则：铁含量高的黑色闪锌矿好像都不含镉，但是铟的含量却很高，有时锗的含量高些；浅褐色的闪锌矿镓的成分比较多，镉主要分布在黄色的闪锌矿中。

硒和碲基本上分布在暗黑色的几类闪锌矿里。大家也很清楚，化学元素的关系亲疏不同，亲疏关系不同那"旅客"自然也就不同了……

要想找稀有而分散的元素并不是那么容易，除非用特殊的方法。就算它们的含量再微乎其微，也要想办法找出它们，这还不是因为它们的用处大。除了借助化学分析的方法外，光谱和X射线的办法也行得通。

经验丰富的人不进行化学分析，就能说出某种矿物含有某个元素的含量为多少。铟在闪锌矿的含量一到0.1%，它就归类于铟矿石里而非锌矿石里了。尽管铟的含量不如锌高，但是铟的作用却要大于全部锌……

稀有的分散元素为何这么受关注？它们为何如此重要？它们的价值为何那么高？还不是因为它们的用途特殊，这些元素自身或者是利用它们的化合物生成的产品，都具有这样的特性。

譬如，煤气灯罩用的氧化钍遇热就会光彩夺目。

以铷和铯制出的镜子易于释放电子，于是成为生产光电管的主要原料。

我们之前说过，有一些稀有金属含在闪锌矿里，我们就来概括一下，这些金属和化合物在哪些地方才能派上用场？如何用？

浅灰色的金属镉，不但柔软而且易熔，熔点为321℃。大家也许还不知道吧？有名的武德合金就是由一分镉、一分锡、两分铅、四分铋（它们的熔点均在200℃以上），而该合金的熔点仅在70℃。

大家不用想都应该知道，如果用这种合金生产茶匙，拿它在热气腾腾的茶杯放糖并搅拌，它就会化在茶里，茶杯底下就会留下一层金属。假如将这四种金属依照另一种比例配比，造出来的就是里波维兹合金，它的熔点就更低，仅有55℃，即使是用手去碰这种合金的熔化物都不会感觉到烫。

一些工业部门需要易熔的金属，其中就有这么一种金属，拿在手里都能熔，还是一种纯金属，根本就不是合金。这种金属就是镓，它也属于稀有的分散金属的范畴，它与其他几种分散元素都含在闪锌矿里（不仅闪锌矿，云母、黏土就连其他一些矿物中也含着镓）。镓的熔点为30℃，在最易熔化的金属中的排位仅次于汞（熔点为-39℃），它可以成为汞的替代品。想必大家也都知道，汞加热后产生的气体有毒，而镓却没有。镓同汞一样，也能用于生成温度计。以汞为原料生产的温度计只能测−40℃～360℃这个范围内的温度，而且一到360℃它自己早已沸腾。而以镓为材料做的温度计可从30℃测到玻璃变软，也就是测到700℃～900℃，若是玻璃管的材料为石英玻璃，测到1500℃也没问题，因为镓在2300℃方沸腾呢。

倘若用特殊的耐火玻璃作为温度计的管子，那么用这种温度计测火焰都不在话下，或者是用来测一些金属熔化时的温度。

插一句，镓的特性也很有意思：如同水重于冰，冰浮在水面的原理一样，固态的金属镓的重量小于熔化后的镓，于是固体镓就会漂在液体的镓上方。

铋、石蜡、铸铁的特性也如此，其他的物质却恰恰与镓正好相反：那些物质的固体会下沉到自己的液体下面去的。

不知道大家见没见过之前的电车弓子？它就一直和电线进行摩擦，形成了一条很深的沟，与此同时，电线一直这么和弓子摩擦，损坏就在所难免了。

但是在生产电线时只须加进去1%的镉，就能极大地降低它的磨损速度。电车上还利用镉生产信号灯用的玻璃，往玻璃中添加硫化镉，出现的就是黄色；加添硒化镉，就出现红色。

就用途而言，铟的作用也很大，跟镉不相上下。

谁都知道海水含盐，含铜的合金跟海水接触并发生反应，就会损坏得日益剧烈且损坏的速度也会越来越快，却又难以找到化学特性更加稳固的物质来替代，以代替它生产出来的潜水艇和水上飞机。人们后来注意到，只要往这种合金中添少量的铟，就会在很大程度上提高它的稳定性，就能抵御海水对它的腐蚀作用。

往银子中添加铟，能提高银的光泽，即增强了银的反射能力。生产探照灯的反射镜时就常常用到这个特性：制造反射镜时注入铟，探照灯的光度就会提高不少。

稀有分散元素硒的特性更出乎人们的意料，它和硫关系不一般，有硫的矿石中也常常含有少量的硒。

硒的导电度受它的光线强度的影响，它的这一特性被人们用到了电报传真和无线电传真上面去了。人类还利用它的这一特性生产出了不少自动控制器，借以登记用传输带输送的零件是明亮的还是黑暗的。更重要的是，唯有借助硒才能精确测量到光线照明的程度。此外，人们还用它来生产无色玻璃。普通玻璃的原料为石英砂、石灰和碱或者是硫酸钠，当然是砂的纯度越高越好，最好不含铁，因为铁会让玻璃呈浅绿色。

就算玻璃中只有极微量的铁，都会有绿色显出。制作窗玻璃的原料就得是绝对无色的玻璃，制作眼镜镜片的玻璃的质量要求更高，当然，显微镜和望远镜这种光学仪器就得用更完美的玻璃作为原料了。假如在熔化的玻璃里加一丁点儿亚硒酸钠，硒和铁发生化合就由熔化的玻璃中析出了，只有这样才能生产出质地好的无色玻璃。

生产不仅能看得远还能看得很清楚的望远镜、生产好的照相机等光学物品时，都得用一种特殊的玻璃，想要玻璃具有这种特殊性，只需放少量的二氧化锗就可以了。

锗同样是稀有分散元素，它跟硒一样，在一些闪锌矿中的含量极低，在几种煤中也能找到它的身影。

上面我们和大家探讨了一些稀有分散元素，在矿物和矿石中的活动情况，在这里我们又有幸了解它们的特性和特殊的用途。现在我们知道它们对于人类的重要性了，自然也就清楚地球化学家重视稀有分散元素的良苦用心了。

# 第三章

# 原子的发展史

## 1. 陨石

　　在天气不好的夜晚，太阳的最后一抹亮光早就无影无踪了。一望无垠的穹苍，挂满繁星，它们闪烁着，散发着不同颜色的光芒。村里的声音慢慢消散了，大自然中的一切都似乎休憩了，唯有树上的藤条晃动个不停，还不时悄悄发出声响……

　　忽然间一道颤抖的光芒照亮了附近的一切，一个火球映红了夜空，同时有数个火星分散而去，火球留下的轨迹闪着微光，跟烟雾似的。火球还没到达地平线就熄火了，时间同样非常短暂，然后就只剩黑夜了好像什么都没发生过。然而，没过几分钟，天空便出现了时有时无的响声，既像是爆破的声音又像是炮轰的声音，紧接着就是一阵轰响和劈开的声音，再下来就是持续的"隆隆"声，响了好久才安静下来。年轻的读者，我确信你们有人曾经见到过上面描绘的情形，可这究竟是怎么一回事呢？

　　在宇宙里，不算水星、金星、地球、火星、木星、土星、天王星、海王星这八大行星，[1]天文学家称那些环绕着太阳运动的其他天体为"小行星"。人类已发现的小行星有1500多个，它们里面最大的那个人称古神星，直线长度770千米，最小的人称阿多尼斯，直线长度也达到了1000

流星群和地球轨道之间的关系

地球　流星雨　碎片　太阳　彗星

[1]　这些行星是按照它们跟太阳距离的远近（从近到远）来列举的。

米。毋庸置疑，星际空间还存在很多更小的行星，它们的直线长度仅有几米甚至几厘米。实质上说它们是石头的碎屑和小颗粒倒显得确切些，说它们是行星确实有点名不副实，其中的一些小的都能放在手掌。还谈得上是行星吗？就算拿出最好的望远镜都无法看清它们。人们称它们是流星，在它们中找不出一个规则的球形，都是碎屑。

大一些的小行星，多数位于火星和木星的轨道间分别沿着一定的轨道环绕着太阳在运动，它们齐聚在此，构成了一个"小行星带"。那些更小的行星即流星体，它们中的多数轨道均在小行星带之外，与大行星的轨道交在了一起，地球同流星体分别在自己的轨道上环绕着太阳转动之时，也许会同时到达它们各自轨道的交点。此时，流星体会进入地球的大气圈，人们就会发现天空有了火球，并称它们为火流星。

流星体在进入大气圈的过程中，或许会迎着地球在行星际空间旋转。在这个时候，它们的移动速度可能会非常快，甚至能超过70千米／秒。如果流星体和地球向着同一个方向运动，流星体最初的飞行速度大概在11千米每秒左右。流星体的最慢速度在人类的眼中已经非常高了，起码要比炮弹或者枪弹的飞行速度大出好几倍。

因为流星体的速度非常快，已经达到了第一宇宙速度，因此在它们进入大气圈后遇到的空气阻力就非常大。我们知道，100千米～120千米的高空大气非常稀薄，然而，哪怕是在这种稀薄的大气层中，流星体也会由于它们的宇宙速度而遇到极大的阻力，表面温度会达到几千摄氏度，同时发光。

此时，流星体附近的空气在高温的熏染下开始泛红，一个个火球在天空浮现，这就是人们所谓的火流星。火球指的是流星体周围的一层红热的气体壳，空气迎着流星体运动，便可让流星体外面一直熔化着的物质掉下去，让它们散布开去形成微小的点滴，随后，它们冷却成球形的固态，在流星穿过的地方生成烟雾般的物质。

在距地面50千米～60千米的地方，大气的密度已经足以传递声波，流星体进入这一圈大气层之后，附近就出现了冲击波。冲击波就是出现在流星体前面的那层密度大的空气，这样的冲击波一旦跟地面接触就会发生碰撞，发出巨大的响声，这些声音常常出现在火流星消失后的那几分钟。

穿过这一层大气，流星体持续向密度大的下层深入，越靠近地面，来自空气的阻力也就越大。流星体的速度因此而大受影响，在到地面10千米～120千米处它的宇宙速度就无法保持了。流星体似乎让空气捆绑住了一样。流星体前进道路上遭遇到的这段人们称作"滞留区"。到了此处，流星体就不发热了，破坏力也不再对它起作用了。假如此时它依然没被毁灭，于是它们外面的那层膜便很快就会凝固，结出硬壳。流星体外面的红热的气体壳便会消失得无影无踪。到了这一步空中的火流星也会消失掉，而流星体的残余，它们的外面则会出现一层熔化的壳，一穿过滞留区重力作用就出现了，它们便会竖直地掉到地面，以这种方式落入地面的流星体块状物人们称作陨石。

其中最亮的火流星就算在阳光灿烂的白昼也是清晰可辨的，火流星留下的烟雾般的轨迹也是特别清楚的。该轨迹通常可存在数分钟，有的时候甚至能保留一个多小时。

火流星的运动轨迹本来是直的，然而由于大气上面强气流的影响，就变成曲线了。它们的运动轨迹就跟神话传说中的巨龙般，它们首先在天空延伸，然后形成几段，到最后就消失殆尽了。

人们传说的火龙和山龙，就来源于火流星和它到的运动轨迹。

明亮的火流星能见到的不多，不过流星或者是陨星，想必多数读者朋友都应该目睹过。

不足一克的流星体，在由行星际进入大气圈之时，就变成流星了。流星体颗粒一旦进入大气层就会被摧毁，它们根本就掉不到地面上。

人们常说的陨石就是宇宙的使者，它来自行星际空间上我们这里来做客，下面我们就来仔细辨认一下这位远道而来的客人。在位于莫斯科的苏联科学院的矿物博物馆收藏着一套国内最大的陨石，也是世界尚存的最好的一套陨石。它们中的一些种类鲜有，或者说具有某些特质。

该博物馆有间光线不错的大厅，其中的好多陈列橱均布列着各异的标本，它们中有不少都是我们这本书提及的。它们的颜色各异，有些颜色很鲜亮，让人惊叹不止。不过，这里不光陈列着这些石头，还有几个特制的陈列橱里面放满了灰色、褐色和黑色的石头，还有一些部分生锈的铁。它们到底是些什么物质呢？要知道它们就是陨石。它们在行星际空间转了百十亿年，到了最后就坠到了地球，躺在那里动弹不得了。

陨石是一种人类可以在实验室采用现代最新的研究方法和仪器细究的

天外物质。我们可以将它放在我们的手里仔细观察，研究它们的化学性质和地质构造，探索它变化多端的结构和物理性能，通过研究它们人类就可以了解宇宙和天体演变过程中的一些事，它们能让我们了解地球外面的世界。就是到了今天陨石中的好多秘密还不为人类所了解，陨石的一些很重要的特征人类还没弄明白。然而，因为人类锲而不舍的追求精神，人类对陨石的了解也在逐渐深入，了解到的陨石知识也会越来越多。

时下钻研陨石的科学家面临的首要问题是，尽快揭示陨石的形成条件和生成后的变化情况。

陨石分为铁陨石、石陨石和铁石陨石三类。其中铁陨石主要由铁和镍的合金构成，从落入地面的陨石来看，铁陨石的数量不及石陨石多。经统计发现平均16块陨石里才有一块铁陨石。铁石陨石就更鲜有了。

瞧，这块不规则的黑色碎石，它就是一块石陨石人们命名它为库兹涅佐沃[1]，是于1932年5月26日掉到西伯利亚西部的，它重达2.5克多一点儿，外面包裹着一层熔化过的黑壳。黑壳仅有部分地方脱落，人类可通过它观察陨石里面的灰色物质。

单就外表而言，这方陨石同地球上的不同石头毫无二异。然而在观察了它的横断面后，便会发现有数不清的发着亮光的东西散布于陨石里面的物质中，它们是含镍的铁（铁和镍的合金）。合金中混合有如青铜般的东西在闪烁，这就是人们称作陨硫铁的矿物，它是铁与硫的化合物。不光含陨硫铁，它还含有颜色淡一点的另一种矿物，为铁和磷的化合物，人们称其为磷铁镍矿。

观察这方陨石的断面后发现，熔化在它外面的这层壳极薄，不足十分之一毫米厚。让人惊讶的是，这方石陨石外面布满特殊的坑洼：圆形的、椭圆的，都跟手指印般。流星体以宇宙速度飞行在大气中时，灼热的气流和陨石发生了一些化学反应，于是陨石的外面就出现了数不清的坑洼，熔掉的壳和坑洼均是陨石的独特之处。

瞧，这一方石陨石，它的一半已经不见了，由它的断面发现，它里面的物质也是黑的，跟熔化过的壳类似。人们给它取名"老博里斯金"，人们称作炭球陨石，它在1930年4月20日坠落到了契卡洛夫省。在它的身

---

[1] 每一块陨石都是用离它掉下来的地方最近的那个居民点的名字命名的。

旁陈列着另一块石陨石：由里（断面）到外（已熔掉的壳）差不多都呈白色，人们给它取名"老彼沙诺"，它是在1933年10月2日掉到库尔干省的。

在这块白陨石落下的地方总共发现过十多块陨石，重量均在3.5千克左右。它还有一个很特别的优点，那就是特别脆，用手指轻压都会碎。可让人类不解的是，起初它以宇宙速度遨游地球上面的大气层时是如何抵挡住大气里的那种极大的阻力的。其实原因很简单，它的滞留区距地面较远，那个地方空气稀薄，因此它落入地面的时候尚能保持完整。

各种陨石我们基本上都探讨过了，了解了它们特殊的性质和它们里面物质在颜色方面的差异。

下面我们再来讨论一下其他的陨石标本，再下来这个橱里展出的是成堆状的陨石，不仅大小不一，而且形状也不规整。

陈列橱上面的题字是"陨石雨"。

流星体以宇宙速度飞行于大气层的时候大都会分崩离析，它们的碎片就向着面积在几十平方千米的地面飞落。滞留区的空气阻力越来越大，一般流星体均会在步入滞留区时分裂：由于流星体的形状不规则，大气层的阻力又很大，于是大气压作用于流星体的表面时流星体各部分受到的压力不均衡，因此就会在瞬间分裂。

人类曾经见识过落入地球上面的石头雨，雨停掉后人们拾到了几千块小陨石。

在1912年7月19日下了一次最大的陨石雨，地点是美国一个称作戈耳勃鲁克的地方。下完了之后，在面积为4平方千米的地方人们捡到了14 000块陨石，总重量为218千克。

我们有幸见到了"五一村"陨石雨石块，这是苏联境内最大的陨石雨之一，它于1933年12月26日落入当时的伊凡诺夫省，人们在面积不足20平方千米的地方共捡到了97块陨石，重量加起来在50千克左右。

在这次陨石雨后，该地的学生都加入了捡拾陨石的队伍。因为这次陨石雨出现在冬天，因此有一些陨石就落入了雪下面的结冻的地球表面上去了。这种天气情况非常有利于陨石的收集，因为春天雪化之后陨石就无法藏匿了。

苏联科学院的矿物博物馆中，在"五一村"陨石雨中掉下来的陨石

发生在 1833 年的狮子座流星雨

块近旁还存放着其他的陨石堆，它就是称作"若夫将涅夫庄"的陨石块，在1938年10月9日落入了斯大林诺省。它们的个头都较大，较重的三块分别是32千克、21千克和19千克，这次落入地面的13块陨石的总重量在107千克。

被人们称作"普尔土斯克"的陨石雨也很有意思，它于1868年1月30日在波兰境内出现，在这一次陨石雨后，人们共收集到了3000块陨石。

在其中的一个陈列橱并列摆着一大一小两块颇有意思的陨石，大的重102.5千克，小的跟核桃差不多，重7克。它们在1937年9月13日同时落入鞑靼共和国境内，它们的坠落地点相隔27千米左右。除此之外，当地人还收集到了另外15块陨石，总重200千克。

接下来我们就来参观一下最下面的那个陈列橱，里面的陨石的形状都很特别，大多数是碎块状的。其中有一块形似炮弹头的石陨石，人称"卡拉科尔"，早在1840年5月9日就坠落到了塞米巴拉丁斯克省，重2.8千克左右。它在以宇宙速度前行时，头部因大气层的阻力而被削成了圆锥状，像它这样的圆锥形人们一般称定向形，穿透大气落向地球时并没有裂开。

在它的近旁还放着另一块陨石，人们称它是"列彼耶夫庄"，同样为圆锥形，但质地却是铁的，它是1932年8月8日掉到阿斯特拉罕省的，重12千克左右。

在上面有块陨石很有趣，它有点跟晶体似的。有一块石陨石，人们称它"提摩希纳"，重在49千克上下，它在1807年3月25日掉到了斯摩棱斯克省内。它现在的形状，缘于它以宇宙速度行进至大气圈后空气阻力的破坏力。

科学研究的最新成果表明，如同糖块能被劈裂一样，石陨石在外力作用下也会顺着它的平滑表面崩裂，这缘于它的里面的结构的特性和矿物成分的特征。大家都应该清楚，从属于石陨石的好多块陨石，当然包含陨石雨中落入地面的陨石块，它们大多数中的一些表面都很平滑。

大家看到了那些放在特制台子上方的一些特别大的陨石块了吗？它们里面最大的那块接近两吨（1745千克），它来源于锡霍特山脉（老爷岭）陨石雨。人们都很留意它，因为它的外表构造很奇特。它不仅面积大而且其上的椭圆坑洼异常清晰，它上面的坑洼都向着它表面的中央辐射。人们通过研究这些坑洼，就可预测出该陨石在以宇宙之速飞至大气层时，股股灼热的气流是如何流过它身边的。

在它的身旁还存放着三块大陨石，都是在那次锡霍特山脉陨石雨中飞入地面的，它们分别重500千克、450千克和350千克。另外有块怪异的铁陨石，人们称它为"鲍古斯拉夫卡"，它是1916年10月18日在沿海边区飞入地面的，在进入大气层的空气时崩裂成了两块，重量依次为199克和57克。

现在进入大家视线的又是一块最大的石陨石，名叫"卡申"，重127千克，它于1918年2月27日落入了当时名为特维尔省境内。

我们参观完下一个陈列橱就算见识了博物馆的全部陨石了。在它里面存放着崩裂为两部分的陨石，完整的原始陨石重600千克。崩裂后的陨石表面已经磨得很光滑，由表面就能看出其里面的奇特构造。它如同铁质的海绵，而在海绵的缝隙塞满了浅黄绿色的、如同玻璃般的透明物质，其是一类矿物，人们称其为橄榄石。这块陨石人们称为"巴拉斯铁"，也是俄国发现的首块陨石，人们将其归在了铁石陨石类（橄榄陨铁）。

它是1749年铁工米德维捷夫在西伯利亚发现的。1772年，它被运到了圣彼得堡的科学院，送给了巴拉斯院士，霍拉德迅疾展开了研究。1794年，他在里加出版了一部专著，论述了他的最新研究成果。他在该书中首次披露了这块铁是由天外飞入的，即它是质地为铁的陨石，他还论证了陨石落入地面的可能性。

然而赫拉德尼的研究结果遭到西欧科学家的讥笑和嘲讽，他们对此不屑一顾，认为陨石是不会落入地面的，他们说，那些自称亲眼看见陨石从天上掉下来的人都在撒谎。然而在赫拉德尼发表了它的研究结果十年后，也就是在1803年4月26日，在法国的累格耳城周围就落下了石陨石雨，人们在这场雨后收集到了3000块陨石，生活在这里的人都目睹了这场陨石雨。这次陨石雨之后，法国的科学家和西欧的科学家不得不承认天外陨石的存在，除了这么做他们还能怎样？

由上可知，俄国是陨石科学的起源地，是俄国最先开启对陨石的研究的。

我们在上文提到的大陨石块，也不是世界上最大的。

人类发现的一块称作"戈巴"的铁陨石是目前世界上最大的一块陨石，1920年出现在非洲的西部。重约60吨，偏方形，体积约是3米×3米

×1米。这块陨石在它从太空落入地面的地方，承受着大气的损坏。

另外三块较大的铁陨石重量依次为33.5吨、27吨和15吨，1948年人们在美国遇到了一块最大的石陨石，重约1吨。

下面我们来了解一下陨石里面的构造。在博物馆里有一个陈列橱是专门用于存放特殊陨石标本的，瞧，跃入我们视野的这块铁的外面已经磨得很平滑了，跟镜面般。在它的身旁还有一块铁，它是磨光后在酸溶液里浸泡过的。我们通过观察发现在它的外面有一些很奇妙的图案，好多条或是带互相交织在一块儿，带周边都是薄而光闪闪的边沿，该图案的形成缘于酸的腐蚀作用而且很不均匀。

虽说原因如此，不过构成陨石的物质散布的也不是很均匀。在铁陨石里面分布着好多薄片和小条，宽由十分之几毫米至2毫米以上不等。这些小条里面除铁外还混合有少量的镍，含量不低于13%。由此，这小条的外面在磨光后用酸浸透后会粗糙起来，而且也没了光泽。而环绕着小条的边缘则不同于小条，铁中混合的镍不少，其含量不少于25%，因此它们的化学性质很牢固，能抵挡酸溶液的腐蚀；磨光后的铁陨石外表在放到酸溶液浸透后，跟腐蚀前一模一样，也就是说它们依旧闪着光芒。通过酸溶液浸泡铁陨石横截面形成的图案，人们称作维特孟斯台登氏像，这是人们为纪念初始图案的科学家而特意取的名字。

一般经过酸溶液浸泡的铁陨石出现的维特孟斯台登氏像，人们称为八面陨铁，因为形成该图案的小条均顺着几何图形的面散布着，而这些几何图形均有八个面，人称八面体。

也不是全部铁陨石在外面磨光后浸透一番就会生成维特孟斯台登氏像，其中的一些铁陨石在酸溶液里浸透后在它的表面，显现的却是细小的平行线，人称纽曼线。

一般出现纽曼线的铁陨石，它里面的镍含量都很低，仅有5%～6%。此类铁陨石都是单晶体，即它们均为等轴晶系中的一类单一晶体。它们有六个面，人称六面体。由此，人们称表面出现纽曼线的铁陨石为六面陨铁。

另外还有称作中镍铁陨石的一种铁陨石，它的这一名称在原文中的意思为"失常"。它们里面的镍含量很高（不止13%），在磨光它们的表面后放到酸溶液里浸泡后，它们的外面并不会有图案出现。

石陨石里面的构造也是变化多端的。

瞧，我们现在见到的就是一块石陨石的残片，不借助仪器都能发现它的横截面上存在众多很规则的球粒，跟弹丸很像。用显微镜观察一些石陨石，你会发现它们的外面布满诸如此类的球粒，球粒微小极了，仅有十分之几毫米，或者更微小。这类球粒人称陨石球粒，内含球粒的陨石人称球粒陨石。

石陨石中，有90%属于球粒陨石，因此球粒陨石为陨石里较为常见的一种。陨石球粒仅能在陨石里面生成，自然界的岩石里面就没有这种球粒，由此，假如你在不了解的石头上见到了这种球粒，你就该毫不犹豫判定它为石陨石而绝非普通的石头。科学家的最新研究成果表明，陨石中那些熔化掉的物质快速冷却的点滴就称陨石球粒，是陨石生成时形成的。

不光有球粒陨石，其实还存在其他一些石陨石，诚然这种陨石不是很多，在它们里面也没有球粒，人们称它们是无球粒陨石。在它们的横截面上，人们观察到了不同矿物的棱角分明的残片，这些残片一般和石陨石自身包含的数量丰富的小颗粒组合在一块儿。就构造而言，这种陨石同地面上的不同岩石很接近。另外还有几种石陨石也颇有特点，然而它们较之无球粒陨石更鲜有，我们在此就不细述了。

下面我们就来说说陨石的成分。我们将陨石的平均成分制成了一张表。

### 不同陨石的平均化学成分

| 化学元素的名称 | 平均化学成分 | | |
|---|---|---|---|
| | 铁陨石 | 铁石陨石 | 石陨石 |
| 铁…………………… | 90.85 | 49.50 | 15.60 |
| 镍…………………… | 8.50 | 5.00 | 1.10 |
| 钴…………………… | 0.60 | 0.25 | 0.08 |
| 铜…………………… | 0.02 | — | 0.01 |
| 磷…………………… | 0.17 | — | 0.10 |
| 硫…………………… | 0.04 | — | 1.82 |
| 碳…………………… | 0.13 | — | 0.16 |
| 氧…………………… | — | 21.30 | 41.00 |
| 镁…………………… | — | 14.20 | 14.30 |
| 钙…………………… | — | — | 1.80 |
| 硅…………………… | — | 9.75 | 21.00 |
| 钠…………………… | — | — | 0.80 |
| 钾…………………… | — | — | 0.07 |
| 铝…………………… | — | — | 1.56 |
| 锰…………………… | — | — | 0.16 |
| 铬…………………… | — | — | 0.40 |

由表中我们不难发现，其中的元素都是人们已经熟悉的，根本就没有新的元素出现。陨石是从宇宙远道而来的客人，不算自然界我们已经了如指掌的不同化学元素，陨石里面到底有没有人类还没认识的、很奇怪的元素？在行星际空间的各个角落，真的找不到自然界没有的新物种吗？

在过去的100多年里确实如此，有数不清的科学家对不同陨石进行了无数次的精密而细致的研究，事实证明，都没有在陨石里找到自然界不存在的化学元素。大自然里的化学元素基本上在陨石中都可以发现，陨石里的很多元素的含量都非常低，唯有借助光谱线才能发现。

费尔斯曼[1]将物理和化学上的最新科研成果跟天文学上的最新科研成果整合到一块儿为宇宙化学打下了基础，即宇宙化学是讲宇宙中化学反应的科学。他深入研究了天外飞石也就是陨石的成分，发表了原子在宇宙飞行的科学观点，论证了宇宙里物质的统一性：不管是陨石还是地球，太阳系里的一切天体都是由一模一样的元素构成的。换句话说，这些天体的成分基本一致，它们的来源相同。

近些年科学家通过研究又找到了更有力的证据，它们确凿地证明了这些天体来源的统一性。

一些科学家分析了自然界和陨石里一些元素的同位素的构成，在研究后他们得知：无论是地球还是陨石，所有元素的同位素的构成成分都是相同的。

通过观察上文中的各类陨石的平均成分表发现，石陨石里面包含的元素含量高的有以下几类：氧（41.0%）、铁（15.6%）、硅（21.0%）、镁（14.3%）、硫（1.82%）、钙（1.8%）、镍（1.1%）、铝（1.5%）。

石陨石里的氧同其他元素化合并生出了好多矿物（硅酸盐）。说到铁，其中有一部分也在跟别的元素化合了；而其余的处于金属态，呈金属态的铁散发着光布满整个陨石，仔细观察陨石的横断面应该不难发现。

出现在表中的数字都是各类陨石里的化学成分的均值。

化学元素分布在各类陨石里的数量也许会与文中表里的均值存在较大的出入。

陨石里的贵金属含量极低。比方说，1吨陨石平均的含银量和含金量

---

[1] 费尔斯曼就是本书著者，这一篇"陨石——宇宙使者"不是费尔斯曼自己写的而是克里诺夫写的，见本书原序。

分别为5克，铂的均含量为20克。

一直有天外来石落入地球，据科学家测算，一年掉到地面的陨石不下1000块。但是这种宇宙飞石落入地面就很难找到了，人们每年仅能收集到4～5块。

那些人们找不到的陨石，不是坠入大海，就是落入了两极和沙漠，有的还飞到山地和森林，总之，这些天外来石坠入地面的位置一旦远离居民点，人们找起来就很困难了。如果人们不能及时发现的话，它们就会遭遇大气的破坏，然后归于土壤。

于是陨石中的原子就跟地球上的原子结合到了一起。它们首先通过土壤进入植物体，动物食用植物后，它们就到了动物体里了；人类食用植物和动物后，这些原子就跑到人体里面了。

由上可知，不光地球同宇宙里的其余物质存在联系，就连地球上的生物也与之息息相关。

科学家以前测算过由于天外来石的不断飞入让地球增重多少。测算后发现，一个白昼一个夜晚飞到地球的陨石就有5～6吨。

继续推算下去，一年下来这些陨石就会让地球的重量增加2000吨。其实这还不算最严重的，更重要的是陨石在进入大气层飞行时和遇到空气的阻力分崩离析时产生的宇宙尘埃飞落地面的重量比那2000吨可要多多了。这也不是最严重的，韦尔纳茨基表示，地球的重量不会因以上的原因而递增。他声称，宇宙飞石和宇宙尘埃落入地球，是让地球有了新的物质，然而地球上的一些物质的颗粒，有些原子，大部分是气体原子，还有一些很微小的尘埃也进入太阳系了，物质互相来往，于是就达成了平衡。由此，他总结道，我们要求证的问题"绝不仅仅是零散的陨石、火流星和宇宙尘埃偶尔飞入地球上的这些个别现象，而要深入探究庞大的行星的作用，即涉及地球同宇宙交换物质的重大问题"。在探究的过程中不要忽视地球与其周围的空间、与行星际空间彼此之间的无法回避的相互作用力。

尽管截至目前科学家在研究陨石方面并没有新的突破，也就是说还没有发现新物质，仅是得出了一些结论，即地球上和别的天体的物质是统一的，然而就矿物成分而言，显而易见陨石有着自己的特性。

陨石里的主要矿物成分，地面上的岩石中也是大量拥有，它们分别是橄榄石和不含水的硅酸盐：顽辉石、古铜辉石、紫苏辉石、透辉石和普通辉石，另外还有长石类的一些矿物。

不过人类在天外来石中还没有发现太多的风化以后形成的矿物，更没有发现任何一种有机化合物。

陨石有一个自己与众不同的特质，那就是它们里面的矿物不包括含水的硅酸盐，即它里面没有含化合水的矿物。科学家一直在苦苦追索，目的就是从天外飞石中找到这种矿物，然而好多年过去了他们仍然一无所获。一直到了现在，苏联的科学家方在陨石里提取到了绿泥石之类的矿物，它就是含水的硅酸盐。不过里面有这种矿物的陨石鲜有，人类仅在那种叫作炭质球粒陨石那种罕有的石陨石里发现了这种矿物。

最新的研究结果显示，炭质球粒陨石的8.7%为绿泥石里的化合水。

人们的这一发现意义非凡，能帮助人类破解一个重要的难题，即诠释生成陨石的条件。

除此之外，科学家还在陨石中找到了一些地球上不存在的矿物，这一发现更重要。不管这类矿物在陨石里的含量是如何得低，却足以说明宇宙飞石形成的条件不同于地壳，陨石学家的重要课题之一就是论证这些条件。另外科学家还发现了陨石的变质功能，该发现的意义史无前例，在它的这一作用发挥的过程当中，不光是陨石的构造有了改变，而且就连它的矿物成分也发生了一些改变。陨石从生成起就一直飞行于行星际空间，它们无数次靠近太阳，在这个过程中它们因阳光的作用温度升得很高，因此就发生了质变。科学家认真研究了陨石的质变过程，尤其是最近几年这类研究有了突飞猛进的发展，于是我们有幸目睹了陨石的发展过程，见识了它们邀游行星际空间的精彩瞬间。

宇宙飞石里也有放射性的化学元素存在，其中就有放射性钾，陨石里它的含量不低。钾通过自身的放射过程变成了氩，由此，按照陨石中氩和钾含量之比，就可大概测出陨石的年龄，即测算到陨石自形成（冷却）到现在这中间经过了多少年。

苏联的科学家近些年依照氩和钾的含量比测出了陨石的年龄，通过这种方法测算出的陨石年龄是6亿～40亿年。

天外来石是从哪里飞至地球的，大家都已经很清楚了，然而，宇宙飞石是在何时生成的，又是如何生成的，人们直到今日也没弄明白，目前陨石研究专家正在攻破这一难关。

苏联的大多数科学家的观点是，陨石及那些小行星基本上都是一个或几个庞大的天体，也就是行星的一些残片，这些天体是在很久很久之前裂开的。然而截至目前这还仅是一种假设，科学家要想通过研究拿出铁证证明这个假说，就得继续全面而深入地探究陨石的秘密。毋庸置疑，陨石是如何生成的、它们对行星系形成的贡献及其它们以后的演变等问题，人们肯定会弄明白的。

斯大林在他的著作当中专门论证了辩证唯物主义和历史唯物主义，他说："世界上没有不可认识之物，而只有现在尚未认识，但将来却会由科学和实践力量揭示和认识之物。"

## 2. 地壳下的原子

儒勒·凡尔纳、约克·桑德以及奥希鲁切夫创作过一些科幻小说，内容涉及如何到地球里面旅行的故事，如何下到人类轻易无法涉及的地壳深处。在其他的科幻小说中，创作者描绘了在浩瀚的天空翱翔的情景。该类科幻小说，由17世纪持续到齐奥尔科夫斯基周密考量过的"飞到月球"，带人们进入了一个遥不可及的、高深莫测的世界。

看过这些奇幻的故事，我们应该明白人类对自己还不曾认识的世界是多么的好奇和向往，自从有了人类，他们以前和现在都不满足仅仅占有那一薄薄的地壳：人类的视线能触及的范围仅限于地壳的20千米~25千米深的一小层，而这并不能让占有欲极强的人类止步。

之前人类以为大气的高处是无法达及的，在人们的想象中那个地方是很安静的、清冷的，地面上的分子到了那里也不再产生化学反应；不过俄罗斯的飞行专家费多谢延科、瓦先科和乌瑟斯金不顾自己的安危，开创了征服高空，达到平流层的先河。

在平流层飞行的气球和火箭极大地丰富了我们对高空的想象，在那个地方物质的含量非常低，一立方厘米空间里的物质粒子的数量仅有地球上空大气里的几百万分之一。

人类对自己还不曾认识的高空充满了遐想，况且人们在这个方面取得的成绩也不小：人类探索高空的技术也在不断革新，科学家对于人类目前还无法触及的远方世界了解了不少，跟我们生活的地球深处相比，人类对太空的了解要比地壳深处多出很多。

人类对地底下的了解还很有限。人类好奇地下深处，是急于从下面找到石油和金子。人类钻井采油、开矿，都得达及地下的纵深处，但是人类目前发现的最深油井还不足5千米，最深的金矿矿坑也仅有3千米，然而它们都算得上是人类取得的巨大硕果。

人类一直喜爱着金子和石油，随着人类技术的进步自然会挖得越来越深。新技术的出现和革新必将打破目前的纪录，不久的将来人们在钻探技术的支持下也许会向下多挖一二千米。

不过就算这样，几千米的长度跟地球半径的6377千米放在一起也是微不足道的，仅有地球半径的千分之一。

不难理解，人类对这么大的差距真的是无法接受，因此从古代的哲学家至现代的天文学家，所有的科研人员都在探索着地球的内部结构，想多了解地球的至深处以服务人类。大家现在不妨幻想一下，就算大家的猜想互相脱节也没关系，假设我们搞清楚了地球纵深处的内部构造，就幻想由地球表面至地球中央旅行一趟，想象一下路上的见闻都有哪些。

          \*                   \*                \*

首先在书中写到去地球纵深处旅行的人名叫罗蒙诺索夫，诚然，他的这种想法都不是在一本书中出现而是散布于他的诸多作品中，不过拉季舍夫创作了一本《论罗蒙诺索夫》（1790年），将这种思想汇总到了一块儿。有意思的是，拉季舍夫在自己的一本名为《从圣彼得堡到莫斯科的旅行记》的后面几页谈到崎岖的雨后驿道非常难走，旅途的遭遇同罗蒙诺索夫想象的在地球中心的旅途一样艰难曲折。他还描写了其他的一些情形，倘若科学家由地面开始一直走到地球的中间位置，就能发现这些景象。以下就是他的精彩描述：

……［罗蒙诺索夫］小心翼翼地进入洞口，很快那颗璀璨的庞大星体就消失了。我要踏着罗蒙诺索夫的足迹开启自己的旅程，我打算将他要表达的内容集中起来，系统地来看这些幻想在他脑子里是如何慢慢形成的。他想象当中的那幅图，大家都颇为好奇也很有趣。

打算到地壳的纵深处游览的人一旦穿过地球的体表，也就是所有根系所在的那层，他立马就意识到地壳的体表和地底下大不相同，这说明地球的体表有奇特的滋养功能。那些想去地底下旅行的人也许会说：目前的地壳表面没有别的成分，构成它的是动植物的躯体，土地有肥力，因此有孕育和有益于生物成长的能力，缘于所有生物分别具有的不可摧毁的和最基本的构成部分，这类生物本身并不变，发生变化的仅是它的外形，外形也具有偶然性。旅途中的人继续朝下走，到时候就会发现地底下是层状的。

游览的人会不时地在每个地层发现一些海洋动物的遗骸以及植物残余，由此不难认定：地壳深处的成层结构起源于水中的漂浮物，那个时候水从地球的这边流向地球的另一边，让地球成为如今的这个样子。

地壳下的这种特殊的层状结构不时会丧失它本来的面目，远观似各异的地层混在一起，仅从这一点就可以看出，以前一定有凶猛的火力穿透了地球的中心，加上和它对抗的水汽，爆发就不可避免了，一些物质涌动着、颤抖着，摧毁了所有和它抗衡的东西。

火力搅乱了各个地层，它喷薄而出的热气刺激了处于原生态的金属，赋予它们吸引力，促使它们组合。罗蒙诺索夫行至此处，端详着这种悄然无声的天然宝库，忆起了人们经历的饥饿和贫穷，猝然心痛地走出了这个昏暗的人类贪念的巢穴。

认真回味作者的这段描述，你会发现它非常切合现在科学史观，到现在我们都没有找到任何一句我们能驳倒的话，只是人们现在的说法变了而已。社会发展到今天，人类开始用钻探仪器来探索地下的情况，正因为这样，现代科学对地下的概念要比先前的猜想具体而实在得多，以下就是人类现在的研究成果，人类常将现代的地下发现同18世纪科学家的猜想互相比照。

近些年，人们在克列斯强斯卡亚关卡地区建造了一个小型的钻架，小到人们走在街上根本就看不到它。钻架里安装了一架钻机，目的是钻凿至地壳下面的纵深处，以此了解莫斯科地下都有些什么物质。

于是人们日复一日地进行着工作，长年累月朝地底下凿，打算钻到几千米之外。最初，人们钻透了黏土和沙，这些都是莫斯科平原集聚下来的沉积物，来自斯堪的纳维亚南下的巨大冰川。这是冰川时代最后一次冰川活动的产物，苏联的欧洲部分北边都被厚厚的积雪覆盖着。

穿过黏土继续向下是不同的石灰岩，相连的石灰岩之间夹着一层泥灰岩和黏土，一些地方的石灰岩当中还有各异的石灰质的贝壳和骨骼；穿过石灰岩之后见到的是沙，沙地里存在煤层，这足以说明这层是煤层，它就是苏联中部的煤和煤气的产地。

地质学家深入研究了远古时代石炭纪海中常年沉淀下来的物质，经研究他们了解到这里的海水在那个年代并不是很深，加之气候温暖潮湿，因此海岸周边的植物异常繁茂。之后大海逐渐变深了，水自东北朝西南奔流，毁坏了森林、没过了植物，在海里繁衍的水生动物集聚起了珊瑚礁和介壳石灰岩的滩涂。此时形成的石灰岩就是人们之后采掘上来为莫斯科建房的材料，"白石莫斯科"的美誉正就从此而来，直到今日人们依然在使用这些石灰岩。

人类凿开了石灰纪在几千万年的时间长河里集聚而出的这连绵不绝的多变地层，继续往下钻就触碰到了别样的沉积物，即数量庞大的石膏。凿穿厚几百米的石膏岩这层及其当中隔着的大量黏土，接下来出现在人们眼前的就是水，大量的硫酸盐漂浮在水面上。这之后越往下，氧化物的含量就会越来越多，钻机也进入到了盐水部分，这个地方的氯化物含量是海水中的十倍，成分主要是氯化钠和氯化钙，同时混合着好多溴化物和碘化物。

此处已不再是石灰岩，而是更远时期的、泥盆纪的残存：那个时代的大海，处处与盐湖和三角港相连接，海被沙漠环绕，海底堆积起了厚厚的盐层，盐层当中偶尔会出现隔着淤泥的情形，也有隔着一层灰沙的现象，海里的灰沙是风从沙漠席卷而来的。

此时凿至1000.5米的深度了，出现在人们面前的将会是哪些物质呢？远古时期的泥盆纪海底沉淀物的下面还有哪些物质呢？如果地质学家继续向下挖几百米，出现在人们眼前的又将会是什么呢？科学家对这个问题做了一些预测，又以这个预测为基础做出了不同的假设。但是人们凿至1645米处时却发现了沙子，很显然，这里曾经是泥盆纪的海边，一出现沙子就说明距陆地没多远了。这些沙子中有少数隶属于火成岩的砾石，还有在海边随处可见的碎石片，这些物质的发现足以说明这里曾是海边，是远古时代的海岸，因此往下再凿10米就会进入硬度较高的花岗岩地带了。

苏联以北由圣彼得堡开始到南边的乌克兰，这一大段地区就坐落在1940年7月底首次钻探到的花岗岩之上。没过多长时间，其他一些人在塞兹兰及其以南相同的深度处凿到了花岗岩，从而印证了卡尔宾斯基的预言：苏联的欧洲部分广袤平原的地下正是远古时期花岗岩的陆台，目前北达卡累利阿芬兰共和国南及德涅泊河和布格河沿岸出现的漂亮花岗岩以及片麻岩的断崖就是很好的明证。人们又凿了20米，就发现了硬度极高的花岗岩，依照地质学家的预测，它是货真价实的花岗岩，是古代的一些物质慢慢沉淀下来的，距今已经不低于10亿年了。

人们已经钻入莫斯科地底下纵深处的花岗岩，要向下继续凿下去还会碰到哪些东西呢？要是多凿2000米，不就正好下到更深处浮动着花岗岩的那层了吗？关于这个问题在科学家中一直是争论的焦点。

一些人认为这已经是深度的极限了，他们认为若想凿透又硬又厚的花岗片麻岩的陆台，得再往下凿几百或几千米。但是另一部分科学家则认为应该继续往下凿，他们打算从更深的地底下找到这个问题的答案。不过若继续往下凿确实也是难上加难，从事钻探工作的人员已从地底下的纵深处拿到了长2000米，漂亮的、粉色的、硬度极高的花岗片麻岩的岩心，继续凿下去多凿一米还不知得下多大的功夫。

这个结果的出现缘于人类的科技水平还不够高，暂时还无法钻探到更深处去。因此若想掌握地底下更深处的地貌特征，还应当想其他的办法。其实这个问题早在1875年就由地质学家爱德华·修斯指出了。

奥地利青年修斯从地质学和刚出现的地球化学的角度，即站在高处观望地球。他预测地球主要有几层组成，各层的成分都是相同的。由此他先是依照古代哲学家的思想，提出了他的地球三层论观点：其一是气圈，指的是笼罩在地球上的那层大气；其二是水圈，这个范围含海洋和别的水域，水圈覆盖和渗入地球硬度较高的那部分；其三是岩石圈，是岩石王国，这个圈的深处亘古都有火，这个火的出口就是火山。

随后修斯研究了岩石的化学成分，他参照分析结论再次探索着地球分层的问题。

时间很快进入到了1910年，穆莱伊提出了他的地球分层论，并称之为地圈。

从此时起，化学家和物理学家、地球化学家和地球物理学家便投入到了紧张的工作当中，目的是搞清地球每一层、每一圈的结构。维尔那德斯斯基及其学派也对这个研究课题产生了兴趣，他们的研究工作开展的不仅全面也很深入。

地质学家和地球化学家的目标当然不只是欣赏地壳的外表和外貌了，他们最主要的目的是弄清楚每个地圈的活动及其规律和特性，更重要的是要弄明白地球的结构。

地球物理学家分析了弹性振动波的特性，别小瞧这种弹性振动波它能探及地球的深处，通过反射波可弄清不同地圈的分界线，今天我们就从地球物理学的角度谈谈地球的各个地圈的特征。

目前经科学家测算地球一共分成13层，最高的那层就是人类不易到达的星际空间，那个地方到处充斥着流星和氢气、氦气分子，也有少数钠、钙和氮的原子。

此层的下界位于距地面约200千米的高空。再往下就是平流层：这层的氮气和氧气的含量高于上一层。平流层的一些地方还存在臭氧层。几百千米的高空有北极光光顾，被北极光照亮的云层高度达至100千米。

由距地球10千米～15千米的高处继续往下还有一层，称作对流层。它就是与我们人类生命攸关的空气，富含氮气、氧气、氩气和别的惰性气体，还混合着水蒸汽和二氧化碳。

继续往下分就是厚5千米左右的生物圈，这个生物世界不但包含地球的上层还包含地球外面的那层水的上层。

持续下去就到了水层，人们一般称作水圈。从成分上论，水圈是由氢、氧、氯、钠、镁、钙、硫这些元素组合而成的。

接着就到了所谓的地圈：首先进入我们视线的就是受过风化作用的皮壳，对于它人们已经弄明白了，它包含一层酸性盐和一层浮土；随后就是沉积岩层，是远古时期海洋沉淀下来的物质，它们分别是黏土、砂岩、石灰岩和煤层。该层地圈包括深20～40米的地下，紧接着就是称作变质岩层的那层了。

经过变质岩层就到了花岗岩层，这层含有大量的氧、硅、铝、钾、钠、镁和钙。深入地底下50～70米处又有玄武石出现，玄武石的成分主要是镁、铁、钛和磷，而非铝和钾。

一直探到了1200米的深处，情形又大为改观了。此处已经不是固态的地层了，展现在人们眼前的都是独特的熔化物，新出现的这层就是人们锁说的橄榄岩层，主要由氧、硅、铁、镁这些成分组合而成，另外就是铬、镍、钒这三种金属了。

人类发明了一种灵敏度高的仪器，取名地震仪，一旦发生地震就能借助它接收震波，科学家通过分析震波就能弄清地底下不同地层的各种成分。戈利岑研究出来的地震仪灵敏度更高，不仅能接收近距离的震波，对于远距离的震波也能纳入囊中，就连从两个不同密度地层发回的震波都能接收得到，比如由地心传回来的震波，这些都是证明岩石圈确实存在的有力证据。一些科学家猜想，2450米的深处是矿层，包含大量的钛、锰和铁。

到了2900千米的地方，密度的变化更加猛烈，根据预测那个地方就是步入地心的核；尽管人类还不清楚核的性质，然而却了解到它的主要成分是铁和镍，与此同时混合着钴、磷、碳、铬、硫等元素。

这就是地球物理学家和地球化学家通过分析得到的地球的结构，各个地圈的构成肯定有几种元素是主要成分，另外各个地圈的温度和压力也互不相同。

关于各个地圈的状况极端复杂，或许人们了解的情况也有错漏之处，即使如此，其中的一个地带依然让人们兴致盎然。人类就生活在这个地带，在各个地圈里它的性质很独特。

该地带的厚度有100千米，里面既有化学生活，又有地球化学反应的影子，在它里面存在激烈的爆发活动，也有温度和压力的波动，当然这里也存在地震、火山活动，存在破坏力，也有重生的地方，有岩浆、沸腾的泉水和矿脉在缓慢地冷却，

地球大气层

直至最后，有人还生活在它里面，更有人在探索着大自然的奥秘，一直在同自然界做着斗争，人类一直都想让大自然屈服，千百万种生物也生活在这里，它里面的化学分子的构成既特殊又变化多端，它里面充满生活的趣味、斗争的氛围和探究的气氛，更是充满新变化和新作用。

也难怪地质学家要将这个生机勃勃的地圈称作对流层，也就是说是存在运动的地带。在这个地区有变化多端的化学反应，化学元素的组合方式影响着地壳在不同地质年代的变迁。这里无处无时不在进行着大自然的化学反应，而最神奇的是，坠落地球表面的陨石有成千上万块，也就是说有千千万万陨石的碎片掌握在科学家的手中，然而在这些陨石碎片里，没有一块能比这个存在生命和死亡的、存在丰富活动的地带那样有活力。

人类对地下深处的化学概念的认识就是如此，实质上人能了解的也就是几千米厚的一层薄膜。

然而人类在同自然界的斗争中了解到大自然的范围正在逐渐扩展，我们坚信，无论是地下还是高空，人们不仅能在科学家的想象当中战胜它，也能在技术层面战胜它。

人类发明了用于物理研究的大型仪器，它能按照人的意志操控波深入地下深处，然后再返回地面，反馈地下的地层结构信息。在乌拉尔和苏联的南部就展开过大型的爆破活动，结果让人类重新认识了地层，众多精密的钻机，不惧火的钻探管和钻杆，镶着硬度极高的钻头，这些工具均可顺利且以惊人的速度钻透花岗岩，因此我们有理由相信，过不了多久，一直被作为技术先锋的莫斯科钻井技术就会落后于世界上的其他国家。

人类已经了解了地下好几十千米深处的构造了，这不是幻想而是实实在在的事情，而这都归功于人类在技术上取得的成就。

人类认识大自然是没有边缘的，人类的智慧也是无止境的。

## 3. 原子的历史

大约在100年前，有名的自然科学家亚历山大·洪堡（1796—1859）从美洲旅行归来后举行了无数场演讲，一次次向台下的观众描绘宇宙的美景。

　　他后来将自己在演讲中要阐明的思想写到了《宇宙》这部小册子中。他当作书名的那个字原字取自希腊文，这个字的原意岂止是代表宇宙呢，它还代表着秩序和漂亮，因为这个字在希腊文中也指人类创造出来的文明和优美的环境。

　　洪堡将宇宙幻想成是各种现实的总体。他计划依照19世纪的科研成果，利用自然界规律的统一来阐述宇宙的秩序，他想从他自身经历的现实中寻找，因为他想知道在宇宙变化多端的发展中是否存在其他的影响因素。然而他还是没达成自己的心愿，因为他将宇宙划分成了各个自然界的小王国,各个王国都有特定的代表，互相独立而且彼此独立的相当严重。

　　我们都很清楚前人将宇宙分成一个个小块，他们设置出了一个个鸿沟，将矿物界、植物界和动物界人为割裂成一个个小"王国"。

　　在当时还盛行着17世纪和18世纪已过时的观点，认为宇宙是永恒不变的，世界是按照神的旨意由一个个彼此独立的"王国"构成的。因此，虽然洪堡想诠释自然界的各种活动是彼此相关而非人们流传的互不相干，但最终还是由于力不从心而失败，因为当时人类的知识还并不丰富，出现的一些现象甚至找不到有力的证据来阐述，而且找不到到一个共同的单位作为联系大自然各种现象的纽带。

　　这个共同的单位为何物呢？它就是原子。因此当下宇宙观的基础是自然界的一些规律，物理学和化学的一些规律制约着原子在宇宙中的旅程。大家应该很清楚原子是如何在天体中间丢失电子的，我们更清楚原子的结构为何越来越复杂，因为核外有如同行星般的电子在环绕着核运动。我们更清楚电子的环形轨道是如何彼此交错环绕的，随后在冷却的星体中有分子现身，这已经是化学上的组合状态了，然后出现的结构越来越变化多端了。

　　离子、原子和分子形成的晶体是形成世界的新的、离奇的因子，是高级别的因素，无论是在数学上还是在物理学上都是完整的。我们以石英作为例子，它是晶莹剔透的晶体，古希腊人早就认识它了，因此就将它称作"化石冰"。

　　想必大家已经很清楚了，漂亮的晶体是如何在地球上成长和被破坏的，晶体的残片又是如何形成新的体系的，也就是形成了胶体，它是原子和分子组成的一个小团体。在这个小团体里新的、庞大的、变化多端的分子是牢固的，其中含有的碳就是人们常说的活细胞。

活物质变化的新规则促使原子在它们的成长道路上的活动日益多变起来，它们首先凝结成变化多端的菌丝体，也就是半动物、半植物、半胶体的微小生物，借助超级显微镜才能勉强看见，紧接着生成原始的单细胞生物，这类单细胞生物借助普通的显微镜极易辨析，它们都是些细菌和纤毛虫之类。

宇宙中的所有元素的原子都历经所有这些发展阶段，各种原子都有它的发展过程，也就是由起初地球冷却之时开始直至它活动至活细胞结束。

以前有段时间正如神话故事里讲的那样，宇宙混沌一片，然后宇宙中诞生了原子旋涡，这些运动旋涡不断放出电磁波，因此就出现了天文学家所说的情况，一切热运动都终止了，整个宇宙也冷却了下来。

在各类天文学家和哲学家之中，是何人、在何时、想阐述这一切，对人类而言并不重要。对人类来说最要紧的是这些旋涡是如何生成的，不同元素的原子是在何处组合的。

大家应该很清楚这些结构的成分：当下的化学家经研究指出，它的含铁量约在40%、含氧量在30%、硅含量在15%、镁含量在10%、含镍量在2%～3%，还有钙、硫、铝。余下的是数量不多的钠、钴、铬、钾、磷、锰、碳和别的元素。

从上面的这些数字来看，构成宇宙的主要成分是比较稳固的，它们的原子都是按照双数原则结合的，这些我们在前文中都已介绍过了。

包括一百种以上原子的旋涡开始混乱，其中有些原子的含量高、有些原子的含量低，低至仅占一千亿分之几。

处于游离状态的气体原子逐渐冷却，变成了液态，它们化作炽热而熔化了的液滴互相聚集，它们发生的变化犹如熔化的矿石在鼓风炉里所经历的一切。

令人意想不到的是，有关地球形成的如同谜一般的答案，找到它的并非理论家、更不是地球物理学家，而是冶金学家；冶金学家擅长制取金属，常常能妥善处理矿渣，他们懂得如何在鼓风炉炽热的方位掌握各种原子的命运。不同的原子根据物理学和化学的规则分离，以前的熔化物就形成层次。此时所有元素都按照一定的次序排列，轻的易于流动的就跑到上面去了，浮在表面，而沉的那些就往下跑，落入中心了。

这样持续下去就齐聚成了一个金属核，环绕在核外面的常常是一层金属硫化物，然后便是一层如同矿渣一样的硅化物的皮壳。地球物理学家讲，构造出地球各个层次的，或者叫所谓的地圈，正如鼓风炉中散布的不同层次的熔化物。

由地面下到大约2900千米处，就能触及那个铁核。齐聚这里的金属跟鼓风炉里的一样：首先是铁，其次就是和铁为同类的元素，也是铁的好伙伴，即镍和钴。

不算铁、镍、钴，铁核中还有其他一些元素，化学家亲切地称它们为亲铁元素，这个名字起源于炼金术士，而18世纪以烦琐著称的哲学家一度讥讽炼金术士。这些元素分别是铂、钼、钽、磷、硫，它们毋庸置疑都和铁有相似之处。人类了解到的地球的核心部分更是如此。

由铁核继续向上到了离地面1200千米～1300千米的地方又将是另外一幅情形；从前的科学家对这个地带的成分存在分歧，由此发生过多次争辩，然而毋庸置疑，这肯定和制取铜或者制取镍时炉子里形成的熔化物大致一样；在有色冶金厂将那种熔化物称作"粗炼金属"，它就是金属的硫化物。科学家将这层厚1500千米的地圈称作矿层，也不无道理。

齐聚矿层的有铜、锌、铅、锡、锑、砷、铋的硫化物，然而这些硫化物中的绝大部分也可在距地面很近的地壳中找到。

从矿层再往上，属于氧化物地带。它还可以细分成不同的层次。在此地带的深处有一种岩石，它含有大量的硅、镁和铁。科学家研究这个地带的时间不是很长，也就是在南非发

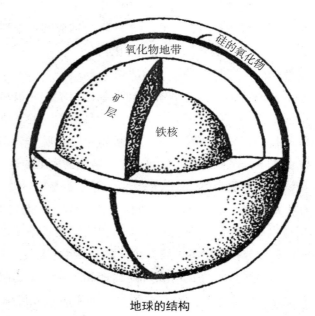

地球的结构

现了一种管状的金刚石大矿脉之后方才钻研起了它，这种管状的矿脉中全是结构最为紧密和重量最大的不同矿物，是熔化物从地球地下喷薄而出冷凝之后结出的晶。

由地表下到地底下约1000千米的地方，这里是硅的氧化物，人类就居住在这层。人类对这一层的了解也就20千米的范围，然而我们觉得它的结构变化多端，它内含不同的矿层和矿物。

就成分而论，它的成分和地球的成分大不相同，以下的数字可充分说明：含氧50%、含硅约25%、含铅7%、含铁4%、含钙3%，钠、钾、镁分别为2%，其余的分别是氢、钛、氯、氟、锰、硫和别的元素。

我们以前就讲过，上文的数字是经过成千上万次的测算和分析才得出的。地壳里面的这层硬壳的成分是不匀称的，不同原子的散布状况变化多端，因此人类无法正确猜想地球结构的全貌，地球里时而出现发着亮光的粉红花岗岩，时而出现颜色灰暗而深沉的玄武岩，时而露出洁白的石灰岩、砂岩和混合颜色的页岩，而且在这色彩斑斓的基础上又毫无规律地散布着不同金属的硫化物、不同的盐类和别的矿物。由这变化多端的画面中，我们是否能说清原子是以怎样的规律分布的？还是根本就搞不清这块花地毯的构成规则呢？

依照地球化学家近些年的研究成果，发现这个似乎一夜形成的世界，实际上是遵照精确的、很严整的规则构成的。地球化学家不光将硅的氧化物、将地壳和地底下炽热的熔化物分开了，他们还将不同的原子归类，并很严谨地探究每一类原子的活动。

我们认为：所有的熔化物和氧化物就如同鼓风炉中涌出的矿渣，它们缓慢地冷凝，紧接着从此处持续结晶出不同的矿物。首先结晶出来的是较沉的物质，它们沉淀下去了，重量轻的物质、气态物质和易挥发的物质都浮上去了。比方说，沉淀到玄武石熔化物底下的是含铁和镁的矿物，其中还有铬和镍的化合物，这就是金刚石等宝石与珍贵的铂族金属矿的泉源；不断往上跑的是其他的物质，它们形成一种岩石，即人类再熟悉不过的花岗岩。花岗岩好像是同时从地底下硬挤出来紧接着凝结的，大陆就是由它们构成的，它覆盖在一层很重的玄武岩层上，另外多数海底都铺着这层玄武岩。

自然界的原子的分布都受物理和化学规律的制约，地球化学采用物理和化学上的规则后，在科学研究方面不时给人们惊喜。

花岗岩熔化物的凝固过程变化多端：炽热的水蒸汽和易挥发的气态物离开了该处，穿越它们附近的岩石，生成了沸腾的液体水，这种液态水犹如我们再熟悉不过的矿泉。这些灼热的气态和水蒸气环绕在花岗岩熔化物的周围，如同月亮外面的那层晕；混合着不同易挥发物质的气态和水蒸气沿着缓慢凝固的花岗岩的缝隙喷出来了，它们如同灼热的地下水般冒出来，一边缓缓凝固，一边在花岗岩裂开的岩壁上结晶出矿物，随后冒出地面成为冷泉。

在凝固的花岗岩晕里，先跃入我们眼帘的是那些熔化物的残渣；它就是颇有名的伟晶花岗岩的矿脉，在它里面有放射性矿物的重原子，还混杂着宝石，更有亮闪闪的绿柱石晶体和黄玉晶体，在它里面还含有锡、钨、锆和别的稀有金属的化合物。

在缓慢分层的变化多端的过程里，随后出现的便是含锡和黑钨矿的石英矿脉，再往下又分离出了好多含金的石英矿脉的分支，接下去是含多种金属的矿脉，还有锌、铅和银的沉淀物，在距离花岗岩熔化物中央很远的地方，在距地底下热气腾腾的花岗岩熔化物几千米以外的地方，人们发现了锑的化合物和硫化汞的红色晶体，另外人们还发现了火黄色或者红色的砷的化合物。

自然界里的这些矿物的分布严格按照物理和化学上的规律。若是它们顺着地球那长长的裂缝冷却，那么这些原子齐聚出来的就是环状或一条长长的带子，非常有规律地一层接一层，环绕在花岗岩的熔化物周围。现今地球外面已经被人们认识的这些矿物地带：有条起于加利福尼亚自北而南，横穿南美洲大陆，其中含着铅、锌和银，还有一条顺着南北走向穿梭过非洲全境。另外一条犹如花圈般环绕着亚洲坚硬的岩层外面，伸出好几百千米，内含大量矿石和有色石头。

自然界的不同矿床的布排看似毫无章法，人们也搞不清楚为何要这样分布，而当下的地球化学家则认为，其俨然是一幅按规律分布的原子结构图。所有原子在地球上的布列都受制于它们的性质和动态，依照这个刚认识的自然规则来探究，才能排除好多疑难问题，才能取得一些成绩。

经实践检验的科学规则取代了中世纪以来一直沿袭的矿工观察法和矿山上原始的实验，早在16世纪时，阿格里科拉就找到了这些规律，他曾经公开宣称有些金属间存在一种密不可分的关系。

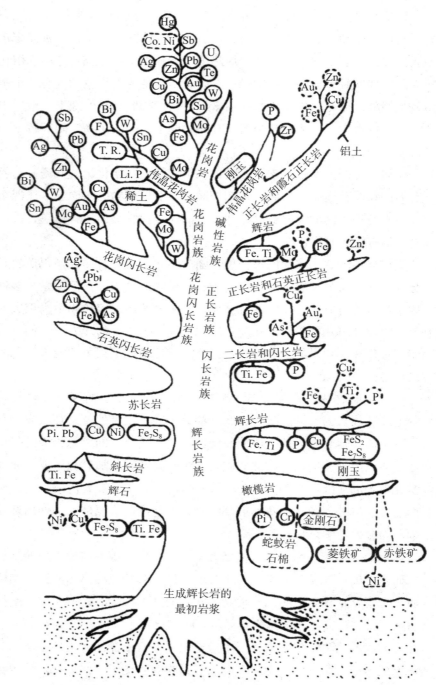

与起初岩浆冷却后的火成岩相关的一些元素和有价值的矿物的分布图

　　俄罗斯的罗蒙诺索夫也发现了这些规律，200年前他就注意到不同的矿石出自一个矿坑，他当时号召化学家和冶金学家一起探究这种平衡，探索出现这种情形的缘由，还要解答以下的问题：锌和铅是怎样齐聚在一起的，为何找到了银子离藏铬的地方也就不远了，为何镍和钴这两种金属会和怪异的元素铀出现在一起？

　　为何各种相异原子会在花岗岩里遵循相应的规律来分布呢？人们发现在大自然作用的平台上出现了一种新力量；假如说地底下原子的特性影响了基本分离规律让那一团熔化物的核与矿渣分开了，这则是缘于现在出现的新规律取代了旧的不合时宜的规律。

　　原子彼此组合在一块儿，不光形成齐聚态的处于游离状态的原子和分子，也即人们称谓的液体或者玻璃态，更重要的是还形成地底下不存在的一种结构，这种结构出现在宇宙中，那得等到星际空间的冷空气将剧烈活动的原子冷却至2000℃之下的时候它才会出现。

　　这种独特的结构就是人们所称的晶体，自然界之所以这样均匀划一，晶体功不可没。我们在前面说过，$1\times10^{22}$个原子就能组合出一立方厘米的晶体，它们之间存在相应的间距，分布在确定的点上，犹如格子或者网格。地壳外面的薄膜全来自晶体：我们回头看看周围的一切，大部分不都是由晶体构成的吗？

　　晶体及其规律常会影响元素的分布，晶体中的元素经常是可以互换的：其中的一些元素可在晶体里面发生位移，然而另一些元素由于受到强烈的电子引力的作用，互相紧密相连，这类晶体硬度一般都很高，强度也很大，宇宙里那些想害它的力量也对它不起作用。

　　在那个地方，在天体纵深处，原子处于一种无序的混沌状态；而在此处、在地球表面，却已出离了那种混沌之态，而列布成数不清的点和网格，它们井然有序地分布着，正如镶嵌得很精致的地板，又如厅堂的吊灯一般。

　　现在我们已经谈到地球的表层了。地心拿它外面的那些原子毫无办法，只好让太阳和宇宙射线去制约那些原子的活动；原子在射线的影响下，便依存物理化学和结晶化学的规律重新位移。

　　道库恰耶夫50年前在圣彼得堡大学执教，他就有关土壤在地壳外面生成的规律问题发表了自己独到的见解，他提出气候、植物和动物对各种土壤带形成有影响这一观点，同时他还指出，它们也影响到了土壤中不同物质原子的分布状况，也就是说他将土壤视作原子的新的、特别的世界。

道库恰耶夫的口头禅就是："土壤是大自然的第四王国。"

道库恰耶夫不光觉得土壤的肥沃程度受制于独特世界的一些规则，他还说人类的活动也摆脱不了这个规律的影响。

可是恰恰在地面上、在地壳外面包裹着的薄膜上，原子更加变化多端。晶体在地底下无声无息地生成，它形成的过程异常简单、清晰，然而要在地面生成晶体就不容易了。

变化多端的地理环境制约着原子自身的运动，加之气候的频繁波动，季节的更替、昼夜的交叠生物的进化，所有的这一切都在原子上打上了烙印，催逼着原子去找新的平衡，期待新的稳定环境的形成。

地球深处相当沉静，晶体就是在这么平静的环境下生成的，可分布得很广；可是地壳的外面每时每刻都在发生巨变，其中有作用相反的因素存在，各种力量相斗于此，温度在变，破坏力也在不停努力。这里精密结构的晶体很少，而晶体的碎屑却不少，它们是一种新的、变化的系统，人们将这类碎屑称之为胶体。

地底下有次序的世界和地球上面如同肉冻般混乱的胶体世界之间怎能不产生矛盾。大自然是瞬息万变的，可是自然界的化学反应不会如同地下深处的反应那样悄无声息的、规规矩矩的进行。刚刚生成的晶体，忽然遭遇损坏而成了别的晶体。晶体的碎屑不时会重叠在一起形成一个整体，如此形成的大颗粒有时会由成百上千个原子构成，然后再由这种大颗粒中生出新的物质，它们就是冷冻形态的、不牢固的胶体，它们在有机世界里是人们再熟悉不过的。

然而地壳外面的矿物不光受破坏力的影响，它们里面也存在大量的正能量，它们里面存在比那些死掉的、牢固的晶体中常常蕴藏着更多的能量。

自然界的黏土、不同的褐铁矿、锰矿，在铁、铝、锰原子形态各异的结构里，在不同磷的化合物里，处处存在着新的力量在发挥作用，这些力量是由于和不同的外部环境接触而产生的，它们在各处乱作一团，在这里面边破坏边重建，在此处形成的新规律制约着土壤的特性，让不同金属易于活动、让金属在土壤层互换。

自然界发展的时间轴，图中的示例代表地球发展过程中的造山运动和生物进化

慢慢地我们就到了该介绍原子发展史最后的发展历程了，也就是走入生命的里程了。胶体为建造新的系统预备好了一切：胶体中的分子构成了变化多端的体系，蕴含着巨大的力量，这么一来就出现了新物质的萌芽，它们就是活细胞。

活细胞有着独特的、软绵绵的结构，原子在它里面时而组合，时而分离，就这样孕育出了生命；生命的出现是原子系统越来越变化多端的天然进化的结果，是合乎逻辑的发展，生命在其变化多端而漫长发展里程之中唯有如我们上面所讲的那样持续进化下去。生命是原子的别样的聚集形态，它让原子的构造愈来愈复杂，从简单的单细胞生物开始直至进化到人，生命现象业已成为地球上的主要现象。

我们无法将自然界里的环境割裂开来，生命已然和沉稳的大自然、空气和水融为一体了，自然界的好多地质现象都是生命现象的产物。它们是原子运动的高级形态，是进化律和有机体进化的成果。然后产生了思想家，他们在发展自己的思想和学说的过程中，发现了一些跟能量相关的富有力量的规则，它们为一个新系统的出现打下了牢固的基础，这个系统尽管还很不稳定，然而它却是强有力的，而且相当的活跃。

于是，在原子的发展过程中，我们发现它是那么的命途多舛。

最初仅是带电的自由的质子，缓慢地发展成了原子核。

然后就日益复杂起来了：它越是往宇宙的低温处跑，原子的电子层才易于重回原子的外围。如此一来不就有原子生成了吗？原子互相组合在一块儿，生成规律的、整齐划一的几何图，也就是人们常说的化合物。

晶体就是这种化合物的典型形式，这种形式最有次序，构造颇为均匀，蕴含的能量也最少，因此形式也最呆板，是物质丧失活力的形式，然而原子、分子变化多端的胶体体系正是由此开始的。

由胶体又生出活细胞；成百上千的原子逐渐结合成变化多端的分子；于是就形成了在化学上直至今日都还没搞明白的物质的最高形式，即蛋白质，从而让有机世界变得更丰富多彩、奇妙无比。

然而原子在自然界自始至终都是运动不止的，它们一直想尝试着改变自己的形态。人类现在还不敢预言，是否还存在较之晶体更为稳定的平衡形态，是否存在较之活物质含有的能量还活泼、还要大的能量。人类认识原子旅行过程的知识和能力尚有欠缺，因而对自然界的了解也就很不完全，因此直至现在也没有人敢绝对地说：我掌握了原子旅途中所发生的一切，我完全掌握了使用原子中力量的方法。

## 4. 大气中的原子

空气为何物呢？我极少关注这个问题，我们似乎对此也毫无兴趣。空气环绕着我们，我们习以为常；我们没有吸氧的经历，除非突然将我们和空气隔离，除非我们身处险境体验到了空气的稀薄，唯有那时我们才能够体验到空气对我们的重要。

如果我们喜欢登山就能体会距离地面越高人的呼吸就越困难，有些人距离地面的高度达到3000米以上就患上了高山病，他的身体就开始衰下去了；飞机跃至5000米的高空飞行员就会有不适感了，若是飞机继续往上蹿，到达8000～10000米的高度，空气肯定会稀薄起来，飞行员就得靠随身携带的氧气来满足自己呼吸的需要了。

矿业工作者深知待在地下矿坑里的痛苦滋味，到了1500米以下，压力就已经很大了，耳边全是"嗡嗡"声，时间长了才能习惯。

现在，在科学上空气属于主要问题，它在化学工业上也是很重要的。

在很长的时期里，人类根本就不知道空气为何物。有种思想在化学史上存在了好长时间，人们认为空气是一种特别的气体，称之为燃素，说是一种物质在燃烧的时候就会释放出燃素，说燃素是种特殊的物质，布满宇宙。

拉瓦锡的发现发表后，人类才弄明白原来空气中包含着两种重要的物质：一种有益于生命，人们称作氧气；另一种跟生命无关，人们称它为氮气。

1894年的时候，人类才意识到空气的成分没那么简单，这个发现纯属无意之举；因为氮气跟生命无关，但是它里面却包含着其他的元素，而那些元素在空气中却起着重要的作用。

以下就是现代物理学家测到的空气成分（重量）：

| 氮气⋯⋯75.5% | 氖气⋯⋯0.00125% |
|---|---|
| 氧气⋯⋯23.01% | 氦气⋯⋯0.00007% |
| 氩气⋯⋯1.28% | 氪气⋯⋯0.0003% |
| 二氧化碳⋯⋯0.03% | 氙气⋯⋯0.00004% |
| 氢气⋯⋯0.03% | 水蒸汽⋯⋯不固定 |

人类把空气的成分分辨地非常清楚，甚至是在一立方米的空气中藏一丁点儿别的物质，也是逃不过化学家的眼睛的。

大家现在应该清楚了吧，无处不在的空气岂止是生命的养料，更是新型工业的基础。

依据英国的最新统计结果，英格兰和苏格兰人24小时就吸进2000立方米的氧气，而从空气中抽取供应工业用的氧气也达到了100万立方米。

工业上的燃煤和石油，也要用到氧气，与此同时还要将燃烧形成的二氧化碳释放到空气中去。这个过程在生物体内同样发生着，比方说，一个人每天吐出的二氧化碳有三升。

大家先要弄明白这个数字的真正含义，现在我们举个例子来具体说说，比如一棵大桉树每天都分解的二氧化碳大概为一个人每天呼出的二氧化碳的三分之一，它也把处于游离态的氧气输回到空气中，人们推算，一个人每天呼出的二氧化碳得靠三棵大树分解，因为只有这样空气的成分才能恢复到从前。

由此大家看出绿色植被对我们人类的重要作用了吧？由此我们不但要搞绿化更要注意对绿色植被的保护，唯有绿色植被才能把人类消耗的氧气补上。现在氧气的消耗量逐渐在递增，我们更应搞好绿化。

1885年，几个小工厂以氧气为原料制造氧化钡，这是人类首次以空气中的氧气作为工业原料。时间转到了今天，氧气已经被作为一些化学工业的基本原料；钢铁企业用氧气取代了空气，即直接把氧气注入鼓风炉，氧气还是一些化学工业的氧化剂。

人类正在利用自己学到的知识发明那种将空气液化，然后从液态空气中提取氧气的装置，而且这种装置也在逐年递增。

不仅是空气中的氧气与人类的生活密切相关，而且空气中其他气体的用途也在递增。

　　不久以前，占空气含量1%的氩气还不为工业所重视，而目前人类改用的复杂的机器装备，一年可从空气中提取这种稀有气体100万立方米左右。

　　也许大家还不知道吧？用氩气填充的灯泡大概每年都在10亿个。

　　人类发明了用特制的电灯做广告，氖气这种空气里的稀有气体的用量就逐渐递增了。空气中氖气的含量微乎其微，即5.5万份空气才含有一份氖气，但是氖气工业却在逐年扩张。

　　氦气就是由人类取自空气，人类起初是在太阳里发现它的，空气里的氦气较之氖气要少得多，20吨的氦气散布在一平方千米地壳的上空。人类不但从空气中提取它，还从地球深处喷出的气体中收集，人类拿它来填充汽艇，氦气在工业上用来制造地球上最低的温度。

　　不光前面介绍的三种稀有气体成了工业原料，还有一些更稀有的气体比如氪气和氙气，也和工业部门关系亲密起来了。

　　空气里的氪气不足十万分之一，氙气就更稀有了。尽管它们在空气中的含量低，但人类却离不开它们，不得不由空气里大量提取，因为氪气可让电灯泡的亮度提高10%，而氙气可将灯泡的亮度提高20%，这样一来可为人类节约10%或者20%的电力。

　　不过，氮气在工业原料中的地位举足轻重。

　　1830年人类开始尝试着借助氮的化合物做肥料。

　　在那个年代人类还没意识到利用空气里的氮气，人们连硝石能否做肥料都心里没底。慢慢地人类认识到氮、磷、钾是生物发生化学反应的必要物质，这才觉得应该用化学肥料帮助植物生长，人类就努力寻找这三种物质。人们利用氮的愿望是如此的强烈，1898年鲁克斯谈到了氮气来源的恐慌，建议人类从空气中提取氮气。

　　不久后，化学家还真想出了从空气中提取氮气的办法，在电火花的帮助下人类就将空气内的氮气变成了氨、硝酸和氰氨。

　　第一次世界大战时，各参展国都在制造炸药，对氮气的需求急剧上升，各国都大力找起了氮气。目前世界上就有150家氮气工厂，光每年在空气中提取的氮气就有400万吨。氮气是空气体积的81%，也就是说空气中的氮气含量很高，提取这点对空气而言无足轻重。

　　再看看下面的数字大家就更清楚了：世界上全部的氮工厂消耗掉的空

气里的氮气，仅为半平方千米地面上方空气里的氮气含量。

上面我们为大家介绍了空气跟现代工业的关系，目前人类正在探究如何更好地在工业上利用空气中的每一种成分。空气是人类用之不竭的，它可是矿物质原料的源泉。可是人类该怎样合理开发利用这座宝藏，人类目前还没想出办法。

现在人类使用的那些分离空气成分的方法也有待改进。比方说提取氮气，得借助很大的压力才能办到，可是那得消耗掉大量的能。不管是分离稀有气体还是提取氧气，均要用到结构复杂且贵重的装备，都是第一步先将空气压缩成液体，而后分离，最近苏联在空气利用方面走在了世界的前列。

苏联发明的机器不但能分离空气的成分，还能纯净分离。

下面就来说说一种小一些的机器，它可安装在房间内。接通电源后，它就开始运转起来了，此时打开写着"氧"字的龙头，输出的不是空气，而是冷却至-200℃的液体氧，呈淡蓝色。

拧开第二个龙头，流出的就是液体氖气或氙气，固态的二氧化碳此时就跟炉子中的灰似的，聚集在容器的底部；将它搁进特制的压榨机，干冰就制成了，是冷藏冰激凌的好方法，或者夏天用其降温。

大概是我的想象力太超前了，其实目前还没有这么小的机器，接通电源就会有液体氧流出等，但我坚信在不远的将来肯定会出现的，到那时人类就可充分利用空气这种富源来造福世界了，人类也会建立先进的化学工业体系，以充分利用空气中这种取之不尽的宝藏造福人类。

按原来的计划到了这里这章就该收尾了，不过话又说回来了，好像我要写的东西似乎还没写完，而且是相当重要的。

就说空气里的二氧化碳，煤燃烧、木柴和石灰石煅烧之后就转化成了各类气体，我却还没来得及和大家讨论它们的作用呢。

工业方面的统计部门测算过，工业部门排放至空气的二氧化碳非常多，工业部门的权威人士提议用这些二氧化碳制干冰，想充分利用空气中的这万分之三的二氧化碳造福人类。

物理学家的计划更宏伟：据他们所言，空气中包含的气体不只是那十种气体，其实在空气中还存在一些更稀少、更分散的气体，它们的含量仅有一亿分之几甚至一千亿分之几，它们就是放射性气体。

它们就是镭射气和轻金属放射产生的气体，它们在空气中的存续时间一般都较短：有几天的、几秒的甚至百万分之几秒，地球上的全部原子核分裂后形成的这种气体布满空气。宇宙射线不断引起原子分裂，在不稳定的气体出现之后，又继续变化，一直持续到形成较为稳定的固态物质。

空气中的化学反应从来都没停止过，物质分散的原子彼此间持续进行着各种复杂的变化，空气中的这种永不止息的变化，就这种放电现象而言，我们所知甚少。

如果能尽早解开这些谜团，那么人类在认识自然进而合理利用自然的道路上就又前行了一大步。

1902 年埃菲尔铁塔与闪电

# 5. 水中的原子

水圈是由泉水、河水、海水、地下水一起构成的地球上的一层不间断的水。太阳光撒在洋面，在热力的作用下，水不断在蒸发。

水蒸气在半空凝结后，形成雨、雪花和雹子再次回到地面，随后便开始冲刷土壤、渗入地下、冲毁岩石，大面积的溶解各种物质，并携带入海洋。

这就是水的循环：由海洋到空气再落入地面然后重回海洋。循环一次，岩石里那些易熔的物质就会被一起裹挟走。

有些人测算过，世界上的河流由陆地带入海洋的溶解物一年大概有30亿吨。简而言之，大概每隔25 000年就有约一米的地层被水破坏而进入海洋。

如此说来水的作用不容小窥。

水的化学分子式为$H_2O$，它是宇宙中分布极广的物质之一，地球上海水的面积达13.7亿立方千米。水对于地质史的作用，也就是它对地球化学的作用，贡献的确是巨大的，也正因如此，才在地质学上出现过这样一种假说，说岩石都是在水里长出来的。

人类称这种假说为水成论，水成论者和火成论者进行过火热的论战。火成论者认为，宇宙中的那些岩石都是地球深处的熔化物升到地面凝固而成的。

不过我们现在有些明白了，水和火山都促进了岩石的变化过程。

纯净的水，或者是没有溶解其他物质或盐类的水，在地球上根本就不存在，意为地球上不存在蒸馏水。雨水不光含有二氧化碳，还含有微乎其微的硝酸、碘、氯和别的物质。

人工制取化学意义上的纯净的水，也不是说不可能，只是太难了。大家请注意装水的容器内壁，尽管溶解于水的各种气体微乎其微，可不管怎么说还是溶解了。比方说，用银制容器装水，将会有十亿分之几的银溶于水，饮茶用的银匙也有些许跑到水中去了，只是量太小了，化学家无法测量到，但却可导致水藻一类的低等动物丧生。它们对银和另外几种原子非常敏感，即使是极微量的也足以让那些低等生物失掉性命。

天然的水沿着沙、黏土、石灰岩和花岗岩等形形色色的陆地流走，带走这些物质中的化合物也就没有什么好大惊小怪的。一些科学家讲，只要知道河床的成分就能推测出河水的成分了。

我们前面说过，宇宙中广布铝硅酸盐，但是天然水中却没有大量的铝和硅。就算水中存在铝和硅，也呈浑浊状，是机械的混合物；而另一方面，所有的河水和海水均含金属钠和钾以及镁、钙和一些别的元素，这又该如何解释呢？

原因是这样的：溶解于水的盐类，水的化学成分与盐类在水中的溶解度关系密切。易溶的化学物，都是天然水中最为常见的成分。我们以前就讨论过了，钠、钾、钙、镁、氯、溴和其他几种元素的原子一般来说都是天然水蒸发后残余的盐类残渣的主要成分。

水里饱含盐类，也就是天然盐水中包含的都是易溶的原子的化合物，这些原子来自岩石。

这一切均说明海洋就是易溶盐类的收容所，因为水一直在陆地和海洋之间循环往复，因此自地球出现这些盐类就沉积在海洋中。

科学家曾测算过溶解在海洋的盐量，也测算过一年的时间河流跑到海洋的盐量。他们根据上面那些计算结果推算出了海洋的年龄，或者是说海水现在含的盐是用了几年时间沉积起来的，但是计算结果并不是很精确。

总的来说，易溶的盐是天然水的主要化合物。盐占海水的3.5%，其中又有80%是氯化钠，谁都清楚这是食盐。不用说大家都清楚盐易溶于水，其他可溶于水的化合物的含量都很低。无论是海水、河水还是地下水，只要是天然水就能找到所有的化学元素，关键是我们采用的方法的精确度到底有多高。

倘若好好想想，就会发现有将近100种元素，这就不难想象出，自然水成分的差异到底有多大了，科学家也确实依靠成分将自然界的水分出了好多类别。

海水，也不管是何处的海，更不论其是深海还是浅海，它的成分都是很稳定的。

不同的化学元素在各地海水中的含量都是恒定的，河水的成分却常在变动，然而彼此都很接近。河流途径不同的岩层，途中又遭遇不同的气候条件，气候上的不同可通过河水的成分反映出来。比如说，北纬地带的河水里的铁和腐殖土含量都很高，河水经常都会被这些物质污染得面目全非。位于中纬度上的河流的成分主要是含钠、钾、硫酸盐和氯，气温更高的地区，尤其是河水不入海的地方，河水及一般的湖里含盐量都很高。

就如同从不同地区流出的水，其成分也是不同的，由深度方面也能发现水的成分不一样。地底下的水位越高，其成分就越跟盐相似。成分改变最大的是地下的矿水，矿水不住地喷涌出来在地球表面形成矿泉，是治疗一些疾病的良方。

矿泉中不乏钙、溴和碘、镭、锂、铁、硫、镁和硼等成分，更富含别的元素。依照不同矿泉的名字，就能推测出其里面的主要成分是何种化合物或者元素。

这些矿泉的形成，与该矿层在地底下水中的溶解不无关联，当然更与各种成分的岩石被地下水浸透有关。

这些矿泉的构成状况足以阐明它们的形成过程，这就是研究工作的乐趣和任务，无论是地球化学家还是水化学家都在攻克这个技术难关。

下面我们给出了一份海水成分表（均以百分数表示）：

### 海水成分表

| | | | |
|---|---|---|---|
| 氧 | 86.92 | 铝 | 0.0000011 |
| 氢 | 10.72 | 铅 | 0.0000005 |
| 氯 | 1.89 | 锰 | 0.0000004 |
| 钠 | 1.056 | 硒 | 0.0000004 |
| 镁 | 0.14 | 镍 | 0.0000003 |
| 硫 | 0.088 | 锡 | 0.0000003 |
| 钙 | 0.04 | 铯 | 0.0000002 |
| 钾 | 0.04 | 铀 | 0.0000002 |
| 溴 | 0.006 | 钴 | 0.0000001 |
| 碳 | 0.002 | 钼 | 0.0000001 |
| 锶 | 0.001 | 钛 | 0.0000001 |
| 硼 | 0.0004 | 锗 | 0.0000001 |
| 氟 | 0.0001 | 钒 | 0.00000005 |
| 硅 | 0.00005 | 镓 | 0.00000005 |
| 铷 | 0.00002 | 钍 | 0.00000004 |
| 锂 | 0.000015 | 铈 | 0.00000003 |
| 氮 | 0.00001 | 钇 | 0.00000003 |
| 碘 | 0.000005 | 镧 | 0.00000003 |
| 磷 | 0.000005 | 铋 | 0.00000002 |
| 锌 | 0.000005 | 钪 | 0.000000004 |
| 钡 | 0.000005 | 汞 | 0.000000003 |
| 铁 | 0.000005 | 银 | 0.000000004 |

| 铜 | …………………… 0.000002 | 金 | …………………… 0.0000000004 |
| 砷 | …………………… 0.0000015 | 镭 | …………………… 0.00000000000001 |

由表中不难看出，前面的15种元素在海水里的总含量达99.99%，其余的74种含量在0.01%上下，不过它们的绝对含量也不低，比如在海水中的总量在上百万吨。

研究者多次打算建立化工厂，专门由海水中制取金子，然而截至目前仍未能落实。

海水的成分包括溴、碘、氯等元素，这些都是人类不可或缺的元素。海水中的碘让海藻和别的海洋生物吸收了，人类工业方面使用的碘就来源于海藻。海藻完成自己的生命周期后，碘就随着海藻的尸体残骸进入海底的淤泥又逐渐生成了岩石。水从这些岩石中间穿梭析出后成为岩层水，碘也混在其中。钻井开采石油时经常会碰到这样的岩层水，人类发现其中的碘和溴含量不低，人类已经掌握了从这样的岩层水中制取碘和溴的技术了。海水里的溴含量很丰富，世界上诸多地方的人都从海水中制取溴（人类也利用这种方法制取镁）。

钙原子在自然水中的发展过程很有意思，自然水里富含钙离子，在那段时间水底就会沉积碳酸钙从而形成石灰石和白垩。二氧化碳在钙的发展过程中起了很大的作用，二氧化碳多时，碳酸钙就溶解进水里，二氧化碳不足时，碳酸钙就会从溶液里沉淀出来补充。我们应该没忘记，绿色植物靠吸收二氧化碳生活，懂得这个，那么绿色植物相对于水里的钙发挥了何种作用就不难知道了。具体的情况是：位于热带海洋的大岛也就是环礁，就是密实的碳酸钙，是海生植物群在生命过程中产生并沉淀下来的，自然里面也大量存在海生动物的石灰骨骼，举出这个例子的目的在于说明生物对自然界的水构成的重要作用。

假如还不是很清楚该类"活物质"对自然水构成的重要作用，那我们就无法预料到一些让河水、湖水、海水拥有现在的这些成分的漫长而复杂的经过了。

## 6. 自然界中的原子

我还小的时候曾经由莫斯科启程到南边的希腊旅游，那次旅游是我童年记忆中很难忘的一件事，越向南，景色就越迷人。

我记得那天莫斯科的天气很好，遥望过去，俄罗斯的灰土地里满是成片的灰色土壤、灰红色和褐色的黏土。敖德萨周边的黑土地也令人难忘，春季南方的暖阳撒在那片黑色的土地上，黑土折射出明艳的光，五颜六色的。这幅景色在我们进入博斯普鲁斯海峡之后就换成了另外一副样子了：在这里，出现在众人眼前的是一片蓝色的水域和葡萄园的栗褐色的土壤。我更领略到了希腊南方的绮丽风光，也就是那些颜色很深的绿色松柏科植物，白色的石灰岩里杂糅着红色的土壤以及红色的氧化铁的被遮蔽的物质，至今这些景色还在我的眼前闪现。

旅途中颜色的不断变换深深地留在了我的记忆中，我不会忘记我缠着父亲给我讲解大自然里的景色多变的原因。但是多年以后我才发现，在那次旅途中跃入我眼帘的景观正是宇宙的规则之一，那是化学上的氧化反应为人类带来的壮丽景观，这种氧化反应常因纬度的不同而各异。

在那次之后我又在苏联旅游了数次，我穿越过大片密林、走过了广阔的平原、途径苔原和寒气袭人的北冰洋，直至攀登帕米尔被皑皑白雪覆盖的高峰，这些地方都留下了我的足迹。我一次次看到，从最靠北的北极再到炎热的亚热带，因纬度不同而产生的各异的化学反应，留意着自然界原子的种种命运，而且进入我视野的这种化学反应的庞大规模比在希腊旅行时见过的规模要大很多。

斯瓦尔巴群岛也就是斯匹茨卑尔根群岛，这个古岛被冰环绕着。这里是沉静的冰的大漠，化学上的反应规律似乎在这里不起作用，岩石不会崩裂变作黏土或沙，严寒钻到地壳的纵深处，岩石的碎屑堆砌成了人们称之为崖锥的形状。仅在有鸟儿活动的地方偶尔会堆聚起有机体的残渣，在茫茫的冰的荒漠中，磷酸盐似乎成为这里仅有的矿物。

稍往南达至苏联科拉半岛或者是拉尔极区，就存在速度极慢的化学反应。科拉半岛上的岩石都是一尘不染，在有几分寒意的清晨你从望远镜中遥看几十千米的野外，就会发现那里的岩石跟博物馆的毫无差别。在一片广袤的区域你可以发现一层褐色氧化铁的薄膜，唯有低洼处才堆集着泥炭，植物的有机物一点点地在氧化，最后形成了褐色的腐殖酸，春季大水一来，就将腐殖酸和别的易溶的盐一同带走了，不曾想却让湖沼地带处于凝冻状的泥炭变得五光十色起来了。

继续朝南远行就进入了莫斯科近郊，我们有幸见识到了其他的化学反应。这里也发生着有机物慢慢存在着氧化的现象，还有奔涌的春水将铁和铝溶解，莫斯科周边环绕着白色和灰色的沙，薄薄一层蓝颜色的磷酸盐覆盖在成片的泥炭田之上，闪闪发光。

再朝南继续旅行，景色慢慢地发生了变化，并出现了一些新的化学变化，原子出现在了新的环境之中，我目睹了出现在眼前的伏尔加河中游的黑土带是如何巧妙地取代了莫斯科附近的灰色黏土。我们经历了强烈的阳光是如何缓慢地改变着地壳表面的形态，驱使化学反应越来越剧烈。

化学反应从伏尔加河的左岸开始出现了新的特征：广博的含盐地带出现了，由罗马尼亚国境开始途径莫尔达维亚，顺着北高加索山坡，贯通中亚全境，直至太平洋海岸。这个区域的盐的成分包括氧化物、溴化物和碘化物。在这一地带分布着上万个三角港和死水湖而那些盐就集中于此，金属钙、钠和钾就分布在这些盐中，在这个地方生成沉积物的复杂过程一直在延续。

我们继续朝南走，进入了沙漠之中，出现在沙漠的是别样的风光：成片的盐土就在草原植物的斑点间。

洁白的盐在阳光照耀下光彩异常，巧克力色的阿姆河水穿梭在这些草原植物之间，这些别样的风光足以说明原子开始了新的化学反应：原子彼此互换位置，在自然界投身于新的化学反应。其中的一些原子生成沙而聚拢成沙漠，另一部分溶于水，跟随热带的暴雨开始旅行，继而在沙漠里的盐土和盐沼里沉淀。

天山脚下景色的层次感更分明，无处不在发生着剧烈的化学反应，原子在这部分大自然里的旅行路线异常复杂。在我首次一路旅行至天山的一个优质矿区时，跃入我视野的那奇观异景，让我永生难忘。我将这幅美景录在了我介绍宝石的一本书中：

一层亮丽的蓝色和绿色的氧化物的薄膜覆盖在岩石的碎屑上面。在一些地方才能看到一层深似橄榄绿般的如同天鹅绒的薄皮，这种矿物的成分是钒，一些地方又有着青色和浅蓝色交织的铜的含水硅酸盐。

氢氧化物等众多铁的化合物展现在了人们的眼前，什么色调都有：

金灿灿的赭石，红色的含水量较低的鲜艳氢氧化合物，以及黑褐色的铁和锰的化合物，和"康坡斯捷尔红宝石"颜色相仿的鲜红色水晶，褐色、黄色和红色共存的重晶石，红色针状的羟钒矿，它属于游离状态的钒酸，人死后在白骨部位会有片状的黄绿色结晶晰出，这是再次新生成的矿物。

这幅图中什么都有，色彩明丽的画令人难以忘怀，地球化学家细细端详着这张图，打算弄清楚形成的缘由。最先要留意的是：所有的化合物均已遭受严重的氧化作用，此类矿物正好呈现出了镁、铁、钒、铜被高度氧化的结果；他们很清楚，这是由于南方太阳的照射作用，包含氧气和臭氧的空气处于电离形态，热带地区雷雨季节的打雷闪电现象将大气里的氮气变成了硝酸。

在箭头的指示下我们走得更远了，我们穿越了沙漠，攀登上4000米的高山，随后又来到了一片荒野，但在这片荒野里到处是冰而非沙漠；这个地方没有五光十色，一点儿也见不到不久在中亚低地区发生的原子在自然界旅行的现象。出现在我们视野的风景，刚好与我们在新地岛或斯匹茨卑尔根群岛看到的相同。随处可见碎石按照一定的规则堆成一个庞大的崖锥，一尘不染的岩石差不多没参与化学反应，在这个冰雪覆盖的地方仅有其中的一些地方模模糊糊地露出了一些零散的盐类和硝石。

见了这幅景色，不由得让我联想到了北极圈的荒芜，差别就在于这里有时也会是电闪雷鸣说明这里富有生活气息，此处的大气中也常会出现放电的情况，放电现象发生时有硫酸形成，进而在帕米尔高原的荒野中累积成硝石，在亚他喀马沙漠中就发现了好多此类硝石。

然而我们沿着箭头继续朝前走，穿过了喜马拉雅山，南部亚热带的丰富色彩就又出现了。连续不绝的阴雨天和热带特有的干旱的炎热夏季交错出现，大自然的错综复杂的化学反应仍在继续着，易溶的盐类都消失了，铝、锰和铁集中在一起形成了厚厚的红色沉积层。

继续走下去就到了孟加拉，出现在眼前的则是血红色的红土，不时会有新土被大风挂起，升上天空。

跃入眼帘的是热带印度的朱古绿色的土壤，炽热的阳光下是岩石的碎屑，它们闪着亮光，像是上面被镀上了一层半金属的假漆，仅有少数几个地方聚集着白色和红色的岩层，错综复杂的交织在印度亚热带的红色土壤之中。

步入印度的南边原子的旅行草图的变化更加丰富、更加广泛了，绿色的印度洋拍打着红色的海岸，火山活动将玄武岩由地壳地下喷出。

自水浅处的海岸以及此处的贝壳、苔藓虫、珊瑚至海底纵深处的珊瑚礁和珊瑚石灰岩，处处彰显出错综复杂的化学反应让海底的世界变得那么精彩。

失去生命的海生动物的骨骼坠入海底的淤泥之中，集聚成磷酸盐质的纤核磷灰石。

硅石跟着河水一路走来，放射虫汲取硅石的养分发育出了它的网状的细壳；而一些空虫在吸收了钒和钙后进化出了它特有的骨架。原子由北极圈至亚热带的变化就是这么迅速，大自然中处于旅途中的原子规模很庞大。

北极圈的风光和南部热带的风景为何有如此的不同？现在人们终于弄清楚了，这主要是太阳的功劳、氧化的功能、湿气发挥的作用和地球高温的作为。另外这种不同还与有机物的生长过程有关，即有机物的成长要靠大量的各种各样的原子支撑。在南极炽热的阳光下集聚着数量庞大的活细胞残骸，它们吐出二氧化碳，而这些二氧化碳又很快溶解在了水中，在这种情况下水的性质也发生了改变，即成了酸性溶液。

南极的化学反应速度快出北极许多倍，作为地球化学家都懂得化学上的基本定律之一，在多数情况下，温度上升10℃，一般化学反应的速度就会快上一倍。

原子在北极稳定即使有变化一般也不是很大，而在亚热带和南方的旅途中的经历又是那么不平凡，现在人们对这一切都了如指掌了。人类将上面那些内容称作化学地理学，人们已经发现，大自然和地球上面的不同陆地和大片地区，均与发生在其身边的化学反应密不可分。

在所有影响化学反应的因素里面，人的作用的越来越大了。人类具有创造性的活动上百年来仅限于中纬度地区，然后才慢慢开垦北极的荒地和开发南方的沙漠。人带给大自然更新的更复杂的化学反应，打破了一些天然的化学反应，让跟人类关系密切的原子变换形式活动和旅行。这门人们所称的化学地理学的新科学，人类早在确认土壤学的基本原理之时就已注意到了，大家都很清楚土壤学的基本原理发端于俄国，土壤学的研究领域就是让田地里的土壤更加肥沃。

还记得19世纪80年代道库恰耶夫是如何在圣彼得大学的讲堂授课的吗？当时他发表了一些自己的见解，为人类描绘出了土壤学的辉煌远景，从极地的苔原至南方的沙漠，地球上的一切土壤带他都谈论到了。

在当时库恰耶夫超凡的理论还无法借助化学语言来表述，但是现在呢，化学早就深入到了地质学的领域，农业化学家也逐渐了解了植物生长和土壤中正在进行的化学反应，而地球化学家的科研范围是原子能到达的一切地域，因此我们对任何一种原子在地球不同维度走过的崎岖小径，也都慢慢清楚了。

以前的事实告诉我们，地球上不同维度的面貌都在不停改变着。地壳在不足20亿年的发展历程中有过好几次变迁，南北极的位置也发生过位移的现象，最初的山脉仅在南北极出现了只超出了雪线的山峰，随后才逐渐朝南不断生出褶皱，才凸起如阿尔卑斯和喜马拉雅山般的大山脉。环绕地球的海洋也由北朝南迁移过，以前的地貌也大为改观、原先的景致也大有不同。地球上的好多地方均发生过许多次海生成了山、山转身成了沙漠，继而成为海洋的现象。

以上的事实足以说明在地质史上，化学反应的作用和不同原子的旅程也在不断改变；地球上属原子最好动，它们经常在开发不同的旅行线路，它是最初的砖块，自然界最为神奇的结构也来自于它，它遵循大自然中化学反应的规则，自始至终都在找一种安静和平衡环境。

人类去寻觅了，但是直至目前也没有发现，未来也找不到，因为大自然的中的绝对静止是不存在的，一切物质都在运动。

# 7. 细胞中的原子

无须借助任何工具都能看出，煤来自植物的残骸，而石灰岩层来自生活在海水里的软体动物的外壳。在显微镜下观察石灰岩、白垩、硅藻和其他的沉积岩就不难发现，它们都是紧密聚拢的生物骨架，它们小到不用显微镜根本无法看见。也就是说，人类早就靠着地质学知识研究得出，自然界的生物在地球化学上的变化中曾经做出过多么巨大的贡献。

活物质不同程度的参与了地球上的化学变化，比如岩石的形成、一些化学元素的聚集或分开、一些水中物质的沉淀还有生物的石灰质骨骼变成盐，但是这并不意味着海洋生物的骨架都是石灰质的，有些生物的骨架还是硅石质的，如海绵便是如此。关键是，自然界的生物既吸收物质同时也排出大量物质，好像只是让这些物质从各自的身体经过。

这个过程在小的生物体里的速度更快，比如细菌、结构简单的水藻和其他低等动物均如此，这是因为它们繁殖的速度太快，它们在5～10分钟就分裂一回。不过它们的寿命也极短暂，有人计算过，物质在细胞分裂过程中被摄取的量多出自然界的所有活物质体内所含数量的几千倍。

我们曾经说过，绿色植物在阳光下会释放氧而吸取二氧化碳。这种氧气，会氧化死去的植物的残骸、氧化一些岩石，与此同时供其他动物吸收，二氧化碳在植物体内会变身成碳水化合物、蛋白质和别的化合物。大家充分发挥自己的想象力，倘若地壳上像海洋中、平原上和山地上，一句话，所有的生物都死了，地球上将会变成什么样子？

如果真有那么一天，就会出现氧跟生物的残渣聚集到一起的情况，空气中就再也没有氧气了，空气的成分变了。如果真到了那一天，石灰质骨架的海洋生物就不存在了，也就没有石灰岩和白垩生成，地球上就不再会有隆起的白垩，地球就该完全变成另外一个模样了。

生物在地球化学上的活动形态多种多样，各类生物均会参加各种活动。

我们应该清楚地认识生物对地球化学的作用，第一步应该弄清楚生物体的化学成分，形成生物体的物质都是生物从水里、土壤中、空气中也就是它们周边的环境中以不同的方式获取的。

人们很早就了解到，所有生物体的主要成分就是水，即$H_2O$，生物体中水的含量大概有80%，植物的含量要高于动物的。这样看来，就重量而言，生物体里氧的含量排第一。

碳对生物体的构造意义非凡，它能和氢、氧、氮、硫、磷合成数万种互不相同的化合物，碳又是生物体中的蛋白质、脂肪和碳水化合物不可或缺的组成部分。二氧化碳是活物质里那些碳的化合物的供应者，氮、磷和硫在生物体里形成复杂的有机化合物。而且，钙也在生物体里而且主要在骨骼中，另外肯定还包含钾、铁和其他一些元素。

最初人们以为，生物体里含量高的11～12种元素对生物体来说才是至关重要的。

直到后来人们才弄清楚，除了那11～12种含量高的元素外，在一些生物体中含量高的还有铁，在一些生物体中含量高的还有锰、钡、锶、钒，还有更多的其他稀有元素。

比如说，现已发现在硅质海绵、很小的放射虫、硅藻的生命过程中，硅的意义非凡，它们的骨架为硅的氧化物。铁菌铁的含量高，而像有些细菌含锰或硫。其中的一些海洋生物，骨架里含的是钡和锶而没含钙。另外，大海中的那些无脊椎被囊类动物，会从海水或海底的淤泥中拣出钒原子，海洋或海底的钒原子含量很低，一旦这类动物死亡，钒就在海底沉积起来了。

还有，海藻会吸收海里的碘，海水中的碘含量也就亿分之几，海藻死后，就跟碘一起沉入海底。这种泥土后来变身成了岩石，这种岩石缝常会生出含碘的矿水。人类在以前是海洋的地方打洞，一直深入到地下的岩石，就会得到这种岩层水，从而这种岩层水中就能提取到碘。

我们上面探讨的这些生物体里聚集的化学元素参与了地球化学反应，充分说明自然界甚为奇妙。

人类提取生物体成分的技术水平越高，从生物体中发现的元素也就会愈多，不过这些在生物体中发现的元素的含量却都很低。

人类最初预测，在生物体中发现的银、铷、镉和其他一些元素仅是临时混合的物质，但是事实证明，几乎所有的元素均能在生物体里找到。问题的关键在于，它们在生物体里的含量各不相同，目前科学家正在做这方面的研究。

人们事先确认，生物体的成分肯定不是它所处环境成分的简单相加，也就是岩石、水各种气体这些成分合起来的重复。

我们以具体的例子来加以说明，土壤和岩石中含有大量的钛、钍、钡等元素，不过生物体里的钛含量仅是土壤中的几万分之一。

而土壤和水里的碳、磷、钾和其他几种元素的含量都很低，但是生物体里这些元素的含量要高一些。

从地球化学的角度而言，人类认识到，作为生物体主要成分的那些元素，在地壳之下，或者是说在生物圈（自然界有生物活动的区域）之下，均形成了易流动的化合物或者气体。确实如此，比如$CO_2$、$N_2$、$O_2$、$H_2O$它们不就是或者为气体，或者是易流的液体吗？均容易让生物摄取以满足自己的生命周期。另外像碘、钾、钙、磷、硫、硅和其他一些元素，均易于生成易溶于水的化合物。

土壤和岩石里的钛、钡、锆、钍含量虽高，但是它们的化合物却不易溶于水，因此也就不易在生物圈运动，也就是说它们不易被生物吸收，甚而完全无法被吸收，因此它们就无法聚拢在生物体内。这么一来，它们在生物体里的含量就少得可怜。

像镭和锂这类元素，活跃在生物圈里的更是微乎其微，能进入生物体的更是少得无须提起。

还有些元素在生物体里的含量过低，一般仅有万分之几或者更低，它们就是人类嘴里常说的微量元素。

人类现在认识到微量元素对生理作用的重要性不容小窥。生物体里的一些物质对生理的作用非同一般，主要是那些物质的成分里含有多种微量元素，比如血液里的血红素中就有铁、动物甲状腺分泌的激素含碘、动植物体内的酶素不就含有铜和锌吗？

人们绘制出了一张生物体解剖图，用于介绍元素在动植物体内的分布情况。不过我在此不想和大家探讨那张图，我们要讨论的问题是生物体对地球化学的意义。

人类发现，各种生物在地球化学中扮演着不同的角色，而角色的分配，则要看它们体内聚集的元素种类，换句话说，完全取决于它们体内的化学成分。

"钙质"生物死后，它们的骨架积累起来然后生成石灰岩，钙无论是在生物圈还是在地球上的发展过程中都同它们脱不了干系；齐聚硅、钒、碘的生物各自在这三种元素的发展过程中做出了不可磨灭的贡献。我们首先要搞清楚的是各类生物对活跃在生物圈里的原子在地球化学上所起的作用，以及如何描述这种作用，甚而如何利用这种作用。

假设现在已经或可能正在研究某个地区植物的特性，通过观察来分析那个地方的植物性质，说明什么植物聚集了什么样的金属，然后勘探这些金属的矿床。深埋地下的矿石，很难说其上的土壤不被传染，含在这类土壤中的镍、钴、铜、锌的含量会递增，而且该地区植物体内的这些元素的含量也会上升。

目前科学家研究了各类植物的成分，他们发现哪种元素的含量高，就想法勘探，如挖探槽或探井进行勘探，于是一些锌矿、镍矿、钼矿和别的矿床就出现在人们眼前了。

一切生物均有一种"习性"，无论它是植物还是生物，它们由水、土壤、岩石等自然界聚集的元素都有一个度。比方说，一个地方它们要集聚的元素过多，或者过少，生物都会发生变异，表明它们的生长出现了问题。一些山地、水里和天然产物中如果缺少碘，那些地区的人和其中的一些动物就会患甲状腺肿；假如土壤里的钙含量低，那里的动物就容易发生骨头现象。

上面的种种情形说明活物质与人们所说的生物界的关联非常紧密。

活物质和无生物界聚合在所有元素的原子的变化过程中。

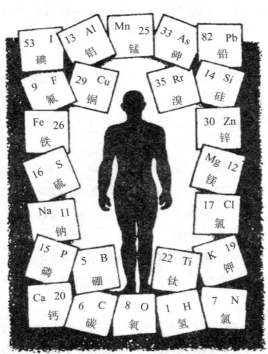

人体内化学元素的种类，同构成无生物的相同

因此，人类对地球上不同元素的原子发生位移的情形了解的越明白、越仔细，对生物在地球化学上的活动也就了解的越清晰、越具体，然而，这取决于人类清楚地知道元素在生物体内定量的成分。

# 8. 原子和人类历史

回顾化学元素的发展过程，我们会联想到好多千奇百怪的故事。起初的几种元素是偶然发现的，刚开始时人们也没意识到，更不会想到因此就会揭开一些大自然的奥秘。元素是一切物质的基石，这种思想的形成不知道是几代人花了多少功夫，才从人类的实践活动上升到了理论形态。

炼金术士他们搞不清楚单质和化合物，然而他们了解几种金属，还认识砷和锑这一类的物质。以下的这首诗足以让我们了解炼金术士的学识水平：

> 创造世界的七种金属，
> 正合着七个行星的数。
> 感谢宇宙的一片好心
> 送给我们铜、铁、银……
> 还有锡、铅、金……
> 我的儿子！硫是它们的父亲。
> 你，我的儿子，应该快懂：
> 它们的生身母亲是汞！
>
> ——莫洛佑夫译诗

其实不仅炼金术士，在一个时期内就连化学家都以七大行星的名字命名这七种金属：比如太阳——金、月亮——银、水星——汞、金星——铜、火星——铁、木星——锡、土星——铅。炼金术士认为砷和锑不是金属，尽管他们很清楚这两种元素加热时易于氧化和升华。

不幸的是，炼金术士习惯将自己的处方用一些怪异的、在一些情况下还用一般人根本就不懂的譬喻表达出来，往往让人很是疑惑。

比如民间流传的"炼金术士的哲人手"。如果手掌上出现鱼——汞、出现火——硫，鱼在火里——汞在硫里，依照炼金术士的观点，它们就是一切物质的起源。

以这些元素的化合物为基础，生成了五种主要的盐，如同一双手掌上长出了五个手指，五种盐的符号就标注在手指上：王冠与月亮——硝石、六角星——绿矾、太阳——硇砂、提灯——明矾、钥匙——食盐。

现在我们清楚了，假如炼金术士讲："去，拿国王，把他煮开……"他说的是硝石；假如他说把"长手指一磅"盛到曲颈瓶，他说的是硇砂……

炼金术士十分清楚，各种金属都有一种相应的"灰"，他们一般利用酸和这些金属的作用获得那些"灰"（也就是我们现在说的"氧化物"）。然而在当时，他们的眼里"灰"就是较为单纯的物质，反倒认为金属是"灰"和"燃素"的化合物，而"燃素"则为一种易于飞散的火质。

唯有如罗蒙诺夫和拉瓦锡般的巨人和爱好者，才能证明炼金术士的观点是错误的："汞灰"为一种构成相当复杂的物质，它是汞和普利斯特里刚分析出的气体氧的化合物，更奇妙的是"汞灰"的重量相当于汞和氧的重量之和。人类在1763—1775年发现了氧，并认为这就是现代化学的开端，也是炼金术士梦想破灭的年代，他们的梦想一直阻碍着科学的进步而且已经有很长一段时间了。

到了此时，人们认识的元素已经达到了几十种：1669年时，布兰德不就发现了磷吗？人们在18世纪中期发现了钴和镍，而且还学会了通过"锌灰"制取金属锌。然后，在1748年的时候，安多尼奥·乌洛阿在美洲发现了一种如同银的金属，起名铂。

不过人类真正考察所有单质的时间，是在18世纪的后25年以及19世纪的初叶。1774年人类发现了氧和氯，又过了10年，卡汾狄士在电解水的时候发现了氧，而且他还分析出了水的成分。

后面新元素的发现都是按照一定的规律依序进行：通过人类在大自然中新发现的物体来探究它的成分。好多新元素就是这样被发现的，比如锰、钼、钨、铀、锆等，无不如此找到。

时光转到了1808年，戴维改善了雅可比的电解法，他通过提高电流强度，并发明了将电解出的物质保存在煤油和矿物油中，以避免生成物和氧接触，于是就得到了纯的碱金属，而且找到了钾、钠、钙、镁、钡、锶。

从1804—1818年的14年里人类共找到了14种元素（不算已经介绍过的还发现了碘、镉、硒、锂），然后又找到了溴、铝、钍、钒、钌。到了后面中断了一个时期，因为技术落后了，亟须革新。

直至到了1859年人类才找到了新的办法也就是光谱分析法，就这样人类又开始不断找新元素了；用这种方法找到的新元素就性质而言和以前人们认识的元素非常相像，继续用以前的方法是发现不了它们的差别的。靠光谱找到的元素分别有铷、铯、铊、铟、铒、铽和几种别的元素，直至1868年门捷列夫发现了著名的化学元素周期规律，在当时他认识的元素已经达到60种了。

自此科学领域的人们清楚地知道还存在哪些元素。

各种元素在化学元素周期表里分别占一格，元素总的数量并不是无限的，空格代表这个元素人们还没有发现。门捷列夫预测出了三种新元素，他称它们为"类铝"（排在周期表的第31位）、"类硅"（位于周期表的第32格）和"类硼"（排位在21），他还预测了它们的物理和化学性质。果不其然这三种元素被人们发现了，有力地证明了门捷列夫的预测是对的。"类硼"取名钪，"类铝"取名镓，"类硅"取名锗。

大家也许会认为自然界比较容易见到的元素就是最先为人们所认识的，而稀有元素是人们最后才找到的。非也，我们以人类发现金、铜和锡为例来说明，它们在地球里的含量虽然很低，然而它们却是人类最先了解的金属，它们很久以前就在人类的技术和文化史上崭露头角了。然而它们在地球上的平均含量，锡仅有百万分之几，铜是百分之几，而金仅有亿分之几。

但是地球上遍布的几种元素，比如铝，在地球上的含量达到了7.4%，人们却是在很久以后才发现它的，直到20世纪初叶人们还认为铝是稀有金属呢。

人类发现金属的时间有先有后，焦点是它能否生成单质，是否易于大量齐聚从而形成"矿床"。

假如它很容易齐聚，人们何愁发现不了它，人们就会采用先进技术寻找并利用它。

　　人类每找到一种新元素，化学家就得在实验室通过做各种实验来探究它的特性，这应该算是人们初步认识它吧。紧接着化学家就得了解它的特征，就是它所独有的、不同于其他元素的特点。

　　比方说，锂的比重为0.53，因此它就能覆盖在汽油的上面，非常奇特。相比之下，元素锇却恰好相反，比重为22.5，是锂的40倍。镓的熔点为30℃，然而它不易沸腾，因为它的沸点是2300℃，超过了工业上一般用的高温。"就算再奇特、再奇妙，又有何用呢？"大家或许会这么说，不过还是请继续往下看。

　　就拿镓说吧，无论是工厂的工程师或者是在实验室做实验的化学家要用高温时，都要考虑制品或要用到的实验物所能经得住的高温，于是人们首先就得测温了。不过新的难题又出现了：测量360℃之下的温度不难，而要测出高于这个温度的高温人们就要犯难了，因为汞的沸点是360℃，温度高过这一温度含汞的温度计就失去效用了，人们这时就得用到镓了。如果用不易熔化的石英玻璃作为细管，往里面灌入镓，它就能测近乎1700℃的高温了，此时镓还未沸腾。若是玻璃管的熔点再高些，还可测到2000℃的高温。

　　再来说说重量，也就是重力。它是地球引力形成的，重量是运动、速度和物体升空的"阻碍"。然而，人类却想提高自己在地球上的行走速度，人们甚至还想像鸟一样翱翔于天空，于是首先要做的就是消除重力的阻挠，这样一来人类就不得不想尽办法来生产轻巧而耐用的机器，去找既轻便又耐用的原料了。人类经过千番努力终于如愿以偿了：铝的比重为2.7，镁的比重在1.74，这两种轻金属都是非常好的材料。

　　当下的飞机上多数零件的材质都是铝，更准确地说，它们均是铝、铜、锌和镁金属的合金为材料而制成的。然而铝在飞机制造方面的垄断地位绝非一朝一夕形成的，人们为了改变它的性质也就是它的强度、硬度、弹性和耐火和耐氧化的性质，付出了艰辛的劳动。在人们解决了提炼金属铝的困难后，铝的第一个行动就是独霸厨房。人类以铝作为原料生产出了锅、匙、杯子，原因是这些铝制品不仅轻还很干净，更不易被氧化，人类起先制取的铝就是如此被消耗掉的。人们那个时候还没有发现它在工业上的作用，人们还不清楚像它这样软且硬度又不高，不仅熔化难，还不能焊接的金属该用在何处？铝吸引全世界的目光，那是人们制出硬铝之后的事。硬铝的硬度极高，它是人类由厨房"做菜"联想到了方法制取出坚硬合金：人类在坩埚中放进铝，并依序投入其他的金属，然后逐渐捞出依次制成的合金，分析它的强度和其他的性质。

在那个时候人们还搞不懂，为何在加入4%的铜和0.5%的镁，另外再添加一些别的金属，柔软的铝就会变得坚硬无比，岂止是硬度大增呢，还能如同钢铁般锤炼。硬铝的奇异性质突然都显露出来了，因此它的加工也就容易和便捷了。在锻炼出硬铝之后，再让它持续柔软数天。它似乎得靠这几天"积蓄力量"，在其里面的铜颗粒通过位移生成了硬铝的骨架。在硬铝之后，人们又制取了比它更出色的合金，比方说，苏联研制出的环铝硬度就超过了硬铝。

人们将硬铝和轻合金用到了工业上，对交通运输而言意义更大。地铁或电车的车厢就是以铝为原料生产的，重量就比钢制材料少了三分之一。以钢为材料生产的电车，一个客座的重量就约有400千克。若是将材质换作铝，一个客座便可减少到280克重。

镁在自然界的旅途颇有意思，它曾被二度发现。戴维首次发现了它，在此后的100多年里，人们一直不知道该怎么用它。人类以它为原料生产出镁带或镁粉，以备放烟火之用。直至到了20世纪，人类方才搞清楚这种被作为"玩具"的金属性质的确很独特，若是能巧加利用，就会在工业上来一场革命。

诚然铝已经给人类增益不少，然而人类的愿望是飞，人类不仅想飞还想飞得很远。倘若生产飞机的金属材质更轻，哪怕再轻20%，飞机的储油量就会大增，多飞上几千千米还难吗？可是比铝还轻的金属又在何处呢？

这时镁再次进入了人们的视线。前面我们已经说过了镁的比重是1.74，比铝轻35%。然而为了安全起见生产机件的金属材质就得坚硬，尤其是要能抗氧化，而镁根本就达不到这些要求：但是镁很活泼都能和开水起化学反应，镁居然能和水里的氧化合，然后生成白色的粉末也就是氧化镁。大气里的镁比木头燃烧的还要充分，然而工程师和化学家并没有因此而泄气：因为他们懂得，合金能让镁完整。通过实验证明他们是对的，比如人们往镁中加入微量的钢、铝、锌，镁就具有了抗氧化的能力，还能变得与硬铝同样坚硬。镁的含量在40%之上的合金，人们就称其为"琥珀金"。琥珀金不光含镁，在它里面还存在铝、锌、锰和铜。

以上就是进入20世纪以后人们二度发现镁的过程，镁从此跃入飞机制造业，随着时间的流逝它在飞机制造行业的地位逐渐稳定了下来。尤其是人类在生产飞机发动机时更是非它不可，以镁作为原料生产出的飞机发动机零件经久耐用、不易损坏。

我们这里是把以镁和钢为原料生产出的配件在进行对比，就说以钢为材质生产出的弹簧吧，由与长时间的伸缩，弹性就越来越小了，不光如此还越变越脆，很容易折断，这就说明钢制配件并不经久耐用，还易于损坏，另外发动机的轴老化之后也容易断裂。然而技术家通过观察发现一些合金不光"耐用"还很"经久"，它们里面的各种金属互相结合得非常紧密，因此无论用多大的力量击打它们，都无法撼动它们。镁的合金就是很好的例子。话又说回来了，镁的作用不只是飞机制造业。在汽车制造业上也有它的身影。以镁的合金为原料生产出来的工具和汽车配件不光结实还很轻便：重量仅有钢制的五分之一或是六分之一，强度有时却高于钢材质。

镁分散在自然界的各处，在地壳上它无处不在。它跟铁相同，经常齐聚到一起，因此想开采也绝非难事。海洋和盐湖的含镁量极为丰富，比如克里木海沿岸的锡瓦什湖里的镁含量就不低。

含镁的主要矿石为光卤石（即氯化钾和氯化镁的复盐），苏联的这种矿石很多，索利卡姆斯克的光卤石储量颇丰，由地球表面至100米～200米的至深处分布的都是这样的矿层。人们借助阿芒拿炸药进行爆破，然后用风镐将矿石敲碎，再运输至地上。在矿石到达地面后还得经过无数道工序才能将镁和氯分离，因为它们彼此紧紧地接在一起。想让镁和氯分开，就得熔掉光卤石，然后接通电源。利用电流击打镁和氯的组合，这样一来，白色的金属镁就如同水般流入铸锭模。

现在人们已经掌握了从海水中制取镁的方法，海水的含盐量在3.5%，其中的十分之一是镁，这充分说明一立方厘米的海水镁含量在3.5千克。

要从海水中制取镁也不难：首先过滤海水，再将过滤后的海水放进桶里，撒一些消石灰进去，这下子氢氧化镁就沉积下来了，让海水混沌一片。将浑浊的海水搁在一边让它慢慢沉淀，然后倒走上面透明的部分。将沉积物放到过滤器处理干净水后，倒些盐酸进去中和一下，帮助它溶解，再次清理干净其中的水分。接着将通过这种方式提炼到的固态氯化镁熔成液态，并让其温度一直达到700℃，然后采用电解光卤石的方法电解它，这个过程就是以海水提炼镁的步骤。

人类不光以镁为原料生产机器，它还易燃，并可生成高温，甚至高达3500℃，这点对于工业非常重要。特种青铜的主要成分就是镁，镁和铝的混合粉末是生产剧烈燃烧弹的好材质。镁在工业上的作用很大，用途也很宽广。

我们回过头来再说飞机制造业的革新。其实在自然界还存在一种"飞行"的金属，人们刚开始在飞机制造业上使用它，也就是铍。其比重为1.84，比镁更经久耐用。

铍的合金性能比迄今为止在飞机制造业上用过的金属都要强，以铍为原料生产出来的工具，在使用的过程中一般没有噪声更不会有火花冒出。在镁的合金中加入一些铍，镁的合金就会更加结实耐用，更不容易被氧化，在制取镁的途中稍微添加一些铍进去，就不用再想其他的办法抗氧化了。

但是，这样就出现了一个新的难题：难道还存在更轻的合金不成？

人们想到了锂。朋友们还记得吗？我们前面说过它的比重仅有0.53，和软木同重，只要向铝的合金和镁的合金里添加微量的锂，这些合金的硬度就会递增。令人惋惜的是，含锂量高的更为坚硬的合金直到现在都没有生产出来。因为大自然中锂的储量虽然丰富，甚至可与锌相提并论，一些锂矿的锂储藏量很高，一般会生成锂辉石和锂云母，所以这种合金应当被开发。

由此看来，如果以锂和铍为原料生成出来的合金对人类发挥的作用重大，人们不妨多开采一些锂出来，然而跟锂相关的合金人类至今都还没有探索出来，这也是科学家面临的重大难题。

矿泉含有锂，医生说矿水是含锂量大的水（比如法国的维希就存在这种水），用于治病而且疗效也不错，然而人们却梦想着早日生产出锂的轻便而结实又不易被氧化的合金，以用来生产飞机。不过就目前的情况而言，轻金属和轻合金不论是在工业部门还是在运输部门都不能完全取代黑色金属，也就是铁、钢及其合金。下面我们就来说说它们，它们虽然是前辈，但依然富有生气，而且还在为生产品质优良的合金贡献着自己的力量。

我们细细回忆这些变化多端的合金，也就是人们称谓的合金钢的构成，就不难发现它们富含的是一大堆性质很相近的金属，即铁、钛、镍、钴、铬、钒、锰、钼和钨。所有这些合金都可视作"钢"，即含碳的铁，要将它们"合金化"其实很简单，只需往它们里面添加稀有金属即可，这样就能使它们的性质发生改变。

假如人们将合金钢里的铁分离出去并以稀有金属代之，于是它便就不再是铁的合金了。比方说那种称作斯大林合金的物质，在它里面仅含钨、铬、钴这三种金属，它是时下大家颇为熟络的高度硬质合金的先辈，它们在工业上被用来切割金属，而且切割的速度提高了不少，以前一分钟仅能切削70～80米，目前达到几百米了。

自从钨生成了硬度极高的合金后，就有力地提升了金属切削金属的效率。人类用钨和钼为材质生成出了好几百种承前绝后的坚硬无比的钢，它们分别是耐热钢、装甲钢、弹簧钢、炮弹钢、穿甲钢等等。

在人们了解到像钨和钼等稀有金属的性质之后，它们就被广泛应用于各个工业部门了。

然而"稀有"一词用到它们身上已经有些不合时宜了，如果测算一下它们在自然界的含量，就会发现钼接近铅的两倍，钨大致为铅的七倍，已经不能算是"稀少"了，并且它们在工业上的使用也很普遍，开采量也一直在迅猛增长，差不多快赶上其他"非稀有金属"的开采量了。

人们一般用钼钢生产炮筒和炮架，锰钼钢常被人们用来生产装甲以及穿甲炮弹。生产汽车和飞机的金属需要满足三个要求：弹性高，韧性强，不怕振动和频繁的撞击。最近几年钼的需求量一直有增无减，因为生产轴、连杆、轴承、飞机发动机、管子等都离不开钼，并且要和铬、镍结合起来使用。

除此之外，人们还用钼生产质地好的灰铁。在这种铁里钼的含量为0.25%，提高了它的物理性能，尤其是增强了它的延展性、抗张度和硬度。

将钨和钼拉成丝，工业上的真空管离不开这些丝而且需求量非常大，白炽灯里面的灯丝就是以钨为原料。钨的熔点在3350℃，比其他金属的都要高。熔点高于钨的唯有碳，碳的熔点是3500℃。与钨的熔点较为相近的还有这两种元素：钽（3030℃）和铼（3160℃）。钼的熔点为2600℃，人们一般用它生产小细钩来钩灯泡里的白炽灯丝。

由此可见，只限于发现元素还不够，还得探索它和了解它的特性，进而让它为人类服务。这样做就相当于被人类二次发现了一样，它对人类的作用会更大，人类也会更加离不开它。比如说汽车上的接触子就是钨制作的，厚度只有十分之一毫米的小钨片能让分电盘上的接触子连续工作几百个小时而不被烧坏。

我们下面再以铌为例来说明，它和钽几乎是形影不离的两种元素，然而在它刚被发现的时候，人们却认为它毫无用处，认为是它污染了钽。但在实践中人们发现，在钢里加入铌，钢就会变成电焊钢制品的焊接材料，而且用它焊接的地方异常很结实，从此人们就离不开钽和铌了。

元素纷纷跑到工业上去贡献自己的力量，不过也不是所有的元素都如此。然而无论到了何时我们都不能说工业上不再需要别的元素了，因为科技在不断向前发展，技术革新也一直在进行，这种发展和革新是永不止息的，在这方面的领军人物就是化学家和地球化学家。

工业上需用的所有物质人们都习惯了在大自然里寻找，既然如此我们不妨来说说工业的发展对自然界的作用，人类向来贪婪，奢望着能打开地壳，将所需的物质全部收入囊中，却很少去想，拿走的东西回不来了该怎么办，人类能否消耗完自然界的所有物质呢？

我们来回想一下人类在地球上的整个发展概况，会情不自禁这么问自己。让人类不得不考虑这个问题的还有这种状况的存在：人类的采矿量一年胜过一年。

说到这里我不由得联想起了一个工程师的故事，他以前就在矿山上工作。他生活在位于菱镁矿旁边的一个小屋里，然而仅过了两三个星期，那座矿山就消失得无影无踪了：全部被运到水泥厂去了。仅需看一看钢铁厂丢弃的那堆成山的矿渣，大家就应该清楚，人类也是地质学上改造地壳的一个动因。

在世界化学工业上的一个重要的难题涉及的是碳，在这个问题上人起着举足重要的作用。碳在大自然中以三种形式存在：活物质，地球上面齐聚的煤和石油，大气、河水、海水里含的二氧化碳也就是碳的氧化物。世界上碳和钙形成的石灰石是含二氧化碳最多的物质。

大气里的二氧化碳含量大概在2亿吨，其中碳的含量在6000亿吨，人类一年采集到的煤和石油分别为10亿多吨和2亿多吨。人类在燃烧煤和石油的过程中，将碳转化成了二氧化碳，这么一来，大气中一年新增的二氧化碳就达到了30多亿吨，如果不溶于海水，植物也不净化，那么再过二三百年，大气中的二氧化碳含量就会增加一倍。

人类想借助煤中的碳，却不曾想让碳散布于大自然了，而且人类对煤的需求量是很大的，由此不难发现人类的活动是和真实的地质变化的规模相贴合的。并且，人类也一直在人为干预金属的活动：人类已经拥有的铁不下10亿吨，然而铁的性质极不稳定，还很容易被氧化。在一个时期内氧化的铁和人类冶炼出的铁相当，到了最后是累积的铁无法和流失的铁一并而论。

金的状况要好些：一般情况下人类将其作为试剂，用它来涂镀别的金属，算上损耗，一年在一吨上下，也就是说金的年散失量少于其开采量（6000吨左右）。

说到铅、锡和锌之类的金属，它们齐聚在地底下生成矿床的不是很多，而人类去采集它们，然后又在利用它们的过程中将它们一去不回头地散布出去了。

人类在农业和工程方面的活动规模，跟大自然的作用非常接近。

人类在地球的最上层劳作：即为农业的发展而劳作，对地球化学而言却是意义非凡，因为如此一来，一年就有3000立方千米不止的土壤遭受大气中的水和空气的影响。

每年农作物都会带着大量的物质消失：磷酸酐1000万吨，氮和钾3000吨，这要比人们每年施的三种肥料多出不少，植物摄取的不同元素最后流入到了动物的循环圈，说到底还是流失掉了。

总体而言，人类在农业和技术上的活动让物质分开了。人类一年开出的矿石不下一个立方千米，如果算上修建的堤坝和灌溉渠，于是就达到了两个甚而三个立方千米。

从各国冶炼炉掏出的炉渣也不止一个立方千米，那么我们来瞧一瞧人类扔在自然界的化学工业的废物到底有多少。假如将这个数字同大自然的河流一年带走的15立方千米的沉积物相对比，我们就不得不说，人的活动和河流的作用一样重要。我们再来说说建筑业，苏联在大规模的建设社会主义城市，一年光消耗的建材都不止10亿吨。

人类利用自然的速度与日递增，就不同金属在地壳里的储藏量而言，虽说它们的含量很高，一时半会还不至于枯竭。然而这些储量也不是都能开采出来用的，实质上是哪一种金属齐聚得多了工业上才会去开采，而金属大规模齐聚的情形并不是很突出。

根据人类掌握的储量，有一些金属也仅能勉强维持工业之需，因此摆在地质勘探人员和地球化学家面前的任务就是加速寻找金属矿产，以满足工业不断递增的需要。苏联的科学家越是关注这些问题，苏联就越能早日获得稀有金属和较为有价值的金属，这些金属对于发展苏联的国民经济和国防意义重大。

# 9. 原子在战争中的表现

在战争年代参战国都将各种经济资源投入进去，此为现代战争的特征。这一特征在第一次世界大战中表现得最为突出。像炸药、钢铁、铜、硝石、甲苯、石油、黑色金属均对战争发挥着重要的作用。

1916年在凡尔登打了好几个月的仗，在凡尔登战役中耗费的战备物资规模庞大。德军攻取凡尔登要塞失手，他们朝那里的守军空投了100万吨左右的钢铁，几乎将战场及其下面的防御工事变成了钢铁"矿"。

用于战争的原料数量更是猛增。

1917年，德军开始挖战壕，进入了阵地战，水泥的消耗量跟德国全年的水泥产量相差无几。

第一次世界大战中，各参战国生产炸药需要用到的氮的化合物和硫酸，以及碘的数量，均超出欧洲生产能力的许多倍。战况也是一会儿有利于这方，一会儿有利那方。

至1917年年底，法国的钢铁储备仅能维持一星期，炸药用得差不多了。英国引发了煤和粮食恐慌：德国潜艇击沉了英国的商船队，千百万人处于饥饿当中，粮食和原料的储备经测算仅能维持几周。不过德国的原料消耗比协约国更快，有色金属已找不到来源了，即使利用从战场搜集来的碎片来应急也是难以满足需要。

德国原料极度匮乏，很快就陷入崩溃的边缘，战败的阴影笼罩在德国的上空。1918年3月，德军发起了猛烈的进攻，一度攻破了协约国的西防线，进占了亚眠，打通了进攻巴黎的通道，当时他们行军至距离巴黎120千米的地方。但是德军早已瘫痪：橡胶储备用完了，汽油储备也彻底消耗光了，"奄奄一息"的破胶皮轮子无法在风雪中展开机械化运输，粮食和弹药已经供应不上了，军队无法行军，德国战败的命运就已经注定了。德国的资源，其物质力量和精神力量跟协约国相比早已枯竭，因此德国战败，这就是德国在第一次世界大战中的教训。

由上可知，竭尽所能大量储备各方面的战略物资，是世界各国的重要使命，尤其是在第二次世界大战前就成为侵略国的主要问题。研究这方面问题的文献有很多，我们随便翻翻，就会清楚地知道内容不但新而且很复杂，涉及的方面有经济、地质、技术和冶金。

计算一下战略储备原料，大概不下25种：铁、铝、镁、锌、铜、铅、锰、铬、镍、砷、锑、汞、硼、钼、钨、石油、煤、橡、胶、氮、硫、黄铁矿、石墨、钾、碘、磷酸盐、石棉和云母，以及铀。

因此，在第二次世界大战打响之前，好多国家早已在争夺原料了。美国创建了自己急需的金属工业，而德国恰恰相反，对矿藏不加开采，作为资本保留，比如德国不再开采自己国家的黄铁矿，等着开战后制作硫酸，而是去劫掠西班牙的黄铁矿。

德国采取各种措施打算开采自己境内含铁量低的铁矿（但是锰含量却很高），可是却迟迟不下手。德国在开战前五年的时间里运用其全部货币基金，竭尽全力由国外输入原料；仅输入的锰矿就是前十年输入量的五倍，还购进了数量巨大的钨和钼，另外还输入众多石油类产品。德国用于石油的钱可是不少。第一次世界大战后，德国的军事工业在英美资本的帮助下迅速走出了战争的创伤。

而且德国采取各种办法争夺其盟国和邻国的原料市场，它想垄断原料来源，为自己在战争中居于主动地位创造机会。它是如何做的呢，通过下面的例子就明白了。第一次世界大战结束后德国就劫掠了南斯拉夫博尔地区的铜矿，并将其严密控制起来，而且还派本国的工程师进驻。德国得到这个有名的矿脉之后，曾经认为开战后铜的供应量会递增一倍，并测算出一年大概能增加5万吨。不过开战后工人却毁坏了这个矿，工人不想让德国用这些铜去发动不义的战争。

德军需要多少原料呢？大家可以粗略测算一下。譬如说，有300个机械化和摩托化的师，总共达600万～700万人，开战一年，大概需要钢铁3000万吨，煤25000万吨，石油和汽油2500万吨，水泥1000万吨，锰200万吨，镍2万吨，钨1万吨，另外还需要消耗数量庞大的其他物资。[1]

大家不妨细思一下，这一串串数字能说明哪些问题呢？3000万吨钢铁说明什么呢？要生产出这么多的钢铁，最少得6000万～7000万吨矿石，那得开采完好几个矿大铁矿。

石油的需用量更是惊人，达到了2500万吨，这还是比较保守的估计，因为战场的前后方，以及空军和海军，均要消耗各种石油产品。罗马尼亚石油年产量最高达到了700万～800万吨，伊朗年产石油1000万～1100万吨。

除此之外，一旦交战就离不开橡胶而且需求量也是居高不下，有色金属、用于建筑方面的木材、石棉、云母、硫、硫酸和别的物质。

但是战争中对原材料的大量消耗却成为地球化学改变金属分布的因素。目前的军事技术出现了一些新的特征，拓展了物质的种类，促使它们直接或者间接地进入了战争，于是便需要那些战略上居于主导地位的或者是发挥重要作用的原料再次估价，而且新发现的物质是以千百种新产品、化合物和合金的形式出现。

中世纪那些骑士所穿的用铁制作的锁子甲和各种甲胄，直至不久之前生产武器的原料还只有钢铁这一种金属，可战场上用到的都是自然界新的物质，即新的化学元素及其化合物，基本上为各种各样的稀有金属，尤其是出现在战争上的"黑色金子"——石油。

它们一次次让人类在战争中取胜。

下面我们就从化学的视角叙说现代的战争。坦克部队正在作战，此时装甲钢的质量对战局具有重要的影响。让装甲的硬度增强的是铬、镍、锰、钼四种金属，坦克的重要组成部分轴、齿轮、履带，钒、钨、钼、铌是其里面的主要成分，以铬的颜料作为坦克的保护色，内含铅，坦克上的

[1] 这段是著者根据1940年的资料写的。

军事技术上涉及的化学元素

起偏玻璃的原料是特制的硼玻璃和碘的化合物，这样一来坦克手既能发现敌人又不用惧怕对手刺眼的探照灯和别的灯光的照射。铝和硅合金中的一种，即硬铝和硅铝敏，为生产坦克上较为次要的部件的原料。

质量上乘的汽油、煤油、轻石油和从石油里制取的质量优良的润滑油使坦克的活力和速度大增，而溴的化合物有助于燃料的燃烧，降低发动机的噪声。

生产装甲车用了近30种化学元素，而生产其武器则用到了更多的化学元素：锑和硫化锑是生产榴霰弹、榴弹的原料，铅、锡、铜、铝和镍生产了炮弹、炸弹、枪弹和机枪子弹；爆炸要用脆钢，炸药配起来也是很麻烦的一件事，这种炸药是以石油和煤的提炼物为原料生产的，它们的炸伤力都很大。

装甲车部队和坦克部队交火后，就会有上万吨金属和各种各样不一样的物质参与其中，从而有幸让全体指挥员、坦克手、装甲车手都有机会参加规模很大的化学反应，这些反应的破坏力是十分惊人的，单位面积承受的压力达到了好几百吨。

有时摧毁一个村镇的最大压力也达一平方米10吨～15吨，但是与炸弹爆炸时的空气波比较起来，这是微不足道的。装甲的哪面越牢靠，汽油的辛烷值越高，炸药的杀伤力越强，于是这方面的优势就越突出。

下面我们就来从化学方面分析比较大都市遭遇夜袭的情况。

一个秋季的黑夜由轰炸机和驱逐舰的联合编队起飞了，那些铝制的飞机仅有几吨重，是用硅铝和硅铝敏的合金生产的，接口焊接得非常结实，焊接原料是铌钢，用铍青铜为原料生产出了发动机上的重要部件，以镁和银、锌、铝的合金也就是琥珀金为原料制造出了其他部件。用质量好的轻石油灌满了整个油箱，或者是具有最高辛烷值的汽油也就是世界上最好最纯的石油，因为只有这样才能让飞机更快得飞行。

飞行员端坐于驾驶盘前，他随身携带着一张地图，那张图上有一片云母或者是特制的硼玻璃。一些仪表的指针上含钍和镭的荧光物质常常会散发出浅绿色的光芒，飞机下面悬挂着炸弹和一串串燃烧弹，用特制的杠杆控制，极易投掷炸弹和燃烧弹，炸弹是用极易爆炸的金属生产的，雷汞就装在雷管里面，铝、镁和氧化铁的粉末就装在燃烧弹里面。

有时会让发动机的速度慢下来，有时又会让发动机的速度加快，房屋和玻璃被螺旋桨和发动机的轰隆声震颤了，敌人的飞机利用降落伞投掷照明弹。

人们如同挂灯般的火光徐徐落下，刚开始出现的是红黄色的火焰，燃烧的是碳、氯酸钾和钙盐的混合物。火光逐渐变得更巩固、更明亮了，而且光越来越淡，最后成了白色，燃烧的物质是镁粉，同我们照相的时候用到的镁粉一模一样，不过此处的镁粉是在加入了一点儿钡盐后才生产成的，因此燃烧时会发出浅绿色的光。

城市的防御工作也要常抓不懈，经常得给一些防空气球里充上氢气，在细细的钢索上飘荡，从而防止敌机俯冲下来投弹，重要的一些地方气球里装的是氦气而非氢气。士兵用声波测远器来探测敌人飞机发动机的声音，就算有云雾都能清楚测到敌机的飞行方位，然后利用自动化的装置朝它发射红黄色的星星样的光，这些光忽亮忽灭，生产它的原料是好多种发强光的物质，主要是钙盐在起作用。

探照灯发射出的数十道白光将黑色的天空照亮了好几千米。敌机硬铝的机身在金、钯、银、铟四种金属的散发出的光线的照射下，难以有所动作。几种稀有金属的盐包含在探照灯的灯泡里的炭里，即稀土金属的盐。英国的科学家将钍、锆和另外几种特殊金属的盐添加进了灯泡，结果是探照灯的光线强度提高了，都能穿透伦敦的雾了。

那时挂在敌机降落伞下面的照明弹的灯光通过后，留下的是一串烟雾。敌机在通亮的天空绕出了一个"8"字，确定好轰炸的目标，接着就从特制的炮弹释放出一些钛盐或锡盐制的烟雾，为轰炸机指点着俯冲的方位。

此时驻守城市的军队已经朝着敌机施放的用于照明的镁光抛出了上千颗红色和红黄色的曳光弹。曳光弹冒出亮丽的色彩，阻碍敌机对战情的预判。驾驶敌机的飞行员处在钙盐和锶盐的亮光中无法辨清方向，又被探照灯的强光一刺激，就只好乱投炸弹，结果飞行员就把上百颗炸弹投到居民区去了。铝是生产燃烧弹壳的原料，壳的成分包括铝粉和镁粉，有特殊的氧化剂，燃烧弹的一端是雷汞制的雷管，有时还往燃烧弹里添入沥青或者石油之类的物质以提高燃烧速度。摁一下杠杆，炸弹就脱离挂着它的钩子坠下去了，炸弹发出巨响的那一瞬间空气波的杀伤力，会超越海军大炮般的重武器发出的穿甲炮弹。

监控敌机俯冲的高射炮发挥作用了，榴霰弹和高射炮弹爆炸后的碎片纷纷奔向敌机。以脆钢和锑及其石油为原料生产出来的炸药连续发生着化学反应，并持续发挥着破坏作用。这里的反应就是人们所称的爆炸，爆炸仅用了千分之几秒的时间，爆炸时一般会引发剧烈的震动和巨大的破坏。

快看，高射炮击中目标了。敌机的机翼被击穿，机翼掉下的残骸和其余的炸弹同时落到了地面上。飞机的油箱也在瞬间爆炸了，还没投出去的炸弹此时也开炸了，重量达几吨的轰炸机转眼间就燃烧成了一堆残破的旧金属片。

"德国法西斯的飞机被击落了一架"，这是来自报纸上的一条消息。

"剧烈的化学反应暂时中止了，短暂的平衡再次出现"，从化学方面讲就是这样的。

"说到法西斯，特别是对于它的技术，对于它的现存力量和人们的精神状态又是一次重创"，用我们日常的语言就是这么说的。

进入空袭战的元素有46种，是周期表全部元素的50%。

上面的内容是我们站在化学的角度诉说战争的，不过我要表达的东西还没有表达清楚呢。战争不光是指正面战场上的战争，一旦进入战争状态前后方是会很自然地连接起来的，也就是国内的整个工业部门都会为战争生产各种物质的。远离战场的硫酸工厂可是炸药工业的主神经。德国早先在莱茵河的威斯特伐里亚洲建了好多硫酸工厂，还在其同波兰以前的国境线上散布了同样多的硫酸工厂。

硫酸工厂的生产不仅要有几十万吨含硫量很高的黄铁矿，更需要耐酸的特殊建筑物，有的是用铅建造的，有的是用铌的合金建造的。耐酸性好的砖、纯度很高的石英原料，以及用钒族金属或铂族金属为原料生产的灵敏性好的催化剂，这些仅仅是庞大而复杂的化学工业上极少的一部分物质，是创建一家硫酸工厂的基础，而硫酸工厂又是化学工业的基本单位，只有它生产出硫酸后才能继续下面的流程即生产炸药，而硫酸工厂的生产废料又能制取生产光电管用的硒，而且也能提炼出铜和金。

另外生产炮弹的工厂在加工钢块时还会用到一些"自行淬硬"的钨钢和钼钢生产的质地较硬的工具，质地优良的金刚砂和刚玉粉、最细的锡粉、最碎的铬粉或铁粉是磨光炮弹的重要部分的原料，当然还有镍、铜、青铜和铝合金。

炮弹生产出来之后就顺次进入了下一个生产流程：预备好爆炸原料，包装好化合物，要连续工作，精确生产炮弹、炸弹、地雷的弹壳，正确安装地雷上的撞钟或定时信管，在这个过程当中需要的物质还有很多。

# 第四章

# 地 球 化 学

## 1. 思想史

我不想给朋友们留下这样的印象，觉得现在什么都清楚了、什么都了然于胸了，所有的元素尽在掌握之中。我不想让朋友们在潜意识中觉得知识唾手可得，觉得探索物质的这种科学，即化学是人类自发的活动，无须进行斗争和求索，无须进行艰苦卓绝的奋斗。

而事实并非如此，从前的科学默示我们，千百年来无数的人为着探求科学的真理而斗争着，他们出现过失误，他们另辟蹊径，他们没日没夜在地下室简陋的实验室反复试验，他们鄙视愚昧，从而决意苦心钻研以了解大自然的奥秘。

自然界也不想让他们一下子发现自己的所有秘密。

例如，一次我们站在武德亚乌尔湖岸，呈现在我们面前的是一座城市，一条公路直通该市，公路上的汽车常年不绝。看着眼前的场景，联想起了在这个地方刚开始看到苔原的情景：荒芜、冰冷，基本上见不到有生命的东西。

而现在出现在外人眼前的却是这座人口众多的城市，铺好的一条条笔直宽广的公路、一辆辆满载重物的汽车——他眼里是一幅欣欣向荣的繁荣景象，根本想象不出这里曾是杳无人烟的苔原。他会联想起数年前，旷业工作者穿梭在荒凉的小径勘探矿石和矿物的情景吗？他能想象的出，为了采掘苔原底下的富源、为了能让这个地方繁荣昌盛起来，矿业工作者面对的难题有多少、付出了怎样的辛劳？

在攀登科学的高峰上何尝不是如此呢？我们取得的现代科学史上的各项成果，汲取科学巨人的研究成果的同时预期科学的明天，我们咀嚼着伟人的成就觉得津津有味，究竟有多少人为此献身和遭受煎熬方清除了愚昧的丛林，我们不曾记得。

被我们亲切地称为地球化学的这门科学，是专门探讨我们这个地球的化学元素发展史的，也许得很花很长的时间才能撰录完，到那时，岂止是物质原子结构的构想成为现实，科学甚至会纵深发展到钻透原子的结构，甚而了解清楚原子结构的根本特性。

20世纪初现代地球化学出现了，不过从广义而言，地球化学不但探索化学元素的概念，还讨论矿物的化学成分问题，更涉及矿物和矿石的特征，这说明该门科学的观念在前三四百年就已经出现并发展起来了。

矿物学和化学是地球化学的根本，矿物学和化学也是经过无数发展阶段方到今天这个高度的。

人类为了自身的发展不断斗争着，史前时代他们就尝试着找认识的石头，并以石头为原料制造简陋的武器和劳动工具，至此，漂亮的宝石就在人们的脑海中打下了烙印。进入更高层次的发展阶段后，人类开始关注起了下面的问题：地球的实质、地球的起源。于是宇宙来源的传说就出现了，即出现了称之为天体演化学的观点，发展到后来这种学说就被比较科学的观念取代了。大家应该很清楚，远古时期地中海一带的文化发展很兴盛，在那个年代德谟颉利图、亚里士多德和卢克莱修等思想巨人的观念都相当超前了。

亚里士多德是古希腊不可多得的哲学家，他在自然方面进行着不懈的研究，他的一些观点特别著名，很早以前就认为地球和宇宙呈球状。他认为宇宙的各个天体中地球的重量最大，因居于宇宙的中央；地球被水包围，水被空气包围，构造出了地圈。他认为最轻的元素是火，然后是太空，他认为地球、大气里的空气、水、火和太空为性质不一的五种元素。

由于生活在科技不发达的古希腊，他的一些观点并不是很正确，然而这阻挡不了他对自然科学做出贡献。马克思都评价其为古代著名的思想家，原因在于亚里士多德在他的专著中论述了那个时候的全部自然发现。

其门徒泰奥弗拉斯托斯（公元前371—公元前286），首次为人类留下了人类认识的那些矿物的资料，还对人们了解的矿物分了类。我们有理由相信，泰奥弗拉斯托斯不仅是矿物学的创立者，还是土壤和植物学的创建者。

公元1世纪时有部名著诞生了，这本书的作者为罗马的老普林尼，他卒于公元79年维苏威火山活动之际。该书不光记录了人类创作出来的各种传说，同时也记录下了与矿物相关的大量知识，他启用的一些矿物名称有的一直沿袭到了今天。

自中世纪开始，与自然相关的知识便在欧洲终止了发展。在此期间自然科学和化学发展的阵地转移到了东方。

这在9—10世纪生活在阿拉伯的思想家的著述中不难看出，人们从这些文字中发现，大自然中的一些金属是共生的。比方说，路卡·本·西拉比昂撰录的《岩石录》的序文写道："大自然里的石头，时而齐聚时而分离；不时从这种生成另一种，有些时候却是这种去为另一种上色。"

毋庸置疑，发现矿石、加工矿石和提炼金属和合金，这诸多的原因催着人们深究化学元素共生的前提，结果是人们就搞清楚了关系密切的元素和彼此厌憎的元素，于是最早的地球化学定律就这样被人们找到了，这些定律直至今天依然有它存在的价值。

出生于布哈拉的阿维森纳（980—1037），他的书非常有名，他创作过与矿物相关的文章，他对矿物做了如下分类：第一类是石头和土，第二类是易燃的化合物和硫化物，第三类是盐类，第四类是金属。

还有一位出生在花剌子模的颇有名望的学者阿尔—比鲁厄（973—1048），他写了一部阿拉伯文字的专著《贵重矿物鉴定录》，他在自己的这部书中详细总结了人们当时了解的所有的矿物知识。

以阿拉伯文字在9世纪创作的与炼金术相关的书，为化学的发展做出

阿格里科拉专著里的配图，古人在勘探矿床（1556年）

了重要贡献，它们首次诠释了化学研究的实用方法。

炼金术士的基本工作便是合成，即用他们认识的物质来生成新的物质。炼金术士集中在亚历山大里亚，但是后来，化学知识和实验技术又从亚历山大里亚传播到了亚洲的叙利亚。炼金术从叙利亚传到了阿拉伯，然后又从阿拉伯途径西班牙而流传到了欧洲。

在普通人的眼里炼金术就是想用别的金属提炼出金子的骗术，可实际上，生活在中世纪的那些炼金术士只是想改变普通金属的性质而已，他们成天梦想着从常见的金属里提炼出银或金。他们的目的不止如此，还打算找到长生不老的药和"哲人石"。

他们改善常见金属的实验一直没有起色，炼金术士不得已就将他们掌握的技术用于别的上面去了。他们的研究方向转向了人类的健康，于是炼金术就变成了医术。

诚然，炼金术士欺骗人的事实谁也无法替他们涂抹掉，但是他们对化学的发展还是有所作为的，毕竟他们做过数不清的不同化学实验，只是目的不是科学研究而已。不过，他们还是有所收获的。

哲学家莱布尼兹评论炼金术士的话非常到位："他们是想象力和经验异常丰富的普通人，但他们的幻想和经验经常是不同步的。他们的幻想跟孩子们的一样，把自己推到了毁灭的边缘，或者贻笑大方。实质上，他们通过实验和观察大自然获得的知识，都超越了人类尊崇的科学家。"

人类迎来了伟大的文艺复兴，这个时代人类无论是在文化方面还是在其他方面都有了空前的大发展和大繁荣。匈牙利的谢米格拉吉亚、萨克森和波西米亚的采矿业有了长足的发展，这也是矿物学获得大发展的一个主要原因。

阿格里科拉是生活于萨克森矿业中心的医师以及矿物学家，他在矿物研究方面有出色的表现，为后人研究矿物学和地球化学铺平了道路。他的真实姓名是格奥格尔·帕乌，遗著很丰硕，涉及了那个时代最新的矿床研究成果。他很有名的两部书分别是《矿物的性质》（1546年）和《金属制品》（1556年）。他采用的矿物分类法是以科学为基础的，他在分类法中首次引入了化合物变化多端的理念，即他的分类法是建立在化学原理基础之上的。打那时起直至18世纪末，科学家研究矿物学时都是以此分类法展开工作的。

贝采利乌斯（1779—1848），不仅是一位化学家，还是一位矿物学家，他仔细探究了矿物的化学分析法，最先按照化学成分给矿物分类，而且一直沿用至今，"硅酸盐"这个术语也是他首先使用的。

世界范围内的科学团体和科学院对地质学和矿物学的发展都发挥了重大作用，1657年人类建立的第一个科学院，也就是齐门特科学院的贡献尤为突出。伦敦也于1662年创建了"皇家学会"，这是大不列颠科学院的前身。

自17世纪末叶开始，尤其是进入18世纪初叶后，各种科学团体和大的陈列室及博物馆雨后春笋般破土而出。瑞典科学院和在1725年建立的位于圣彼得堡的俄国科学院，为人类的进步事业奠定了坚实的基础。

在当时的俄国，地球化学思想的萌芽发端于罗蒙诺索夫（1711—1765）分别撰录的《论地层构造》和《论金属的产出》这两部书中。罗蒙诺索夫奠定了金属和矿物可移动的科学研究的思想。"金属可从一个地方迁移到镭盐个地方。"这就是罗蒙诺索夫的科学观点。他为矿物学的研究确立了正确的方向，他还说矿物产生于地质变化，这个提法是20世纪发展起来的地球化学这门科学的基石。

人们用数十本书和上百篇文章品评罗蒙诺索夫，给他冠以大研究家、思想家、科学家、作家和诗人等诸多桂冠和头衔并用大量的文字描绘了这位俄国具有超前科研思想的代表人物，即使如此，人们还是没能诠释清楚这位斗士的全部作为和才华，因为这位出生于白海边上的阿尔汉格示斯克人渊博的学识根本说不完。

出现在我们眼前的是罗蒙诺索夫的巨幅画像，他是在长期同大自然斗争中练就出来的奇人，具备了崇高而顽强的拼搏精神，从不在任何人和任何事情面前低头。

他勇于探索，果决，富有幻想精神，充满好奇，喜欢刨根问底，擅长分析，具有很强的动手能力即做各种实验（他说科学和实验密不可分）的能力，并能将实验和分析整合起来。古人留下了疑似荷马的坟冢七十座，由此人们一直在辩论荣誉分配的问题，而现在有十多门科学和艺术也陷于争执之中，人们开始探讨罗蒙诺索夫在哪个方面的成就最为显著，到底是在物理学、化学、矿物学、结晶学、地球化学、物理化学、地质学、矿冶学、地理学、气象学、天文学、天体物理学、地志学、经济学、历史、文学、语言学、技术之中的哪一个领域呢？实际上，普希金概括得最好，他说罗蒙诺索夫就是一所"完整的大学"。

就算跟罗蒙诺索夫一个时代的人理解不了他，当时也出现了新的一代人，他对这一代人热情有加，发出号召教导并激励他们：

> 青年一代啊
> 国家希望你们快速成长
> 祖国期待你的作为
> 倾听出发前的呼号
> 啊，生在幸福时代的青年
> 放开干吧，你们遇到了好时代
> 你们的勤奋预示着
> 俄国的版图上会出现
> 它培养的柏拉图
> 和智慧无穷的牛顿。

200年之后，到了今天我们才看到了他的预言和他的大胆的理论设想成了人类的科研成果，他期望自己的国家富强繁荣的理想已然实现。

罗蒙诺索夫从不认为科学理解就是对各种现象的罗列，而是对这些现象的诠释。他觉得，人类研究的并不是物质自身，而是物质的构造、形成这种结构的缘由和物质里面的性能。按照他的想法，无论是哪一门学问，所有科学的最终目的都围绕一个人类面临的最大问题，也就是何为物质？如何构成的，成分都有哪些？

罗蒙诺索夫的观点是，物质来源于一个个小粒子，它们是有引力、惯性和运动力的，这些粒子中较小的为构造简易的原子，大一点儿的为分子。原子和分子都得借助显微镜才能辨清，它们都是不停运动或者迁移的。这个预言有其合理性，合乎现代原子理论的一些观点。

罗蒙诺索夫早法国化学家拉瓦锡半个世纪，证实了大自然中的所有东西都不会消失，实质上他很早就发现了物质和能量守恒定律。

罗蒙诺索夫从物理学的角度深研了物质基本粒子的特性，慢慢地他的研究重心从物理方面转到了化学上……化学研究的范畴是物质成分的变化，它跟物理和力学的联系异常密切。

罗蒙诺索夫在1751年科学院的会议上当众读了他的专著《论化学的用途》，他在该文中为化学的发展指明了方向，摒弃了炼金术士在他们神秘莫测的实验室摸索出来的不科学的思想，为化学制定了新内容，在新的化学里面数字和重量及数学规则等作为主旋律，还以自己的新思想指导人们的实践。

罗蒙诺索夫在多年的努力后，于1748年在圣彼得堡的阿普捷卡尔半岛创建了一个实验室，这也是俄国迄今为止创立的首个较为科学的实验室，他就是在这里精确度量物质的。

罗蒙诺索夫在1752—1753年讲授《物理化学》这门课程，这是世界范围首次开设该课程。"让化学遍布人们的生活。"他曾说，由此他广泛开展着化学研究，以满足国内的需求。在他的孜孜不倦的求索中光学玻璃的新配方出世了，他连续实验了3000次，方动手研制镶嵌玻璃的天蓝色颜料，他为此专门成立了个制作镶嵌玻璃的工厂；他通过实验分析了乌拉尔矿的成分，还探究了硝石和磷的问题。

在这个实验室亟须解决的诸多研究课题中，罗蒙诺索夫加上了生成纯净物质的研究课题。也因此他钻研起了纯净的金属、硝石和别的盐类，就这样，以前的工艺学课程和矿物学课程被赋予了新的内涵。他认为，矿物就是一个个小粒子的混合物，矿物的性质取决于一个个小粒子的彼此构成方式。

看似没有生命的石头，也有自己的生命周期、有自己的发展过程，因此罗蒙诺索夫倡导大家用新方法探究天然矿物。

罗蒙诺索夫将矿物形成的条件同地质的作用有机组合到了一块儿，他苦苦寻觅地底下和充斥着灼热的硫蒸汽的火山岩缝隙里的矿物生成的答案，他观察到了动物残骸形成石头的现象。缘于他过人的学识，不光是自然研究家还是哲学家和化学家，因此由他的新观点中人们不难发现，石头在他的眼里是有生命的。

以下便是1763年罗蒙诺索夫在的专著《论地层》里的一段文字：

这些便是我在地下观察到的情形：它是地层，是不同物质构造出来的矿脉，所有的物质都是自然界在地底下生成的。要特别留意这些矿脉的出处、颜色和不同的轻重，因此要用数学上、化学上及我们平常所说的物理学的观点考虑问题。它俨然不是过去那种、乏味、仅论述矿物性质的矿物学了，而是一门新科学及地球化学了。

跟他在科学发展过程中首次在物理和化学中间创立了物理化学是同样的道理，同时他也在化学和地质学之间创立了新学科，当时人们还不知道该如何命名这门科学。在70年之后的1838年，一位18世纪初叶的科学家才为其取名为"地球化学"，他就是化学家绍本（1799—1868），4年之后他说了下面这么一段话：

我早于几年前就公开发表了我的意见，我确信，在有了地球化学后方谈得上实际意义上的地质科学，显而易见，地质学主要的研究方向就是构造出地球的那些物质的化学特质，探究那些物质形成的原因，起码也得弄明白自然界的各种生成物和湮没在这些生成物中的远古时代动植物残骸的大概年龄。我可以很负责任地说，时下的地质学家踏着前人采出的路，然而将来的地质学家必不会继续沿着这条路走下去的。将来的地球化学会为了拓宽研究的范畴，如果化石无法适应他们研究之需，他们就去寻找其他的辅助研究材料，由此毋庸置疑，到了那一天，地质学就得利用矿物的化学研究途径了。我坚信这一天离我们不远了。

科学发展过程说明，缘于科学巨人的科学思想而诞生的新观点和新成果。

人类为了能将化学上普遍存在的规律化作地球化学上的定律，为了让规律性的预测成为确实的、成为经得起验证的科学总结，就得长时间、精密地分析各种现象。

俄罗斯的门捷列夫（1834—1907）在这些方面的成绩尤为突出，截至那时，科学上的宇宙构造的统一性的观点还只是人们的想象，然而在门捷列夫发现了化学元素周期律以后，这种观点才有了理论支撑。

自19世纪50年代始，俄国的工业进入了高速发展的轨道，门捷列夫正是从此时全面展开他的研究工作的。他很爱自己的国家，因此他的研究工作都能和实际紧密结合，他将自己的主要精力都用在了实践上。

他论证了石油和煤的使用问题，还有这两种资源的储存和形成的原因，他发现了无烟火药的成分，而且深入钻研起了建立和发展炼铁工业的可能性。

他说，进行科学探索的终级目标是"预见和实用"。

门捷列夫的著名专著是《化学原理》，1869年首次出版，在他的有生之年重印过8次，在他去世后也是多次再版，该书为门捷列夫的得意之作。"我研究所用的方法、我的授课心得和我真实的科学思想全在这本书里。"

"《化学原理》是我的研究思想的精髓，我投入了我全部的精力，这是我留给年轻一代的精神财富。"他在1905年的时候曾经这么说。

毋庸置疑，化学元素周期律的出现为化学的发展开辟了新的发展方向，也让世界都将目光投向了门捷列夫。

恩格斯对化学元素周期律做了如下的评论，他讲道：

门捷列夫证实，在按照原子量排序的同族元素系列中有一些空白，代表在这些位置还有未被发现的新元素。他预测了这些未知元素中一些一般的化学特性……没过几年莱考克·德·布瓦博德朗就找到了这个元素……

门捷列夫无意识地运用了黑格尔的量变引起质变的著名定律，为科学的进步立下了不朽功勋……

门捷列夫预测了新的化学元素，订正了一些元素的原子量，他还替众多的化合物找到了准确的化学分子式。他是第一个将原子比作恒星、太阳和行星等天体的人；根据他的思想，原子结构犹如一些天体体系的结构，如同太阳系或者双星体系的构造等。

对地球化学而言，化学元素周期律就是基础，依照该定律方可系统的探索并发现化学元素在天然条件下组合的一些规律。虽然化学元素周期律早就出现了，然而科学家们还想通过自己的方式证明它的正确性，不同的学派必将在这个过程中产生分歧，他们还须经过无数次的实验求证，因此一直拖了75年人们才诠释了它，它的价值直到此刻方被人类所认识。

门捷列夫将化学现象同物理现象整合到一起研究，正因为如此才证实了罗蒙诺索夫的格言："化学家倘若缺乏物理知识，就犹如瞎子仅能在摸索中生活。而这两门科学的关系是如此的密切，少了其中的哪一门，另一门都是不完全的。"

过去、现在和将来，化学元素周期律永不过时地在科学发展过程中发挥着永恒的作用？这缘于化学元素周期表异常得简单，仅是对大自然中的一些现象的罗列，而这些现象无论是在空间、时间、能量和演变等关系方面都可按一定的规则互相印证。在该表中找不到人为的痕迹，它代表的就是自然界。我们可感的、我们眼前的这个真实的世界，其实就是一巨大的表，它是遵照极长的周期排列出的，可分成不同的部分。

固然，人类在未来可能还会提出新的的科学发现，新的科学发现也许会被证明是谬论从而淡出人们的视野，正确的总结和新的观点往往会取代陈旧的观点；人类的大发现和实验结果会将过去的陈腐的东西抛得远远的，从而进入更奇妙、更宽广的人们意想不到的高度，尽管也有产生和消失的时候，然而门捷列夫的周期律是会永存的，而且将永续发展下去，会越来越精确，会继续指导人们的实践，即科学研究。

门捷列夫也在自己的专著中呼吁大家为发展和进一步完善该定律而永不止息。

门捷列夫在《化学原理》的引言里写道：

在明白从事科学研究是一件自由且愉快的事情后，你就会不顾一切地为之奋斗并流连忘返，这也是我写作的出发点。由此，大家会发现这本书的基调是欢快而充满希望的，我尽我所能让大家喜欢化学并学会从化学的角度看待问题，我期待着有更多的人投身科学研究。我呼吁年轻人投身科学，更怕不小心吓着要去为国家的农业、工业和工厂生产服务的年轻人。我深深懂得唯有让人们感受到科学的真实存在和它对人们的好处后，人们才会喜欢、相信它并不由自主的运用它。

门捷列夫时刻不忘寻找接班人，大学里无论是学什么的学生总爱挤到他的课堂。他的话常常吸引着听众，因此他的课堂常常爆满。青年学生来听他的课，目的不在于跟他学那些干巴巴的公式，而是为了学习他做事的理念、如何推理、如何创造。

时间进入到了19世纪，人类在化学研究方面采取的方式是将矿物学和物理化学整合到一起，而且在研究自然界不同化学元素互搭的解释上进行了更新，让其变得更科学了。

这种研究的指导思想和理念在19世纪后叶变得就更稳固了，为地球化学思想的形成打下了基础，让科学家学会了在研究矿物生成作用之际联想到不同矿物的成分构成。

即使如此，地球化学还是没有建立起来，因为当时的人们还没有明白原子、元素或者晶体这些概念。直至周期律的出现，人们在物理学方面尤其是结晶学方面取得了一些进展之后，人们才知道原子的真实存在，才懂得结晶是一种自然现象，才敢于将元素及其特性和原子的构造整合在一起探究。

如此一来，创立地球化学就有了理论基础，不过还需要下功夫留意观察自然界的各种现象，勤加观察，做上百次甚至是上千次的实验，这才是进行化学研究的基本研究方法。当这些新的研究成果或被实践印证了的科研成就与物理学和结晶学上的人们想象出来的结果整合到一起后，才能建立起地球化学的方法论。

目前这门独立的学科已经诞生了，这是俄罗斯科学研究者的功劳，当然，也离不开挪威和美国科学研究人员的支持，这门科学的研究方向是大自然里的原子及其活动情况。

地球化学不同于地质学里的其他分科：它的研究范畴不涉及分子、化合物、矿物、岩石或者它们的化合物的特性和运动轨迹，而以研究原子的活动情况为主；地球化学的主要研究课题是原子的活动，即原子的运动、变迁、配搭、散布和聚集等活动情况。还有，地球化学的目标不是阐述和论述化学元素周期表中的各个元素的发展过程，而且要将元素和原子的特性整合到一块儿求索，这缘于元素的发展变化受制于原子的性质。

在苏联，人们已经对地球化学进行了明确的界定，而且一直在不断完善，这正是俄罗斯科学家不懈努力的结果。就以苏联在地球化学方面业已取得的成就和苏联地球化学对世界地球化学的贡献而言，都是举世瞩目的。

俄罗斯地球化学学派的思想和理论基础是由韦尔纳茨和此书的著述人费尔斯曼院士在莫斯科大学发展起来的。

美国、德国和挪威也有部分化学家和地质学家发起了创立地球化学学派的倡议，然而他们的研究范畴还很狭隘，不同于俄罗斯的地球化学学派。

在这里我要重点谈一谈美国地质学家克拉克（1847—1931），他于1908年出版了自己的专著，名称为《地球化学资料》。36年来他不辞辛劳多方努力，搜寻到了岩石和矿物的研究资料，他在自己的这本专著里订正了无数真实材料中的谬误，他总结了不同地层的平均化学成分和整个地球的化学成分，并得出了相应的结论，然而他并没有将他拥有的那些资料作为探究整个自然界发展变化过程的依据。

挪威的福格特（1858—1932）与哥德施密特（1888—1947）一直在努力为地球化学的发展贡献着自己的力量。福格特在物理化学的岩石学方面成绩斐然，有这门科学作为理论指导，人类就可以放手探究岩浆的不同作用，也就有了测算地球化学成分的可能。哥德施密特将结晶学同固态的物理学整合起来从而为现代结晶学的发展打开了局面，他仔细钻研着地底下深处的化学变化，他在这方面颇下功夫。他撰述了一部名作，书名就叫《地球里化学元素的分布规律》。

俄罗斯的地球化学学派同克拉克与哥德施密特的完全不一样，该学派的地球化学家都是在地球化学思想的武装下破解自然界出现的一个个难题。

苏联地球化学家在平时的科研工作中，都是谨遵罗蒙诺索夫的遗训，也就是"充分运用数学、物理和化学上已经取得的研究成果"来破解大自然出现的疑难问题，他们采用地球化学的方法对门捷列夫的周期体系进行了深入的探究。

韦尔纳茨基不论是在生物界还是在无生物界都是很有作为的，是新的科研学派的创始人，同时他还是俄罗斯矿物学的奠基人，除此之外，他也是世界地球化学的创始人，早年曾就读于圣彼得堡大学的物理系，并于1885年在此完成了全部学业。他在这所大学就读期间，风华正茂他就在这里有了一个个新发现，那个时期也是门捷列夫事业上的黄金期。

当时还处于青年时期的韦尔纳茨基酷爱门捷列夫教授的化学，他对自己的这位老师的思想深信不疑。也就是从这时起，他意识到了实验对于科学研究的重要性。

就是在这个人们普遍重视科学研究的年代，道库恰耶夫这位科学家对韦尔纳茨基的成长影响也颇大，道库恰耶夫是个极具创造和探究精神的人。韦尔纳茨基在听他课的过程中，也深受他的研究思想和方法的影响。

韦尔纳茨基在仔细拜读过道库恰耶夫的专著《俄罗斯的黑土》后，就对土壤发生了浓厚的兴趣，他认识到土壤是很特别的物质，是天然生成的，是历史遗留给人类的产物，韦尔纳茨基关于生物地球化学的诸多思想，多来源于道库恰耶夫。

韦尔纳茨基的一生（1863—1945）一直在勤奋耕耘和创造，他发现了众多新的，完整的领域，而且为苏联的自然科学确定了几个发展方向。不仅如此，他还是位科学发展史专家，他在这个方面的贡献也很重大，他将历史研究原则和方法运用到自然科学研究上去了。

他也引导自己的学生这么做，论述一个问题的时候就得先将他的发展过程搞明白。他曾经讲过这么一段话："历史学家通常是用历史研究的方法解释人类的发展过程，我们这些研究自然的人也应采用这种研究办法。唯有如此，自然科学家才能成为自然发展史方面的专家。"

自1890—1911年，在这21年里，韦尔纳茨基生活和工作在莫斯科大学，他在那里教授矿物学和结晶学。

需要说明的是，在韦尔纳茨基到任之前，莫斯科大学的矿物学教授的是各种矿物的枯燥知识，矿物标本也很凌乱。韦尔纳茨基不光清理出了这些标本，还将他勘查和旅途中发现的标本也放进去了，这大大开阔了学生的视野。他不时带领学生在国内和国外去了解大自然，他觉得让学生经常同大自然亲密接触有助于培养年轻一代科学家。他还革新了矿物学授课的内容，他力图不再给学生讲授枯燥的矿物学上的那些描述性的知识，他在以前课程的基础上创建了化学的矿物学，他还将结晶学独立出来作为一门课程，建立了首个科学的矿物学小组，全莫斯科的矿物学家均是该小组的成员。而且，他提议他的同事和学生要在实验后记录化合物和矿物的物理和化学性质，这样一来，这些实验结果就对创立新的矿物学学派发挥了重要作用。

就这样，韦尔纳茨基创立了俄罗斯的化学的矿物学，为以后创立地球化学奠定了基础，于是，在韦尔纳茨基的倡导下，他的门生便在莫斯科大学成立了一个主攻方向为矿物学和地球化学的学派，他们取得了令人瞩目的成绩。

韦尔纳茨基在不断的思索和按部就班的研究里认识了不同矿物的矿床，于是，他的长篇专著《叙述矿物学实验》的首卷于1906年面世了（该书于1918年全部出版完毕），它是矿物方面的经典。

韦尔纳茨基在1909年当选为科学院院士，并于1911年到圣彼得堡工作，他开始进入了自己研究工作的新阶段。倘若说他的前20年主要是在建立新的科学学派，那么在他进入圣彼得堡后的这段时期，则是组织庞大的、进行新科研攻关的时期。

由建立新的科学学派转入组织科研攻关，绝不是一蹴而就的，韦尔纳茨基去了圣彼得堡后，很是怀念在莫斯科的那段时光，他决定不再授课，打算进入科学院全身心地投入科学研究中去。他刚去科学院之时，领导地质学研究的是卡尔宾斯基，同样是俄罗斯的伟大科学家，他是俄罗斯平原地质构造研究的奠基人。

韦尔纳次基利用光谱分析仪深入研究了国内的不同岩石和矿物中的稀有和散布的化学元素的布列状况，而且是首个倡议在国内普遍和按计划探索放射现象的人。

他和赫洛平院士在1922年共同组建了镭研究所，他们一起经过艰苦攻关发现了，借助镭在放射过程中生成的铅和氦气，测算岩石年龄的科学方法。

直至今日，韦尔纳茨基的话一直还回响在我耳旁："我们正迈向人类历史上的一个大转变时期，这个转变是人类在发展过程中从未经历过的。不久，人类就可拥有原子能了，这种能量会让人类的生活更美好。也许很快就会变成现实，或许还得等一个世纪。然而很明显，它必将会变为现实。人类到底会如何利用这种原子能呢，人类到底会用它来造福自己呢还是用于自相残杀？科学研究的成果总免不了要送到人手中由其运用，人类掌握了使用它的知识了吗？作为一名科学研究人员对于自己的工作和工作方法形成的成果的运用绝不能置之不理。要对自己研究出来的成果产生的后果负起应有的责任，务必要将自己的研究和人类的福祉对接。"

不久韦尔纳茨基建立了个全新的、放射性地质学派别，镭的研究工作也以更大的规模展开了。过了几年，他再次发表了长篇专著《地壳里的

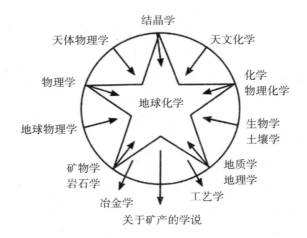

**地球化学和与它相关的科学**

矿物学》（1923—1936），这部作品的科学意义很大，可惜的是他没有写完。就在那个时期，他将他的地球化学思想总结了一下，汇总在一本书里出版了，书名叫《地球化学概论》（1927—1934）。

以前的科学界是将矿物作为变化多端的分子来探究，而韦尔纳茨基在他的作品《地球化学概论》中借助大量元素说明，当前最主要的是摒弃旧有的研究思想而将研究原子作为研究的主攻方向，主要是弄清原子在自然界和宇宙的迁移路径。

韦尔纳茨基在1928年的时候，在科学院创建了生物地球化学研究所，于是，他就成了地球化学这个新领域，也就是生物地球化学的创始人。该门科薛的主攻方向是活的有机体的化学成分，探索活物质和活物质分解后生成物是如何让化学元素在自然界迁移的，如何让化学元素分布、分散和齐聚在地球里面的。

科学院在1935年搬迁到了莫斯科。于是韦尔纳茨基有幸重回莫斯科。在这个阶段（1935—1945），他极度重视生物地球化学的实验，他带领研究团队亲自探索碳、铝和钛的生物化学的反应，而且倡导绘制生物圈的地球化学图。

早在100多年之前就有了"地球化学"的称谓，然而它真正出现的时间却是近30年的事，它诞生于崭新的、勤勉探索的年代；无论是过去还是现在，苏联的科学研究都对地球化学的创设起到了而且起着极其重要的作用；苏联的科学研究工作正在大踏步迈向前，他还开创出了不少新的知识门类，他是在他的成就和目的中将理论和实践整合到了一起。

# 2. 化学元素和矿物的命名

化学元素和矿物是如何命名的呢？要记住成千上万种元素、矿物和岩石的名字确实很难，但是假如了解了各个名称的含义，就不再是不可能的事情了。

不知道大家有没有看过我的另一部作品《岩石回忆录》，在那本书里我讲过一个关于开玩笑的小故事，讲述的是新的矿物和火车站新站名基洛夫斯克的名字是怎么来的。在火车站台工作的那些年纪大一些的员工很有意思，比如他们会给一个站取非洲站这样的名字，因为他们首次去那个站工作时，天气很热，如同非洲一样。

很稀奇的是他们将一个站叫作钛，但是在这个站周边，却不见钛石矿的踪影。

我们发现不光火车站老员工这样，而且化学家和矿物学家在出现一些新物质之时也这样：想怎么命名就怎么命名；然而我们却得记清楚这些名字。不过在化学上要简单些，在化学上需要取名的化学元素总共就那么100种多点。矿物上的可就没那么简单了，光目前发现的就在2000种以上，还有每年都会发现的二三十种新矿物。

下面我就和大家先来讨论化学元素名字的由来，化学科学就建立在这些元素的基础上；化学元素的符号为拉丁文的第一二个字母，例如，铁（Fe）、砷（As）等。

化学家以及地球化学家都爱用国家或是地方的名字当新元素的名称，要是在某一国或是在某一地方出现了新元素或者出现某种元素的化合物，他们一般都以该国家或者地方的名字作为新元素或者化合物的名称。

因此一些元素的名字在看到原文后意思就非常清楚了，并且也容易记住，例如，铕（欧洲）、锗（德国）、镓（法国的旧名高卢）、钪（斯堪的纳维亚）；不过也有一些名字是不容易懂且更难记忆的元素，它们的名字是古代的国名或是地名。譬如哥本哈根在1924年出现了一种新元素，为其取名铪，出处是丹麦首都的旧名。镥名字的由来也如此，它的名字来源于巴黎的旧名。铥这种金属的名字的命名得益于古瑞典和挪威的斯堪的纳维亚语名称。

钌这种金属是克劳斯在喀山发现的，这个名称是他为纪念俄国而命名的，诸多颇富经验的化学家都没意识到这一点。

在斯德哥尔摩近旁一个长石矿坑发生了一些颇有意思的事：用伟晶花岗岩矿脉的名字依特比命名刚发现的那些新元素，如镱、钇、铒、铽的名字就是这么来的。

众多元素的名字则是参照它们的物理和化学性质而来的，这看似很合理，但是唯有熟悉希腊文和拉丁文方可理解并熟记这些元素的名字。

人类借助在光谱中显示的色线进而发现了一些元素，它们的名字也就取自这些光谱线的颜色了，如铟代表蓝色，铯代表天蓝色，铷代表红色，铊代表绿色。

还有一部分以元素盐类的蓝色为元素取名，比如铬希腊文的意思为"颜色"，因为铬盐有着鲜艳的颜色；又如铱这个金属原来的意思为"彩虹"，因为铱盐同样五颜六色。

多数化学家还不忘钻研天文学，他们就喜欢用行星和其他的星体名字来为元素命名。比方说，铀（天王星）、钯（智神星）、铈（谷神星）、硒（月球）、氦（太阳）的名字都是这么来的。它们里面唯有氦的名字具有深刻的内涵，这缘于氦起初就是在太阳上发现的。

也有一些元素的名字是为了怀念古时候神话传说中的女神，譬如钒用来纪念凡娜迪斯女神；钴和镍属于银矿中的有害成分，来自于萨克森矿坑中两个比较凶的地神名字。

钽、铌、钛、钍这四个元素的名字就来自于古代神话故事，没有什么很特殊的意义。锑大概来源于希腊文的"杂色"，因为辉铁矿的晶体以束状聚拢，犹如一束五颜六色的花。

人类很少留意世界级的大科学家的名字，比如被称为加多林石（硅铍钇矿）的矿物就是为纪念加多林教授而命名的，元素钆的名字正是来自于这种矿物。

除此之外，还有萨马尔斯基石（铌钇矿），这种矿物最初是在伊尔门山发现的，给这种元素取此名是为纪念萨马尔斯基上校，后来又将出自该矿的一种元素称作钐。

钌、钇、钐的名字都是纯粹从俄国来的。

抛开这些复杂的和毫无根据的元素取名方式，大概还有30种元素名称借用古阿拉伯文、印度文或拉丁文的字根。

例如，金、铅、砷等这类元素名字的由来一直存在争议，目前尚无定论。最后，我们来谈谈新出现的四种元素：排在第93位的镎和排在第94位的钚就取自行星的名称（海王星，冥王星）；排在第95位的镅意指美国，排在第96位的锔是为纪念居里夫人。

除此之外，还有一些元素根本无法弄清楚它们名称的由来。

是不是有点乱？元素的名字有取自希腊文、阿拉伯文、印度文、波斯文、拉丁文和斯拉夫文的字根的，有取自神、女神、行星和别的星体、地方、国家和人名的，多数毫无规律可循，而且也没有什么特别的意义。科学家也有过将化学元素名字理出个头绪的打算，但化学元素的种类不是很多，也没有必要这么做。

但是相比之下，矿物名称的由来却要另当别论了。关于这个问题，地球化学家和矿物学家就要转变思想观念：大家要理解，人们每年都要为新出现的25种矿物命名，而矿物之前的取名方法，比如有种矿物称劳拉石（硫钌锇矿），居然取自一位化学家未婚妻的名字，好多矿物的取名都是从感情出发，如为尊重一些公爵或者伯爵就用他们的名字命名矿物，实际上他们跟这些矿物一点关系都没有，比方说乌瓦罗夫石（钙铬石榴石）就来源于伯爵乌瓦罗夫——人类就得让这样的情况存在下去吗？

另外，还有一些矿物的名字稀奇古怪，读起来也不是很方便，比如安潘家巴石（铌钛酸铀铁矿）最初出现于一个叫安潘加巴的地方，所以就以这个地名作为矿物的名称。说起来矿物的名字还是矿物史和化学史上颇有意义的一篇，迄今为止，一些矿物名称的起源人们还没完全弄明白，而一些矿物的名字取自古印度文、埃及文和波斯文的字根。土耳其玉和祖母绿就来自波斯文，黄玉和石榴石取自希腊文，红宝石、蓝宝石和电气石取自印度文。

以矿物出现的地名作为矿物的名称，这种情况比较多见。例如，以下三种矿物：伊尔门石（钛铁矿）就是取名于乌拉尔南边的伊本门山，贝尔加石（易裂钙铁辉石）就是取自贝加尔湖的名字、摩尔曼石（硅钛钠石）取自摩尔曼斯克省的名称，苏联人津津乐道的是莫斯科石（白云母），它的名字和莫斯科有些关系，其为著名的含钾云母，对电工业而言很重要。有些矿物的名字是为纪念研究者、著名的化学家和矿物学家的。光我们熟悉的就有：舍勒石（重石，纪念化学家舍勒），歌德石（针铁矿，纪念诗人兼矿物学家歌德），门捷列夫石（富铀黄绿石）与韦尔纳茨基石（水褐铜矾）。

有一些矿物的名字是在向世人说明它们的颜色，这种取名法无疑是正确的，不过却增加了人们记忆的难度，除非懂拉丁文或希腊文。比如说，海蓝宝石（原来意为海水的颜色）、雌黄（本意为金黄色）、白榴石（希腊文本意为白色）、冰晶石（希腊文本意为冰）、天青石（拉丁文的本意为青天）。

还有一些矿物的名字是在向人类说明它们的物理性质和化学性质。譬如，有银子般光泽的那类矿物就称作辉矿类、有铜或青铜般光泽的那类矿物称作黄铁矿类，可顺着一定的方向劈开的那类矿物称作闪矿类，俄文原意为"欺骗"。那些具有沥青光泽的矿物称作沥青矿，金刚石的俄文名称来源于希腊文，原意为"无法制服的"。

说到这里我们想到了这么一类矿物的名字，它们的名字来自矿物中的一种极为重要的成分的名字，这种命名方法也无可厚非，比如纵核磷灰石、黑乌矿、辉铜矿等。

很多矿物的名字非常有趣：有些和神话故事有关，有些矿物名称的含义炼金术士死活都不肯说。譬如，石棉的原名取自希腊文，意为"不能燃烧的"。软玉的原意受到了中世纪错误想法的误导，所以人们才会用它治疗肾脏方面的疾病。似晶石的原意是"虚伪的"，因为它在阳光底下会失去光彩亮丽的外表。磷灰石有一个俄文名为"骗子"，因为它不容易和其他矿物区别开来；到了中世纪的时候，人类误以为紫水晶具有预防醉酒的特性，因此原意为"防醉"。

综上所述，大家现在明白矿物名称的由来不是那么简单了吧？

不过，人类真的就无法理清矿物的名字了吗？如果召开一个国际会议，形成一份规范新发现矿物的取名的文件，让矿物的名字不但能说明它的特性还易于记忆，让矿物的名字系统化，用它们的名字来给矿物归类，这不是一个很可行的办法吗？

我们提议：给矿物命名不宜过长，要便于人们记忆，每一种岩石、动物和植物的名字都一样，都要紧密联系它的特性，以便于人们使用和记忆。我们深信，化学和地球化学要想往前发展，就一定会采纳这个建议的。

# 3. 现在的化学和地球化学

我们有幸生活在物理学和化学取得非凡成就的时代。

其他的金属取代了旧有的金属铁，或者是与鲜有的金属组合发挥新作用；有关碳的有机化学的研究最近几年成果丰硕，种植蓝草的广大田野和橡胶园已变成了规模庞大的工厂；大工厂中用干馏的产物生产出合成橡胶和染料，非但全部代替了天然染料，还拓展了染料颜色的种类。

这个世界正在顺着科学、经济和生活化学化的方向走向明天，化学业已深入人们生活的方方面面，深入工厂中构造复杂的器械的各个部位。

与化学同步，人类研究富源的兴趣越来越浓，范围也越来越广了，探究工农业用的矿物原料，这应该不难理解。地球化学和化学密切结合到了一起，很难界定这两门科学。在今天的人们看来，人类专门设立的科学研究所和实验室为发展化学工业提供了技术基础和理论来源。

想到这里，激动的人们联想到了巴斯德的话，他曾在1860年说：

我恳求你们多注意神圣的处所，这个处所叫作实验室。你们务必多设立一些实验室，而且要把实验室设备弄得更好。要知道，这是关系我们的未来、我们的财富和幸福的庙堂。

人类在今天已经建立起了无数众多的、规模庞大的化学研究所，它们中的很多都在研究地球化学方面的问题。一些研究所在探索铝矿石在工业方面的应用方法，而且成果显著，有些研究所解决了硼和硼的化合物使用上的难题，还有一部分研究所从多个方面探究着苏联天然盐类和其他一些元素，如稀土族元素、铂族金属、金、铌、钽、镍等。

为突破地质上的具体的难题，苏联科学院特设了地球化学研究所来开展专门的研究，不曾想却为苏联的地球化学思想打下了基础。门捷列夫学习并承袭了俄国时期的物理—化学协会的传统做法，广传化学理念，于是门捷列夫学会的总会和分会团结到了好几千会员共同研究一个个化学难题。

在此我不得不提及苏联的矿物学会，它于1817年的时候创立于圣彼得堡，到目前它一直致力于对矿物学、岩石学问题和矿产学说的探究。

地球化学在苏联时期就已得到了社会的普遍认同，地球化学的理念也深入矿产研究的所有著述当中去了。苏联的一位化学家测算过，近30年发表在各种杂志上的与化学相关的学术论文就有100万篇之多；最近几年出版的与化学相关的研究专著达6万～8万种。倘若大家对这些文献有兴趣，有专门的杂志会为你提供服务，凡是世上以多于30种文字印刷过的3000种化学杂志上的研究文章都在该杂志上找得到。

开展分析研究时用的精密天平，可精确至1%毫克

但是，在我们盘点最近几年的诸多研究工作时，大家不要忽视掉，大多数的研究工作涉及碳的化合物，更有好多研究都是关于纯技术问题的，仅有其中的约百分之二和地球化学有关：探究地球上的物质问题、探索各种物质的分布、迁移、构造、结合和产生的工业上需要的积累起来的矿石情况。

遍布苏联各地的科学研究所与各社会团体的科学活动及其科学作品的出版量都在递增，与此同时，化学研究课题也越来越深刻和广泛。尽管

200多年前罗蒙诺索夫就已经去世了，但是他在1715年教授物理化学期间在绪论部分说的那段话，今天依然可以作为化学研究的遵旨："研究化学有两个目的：一个是发展自然科学，一个是促进生活福利。"

不过事实也确实如此：将化学和物理学相结合不仅有利于自然科学的发展，还给我们揭开了自然界我们不借助精密仪器无法看到的奥秘；科学和技术告知我们，构造出宇宙万物的原子丰富多彩。

因为人类在化学科学上取得的成果，有将近5万种含各种元素的化合物在工业上被制造出来了，这还不包括有机化合物，光是在实验室研究和合成过的有机化合物，都在100万种以上，在实验室合成的新化合物一直在持续递增。

这一成果较之人类掌握的2500种天然化合物当然要多出不少，可是，向我们教化学的第一任老师不是别人，而是我们日日打交道的大自然。工业的基础是矿业原料，矿物原料影响着化学研究的方向，物质的构造和化学反应的作用也都是从大自然中的物质中研究出来的。

此即为地球化学之所以能在化学和地质学之间搭桥的原因。地球化学的研究范围是自然界的矿物性质和储藏量，它结合结晶学带着人类探索晶体的构造，还为人类发展工业指明了方向。

由此说来，由地质学至地球化学、由地球化学至化学和物理学，这几门科学连接起来了。而它们的共同目标，不仅要发展自然科学，还要像罗蒙诺索夫所言的那样，致力于促进人类生活福利，这也是人们现在的努力方向。

"如何制造人类需要的物质和控制国民经济上要用的原料"是人类亟待解决的问题，技术的发展给了地球化学极大的支持，人类借助技术研究矿石和盐类的性质，为人类解开了稀有元素在一些矿石和盐类中的排列情况，发现了更好、更充分地利用地下富源的方法，技术的不断发展，促进了化学、地球化学的研究从而保障了现代工业的发展。

我不希望大家把时间用来关注化学和化学各分科的最新发展动态及业已带来的和即将带来的喜悦，对于这个问题，我之前介绍原子时已经涉及，而且，在介绍未来科学和它们取得的成就时还会提及的。

下面我们讨论这么一个问题：现在的化学家促进了科学的发展，他们创建实验室，从而对自然界的了解逐渐多起来，也逐渐深入起来了，那么他们都是一些什么人呢？他们又会成为一些怎样的人呢？

以前的化学家从岩石中提取各种物质、各种元素，放在实验室和研究室仔细观察和分析，忽视了它们与时间和空间以及大自然的联系。但是现在，人类注意到宇宙是一个系统，其中的各个部分是密切相关的，它犹如一个大型实验室，各种力量一直在开展冲撞、结合和斗争，仅仅因各类原子、电场和磁场斗争后才在一些地区形成了一些物质，然而其他地方的物质却遭到了破坏。

自然界犹如一个大型实验室，它的内部互相关联，与机器上的齿轮相似。因此现代的化学家取代了以前的化学家，他们从另一个角度来研究各种原子，将原子和整个自然当作关联体来研究。这也就是化学和地球化学走得越来越近的原因。

目前科学家的研究方向转变了：不只关注宇宙中的个别现象和事实、不只注意实验结果了，他们也在研究物质了，他们想了解物质是如何产生的、生成的原因是什么、将来会如何。

他们不只是从哲学角度探索大自然的运动规律，他们还要探究那些规律在自然界现象中发挥作用的整个过程，他们还要弄清楚各种现象之间的关系。

科学研究者要做的不是描述自然界的各种现象或者展示，而是要去了解，然后让它们为人类服务。新成长起来的研究家不光要会做实验，还要是一个有思想的人，应该在和大自然的斗争中有自己的见解并有合理利用自然界物质的技能。

目前的化学家应像天文学家那样，具有预见性：不光要积累实验室的经验，更要具备创造性的思维、幻想意识和思考的本领。作为现代科学家要知道，科学研究不是一蹴而就的，是一个漫长的努力和积累的过程，它要在时间的长河中，经过几代甚至数十代科学家的努力，用一个很形象的比喻就是要往一杯水中再添一滴。

这也是一种研究成果同时由几个人宣告的原因，这也正是诸多的科学家同时提出认识和合理利用大自然的原因。

要想取得成绩，就应该勤加观察并注意资料的搜集，这对研究地球化学是很必要的。大家要认识到，如果只埋头进行理论的研究，让逻辑上的概括迷住，就会忽视观察的重要性，由此就不再重视含混不清的、就不再正视与之前的概念不同的现象了，不幸的是这些现象恰是一些出成果的关键。要对周围的一切都敏感，要善于分辨旧的和沿袭的假说，这些都是一个伟大科学家应该具有的素质。

或许朋友们要说，发现靠运气，比如伦琴就是偶然发现了 X 射线的作用，还有，西伯利亚的碳酸锰矿也是偶然发现的。朋友们，你们看到的其实只是表象，这并非是偶然的结果，而是勤于观察和善于思考的结果。

好多年来有无数的勘探者从白岩石的身边路过，仅有其中的某些人想到把盐酸泼过去看看结果会怎样，他们的努力没白费，石灰石就让这样让他们发现了，但是他们却没有继续观察，到手的成功就被轻易放弃了。要是他们稍稍留意一下，就会发现这些岩石的缝隙和外面包裹着一层黑色的物质，而且不是外来的，更像是由岩石中成长起来的，西伯利亚的锰矿就是这么被发现的。由此我们说，任何发现都不是偶然的，而是深入的、持续观察和人的知识积累的结果。

说到观察，罗蒙诺索夫十分强调这个问题的另一面，他认为应该由观察提出理论，又要通过理论来修正观察；罗蒙诺索夫说得没错，因为任何观察都起源于理论，而理论均是建立在观察和准确描述基础之上的。

真正的化学家应该具有怎样的素养呢？

作为一名地球化学家起码得意志坚定，一直向往目标，要有很强烈的求知欲、善于观察，活泼、擅长想象，思想和精神方面的年轻并不取决于年龄，而是根据他对事物的敏感程度来确定的。他们得要有耐心、坚韧不拔的精神、勤劳，而最重要的是要有锲而不舍的精神。

这也没什么不好理解的，19世纪时富兰克林曾说过，天才就是能够进行无限制劳动的能力。不过作为科学家还要具有正确的价值观和适当的幻想意识，坚定对自己工作的理想和信念，坚持以正确的思想指导自己的研究工作，捍卫自己的价值观，勤奋工作，更要喜欢自己的工作。热情是工作取得成果的不可或缺的条件，只为实验而实验的人是不会有结果的。

科学研究工作要想取得成就离不开热情，热情并不来源于科学家创造力的驱动，而是来自于科学家的责任感，来自于他认识到自己工作对全人类的贡献。

如果有强烈的造福人类的愿望，并愿意为此而不懈斗争，愿意为这一切而鞠躬尽瘁，有发现新富源和把控所有富源的动机，这就是新型的科学家的奋斗目标。

唯有如此才能认识我们的宇宙并让它们造福于人类。

达尔文自传中有下面的话："作为一个科学家，我一生的成绩不管是大是小，据我判断，都取决于我的复杂而多样的生活条件和我的性格。毫无疑问，我的性格最重要的是：爱好科学，考虑任何问题都有无限的耐心，在观察和搜集资料的时候有坚韧的精神，我又有足够的创造能力和正确合理的思想。"

这些也是人们对地球化学家的期望。这些也不是一下子就能在一个人身上全部出现，它们得靠有意识的培养；它们也不是一个人与生俱来的，而是在生活中一点点积累起来的。

化学上的很多大的发现在我们眼前呈现过，无尽的事实也说明，科学家的热情能战胜一切困难。

## 4. 周期表上的旅行

"陈列一些什么东西才能代表俄罗斯的科技实力呢？"一位苏联科学技术展览会的组织者这么问道，因为几年后该展览会将会在莫斯科开幕。

"由罗蒙诺索夫时代到现在，其他国家缺少的和能代表我们国家科技成就的所有材料都应该被陈列出来。"

大家对这个提议表示认同，和化学家及地质学家沟通后，就有了上面的提议。这个提议人们最初觉得很不切实际具有幻想的意味，但是各方面经过讨论居然认可了，大家对此都很期待，而且都积极行动起来了。

＊      ＊      ＊

设想一下，现在在我们的面前矗立着一座20～25米高，和五六层楼相差无几的由铬钢建造的圆锥形或角锥形的建筑物，这是一个庞大的螺旋围绕椎体，螺旋上遍布方格，而方格和周期表上的排列法一致：长的周期排在横行，类位于竖行。各个方格犹如一间间小屋子，排列着一个个元素。数以千计的参观者沿着螺旋朝下走，了解各个方格中元素的命运，就跟人们在动物园参观围栏中的凶禽猛兽一样。

化学元素周期表的元素大厦

四面环绕着螺旋的椎体

你可以进入"元素大厦"，由下往上升，一直上升到化学元素周期表这个大的椎体的顶上。你最初被大理石包围着，各个大红的舌头看着像是在舔着你的脚，而后便是沸腾的熔化物逐渐在你的四周溢开来。

你身居升降机的玻璃屋，你的脚下和四周都是地球深处升上来的熔化物，你深陷熔化物的海洋，玻璃屋在火舌和炽热的熔化物中冉冉升起。

你的眼前会出现由岩浆中最先结晶的固体物质，这些晶体还浮在岩浆中，被大块岩浆裹挟着奔流，慢慢在一些地方沉积下来，化作闪亮的物质，化作硬度高的岩石。

出现在玻璃屋右边的物质就是地下岩浆冷凝的那部分，你看到了地壳深处的主要岩石，呈灰黑色，特别灼热的地方还是红的，很多铁和镁就在里面。显现出黑点的铁矿石包含着铬，和整片的铬矿石混杂在一起，地壳最先形成的金属有铬矿中如同星星般的晶体，还有含锇的、铱的晶体。

慢慢地玻璃屋子越过呈暗绿色的大石块，它曾经数次遭遇破坏，然后再次熔成了火红的、可流动的熔化物。颜色呈暗绿色的晶体中还含着一种透明的石头晶体，这种晶体会发光。

玻璃屋里的你感觉上升速度急剧在变快，俯瞰着脚底下暗绿色的含着铁和镁的岩石，密集的灰色和褐色的岩石随之出现，它们分别是闪长岩、正长岩、辉长岩，在它们之间有些地方闪现出白色的矿脉。玻璃屋子忽然急速右转，钻过气体、蒸汽和稀有金属的液体花岗岩，熔掉的花岗岩处在雾气中。你无法在混乱的花岗岩熔化物中分辨出都有哪些固态晶体，这里已是800℃的高温区了。

炽热的蒸汽向上冲去。现在，凝固的花岗岩中还存在着熔化的花岗岩，它就是有名的伟晶花岗岩，宝石晶体就产自此，而且黑晶、绿柱石、蓝颜色的黄玉，水晶和紫水晶也出自这里。

玻璃屋子穿过了冷却下来的由蒸汽形成的雾气，越过伟晶花岗岩空洞而神奇的景观，乌拉尔山地区的人们将这种空洞称之为"伟晶岩晶洞"。这里有比较大一些的烟晶，长有一米。它周围的长石结晶了，慢慢地在长石结晶的表面上出现了云母片，到了上面就是闪着亮光的烟晶，神奇的水晶跟标枪似的经过晶洞。

玻璃屋子又上升了，它让紫水晶给从四面包围起来了。它竭尽所能突出伟晶花岗岩矿脉的重围，这样就出现了矿脉忽左忽右的奇妙景色，矿脉粗细不一的分支尽现眼前：在有些地方如同粗粗的树干，全是白色的矿物和光闪闪的硫化物；在别的地方犹如细小的树枝，让人无法分清。褐色的锡石晶体和红黄色的重石分布在花岗岩里。

人类所在的大升降机

玻璃屋子的灯灭了，你这个参观者的眼前是一团漆黑。扳动一台庞大机器的操纵杆后，有不借助仪器无法见到的紫外线出现，黑暗中的墙壁重又发出了亮光：忽而由重石晶体散发出绿且柔的光，忽而是方解石颗粒闪动的黄色光。各式各样的矿物发出磷光并呈现着变化多端的色调，不过重金属的化合物始终是黑暗中的斑点。

灯亮起来了，玻璃屋子飞离了花岗岩中各个矿脉的接触带，沿着花岗岩中的一条粗干线往上走。玻璃屋子的速度慢下来了，你真的在沿着矿脉朝上走。玻璃屋子途径石英块，钨矿石又黑又尖横穿石英，继续往前走上几百米你会头一次发现硫化物闪着光，它是黄色的硫化铁晶体，接着朝前走是让人睁不开眼的黄色光芒。

"瞧，黄金！"你的一位伙伴激动地狂呼起来。带状的金矿矿脉布满雪白的石英，玻璃屋子向上蹿了几百米，金矿下面是钢灰色、光闪闪的方铅矿，接下来是散发着金刚石光芒的闪锌矿，放射出各种各样金属光芒的多种硫化物矿，铅、银、钴、镍矿。继续向上走矿脉的颜色竟然变浅了，玻璃屋子正飞过质地较软的方解石，银白的针形的辉锑矿穿梭在方解石中，有时候就换成了血红色的辰砂晶体。接下来为砷的化合物，变作黄色和红色的大块。玻璃屋子越向前路况反而越好，穿过热的熔化物，跟着的就是热蒸汽，随之而来的就是热溶液。

温热的矿泉飞溅到了玻璃屋子的外面，热气腾腾的矿泉吐着二氧化碳气泡，气泡穿梭在构造出地壳的沉积岩里。坐在玻璃屋子观光的你领略了二氧化碳侵蚀石灰岩壁的过程，石灰岩中一下子集中起了锌矿石和铅矿石。沸腾的矿泉带着玻璃屋子越攀越高，周围矗立着漂亮的石灰质沉积物：有些是人们称作卡斯巴石的褐色文石形成的钟乳石，有些则是形态如大理石的色杂却很漂亮的缟玛瑙。

继续我们的旅行，沸腾的矿泉形成了几条细流，有些小的支流喷涌到了地壳上面，形成间歇喷泉和温泉。玻璃屋子飞过很厚的沉积岩，飞跃过了煤层，进入了二叠纪形成的盐类，你和你的伙伴欣赏到的是古代地壳外面的景观。沉沉地滴落下来，弄脏了你的玻璃屋子的四壁，它们正是沉积岩沙中的石油和形式各异的沥青。

玻璃屋子在各种地层中穿越着，地底下冒出的水雨点般飞溅到了玻璃屋子的墙壁上面；屋子行进道路的两边是厚实的砂岩壁，屋子如同陷在里面一样；质地很柔的石灰岩和黏土质页岩散发着各种光芒，在你屋子的四周轮番出现，展示出地球以往的命运。玻璃屋子跟地面的距离越来越小了，它快速上升，跃出了地层，止住了它前进的步伐。

出现在你们眼前的是鲜艳的火焰，成团上升的蒸汽化作了雪白的云彩，遍布整个高空，形状惟妙惟肖但透着怪异。

你们已经到达了周期表的上端了，你发现氢元素在大气里燃出了股股水蒸汽。

*　　　　　　*　　　　　　*

现在你位于周期表的顶端，圆螺旋逐渐往下。你轻扶着你身边的铬钢制的栏杆，沿着周期表开启了自己的旅程。

首先进入你眼帘的是表的第二个方格，这里面的元素是氦。氦为惰性气体，最初是在太阳上找到的，它遍布地球，布满岩石、水和大气，它无处不在，人们用它为飞艇充气。你居于这间小屋就能了解到这个元素的发展过程：自太阳四周的日冕中的光谱线再到有些不好看的黑色钇铀矿，这种矿在斯堪的纳维亚勘探到了，可从这类矿脉抽取太阳上的那种气体，也就是氦气。

你小心翼翼弓着身子依栏俯瞰，发现安排了氦的方格下面还存在五个方格，位居第五方格的是用红色标注的元素名，它们分别是：氖、氩、氪、氙气和氡（一种镭射气）。

忽然惰性气体的光谱线都亮了，各种颜色轮番出现，氖气发出橘色和红色的光芒，氩气发出蓝青色的光芒。进入这幅画面的还有一些稍重的惰性气体散发出的浅蓝色、抖动的长带状光芒，城市中的商店常借助这种光打促销广告，想必大家对此并不陌生。

灯再次亮起来了，紧接着的方格排列的是锂，它是宇宙中最轻的碱金属。你在这个地方看到了它的整个发展过程，甚至包括将来的飞机。你再度弯腰看下面，发现出现的是锂的朋友的名字：钠呈黄色，钾呈紫色，铷有些发红，铯散发着蓝光。

你就这么沿着螺旋继续旅行，参观完周期表里的所有元素，这本书里提及的元素一应俱全，只不过该表中的元素的发展过程不是用文字和图片介绍，而是借助形象、真实的标本来叙说它的发展历程。

我们的视线进入排列碳的方格，这种自然界的和生命的基础，于是活物质的整个发展过程一一呈现在你的眼前，从这个方格中你可领略到碳元素死亡的过程：深藏地下的碳成了煤，而液体的石油来源于活的原物质，在由几十万种碳的化合物构成的奇妙世界里，大家要特别留意它的开头和结尾。

瞧，这颗金刚石晶体竟然有这么大！它不是英国女王王冠上的"非洲之星"，而是"奥尔洛夫"，它就镶嵌在沙皇的手杖上。

小屋的最后面是煤层，拿风镐往里凿，然后输送带就源源不断地将煤送到地面。

你都在螺旋上转了两圈了，有间屋子出现在你的眼前，颜色很艳丽，黄色的、绿色的、红色的石块放射出彩虹的全部色彩，那个矿坑位于中非洲。现在我们进入亚洲黑暗的山洞，放映机里的影片慢慢转着，画面上出现了数不清的矿井，向人们展示了金属的开端。大家看见了吗？钒的名字是用以纪念神话中的一位女神的，因为钒的功用极大，往钢铁中加钒便会使钢铁坚硬且富有韧性，不易折断，是生产汽车车轴的最佳材料。两种轴在同一个房间一起出现在你眼前：钒钢生产的轴安装在汽车上，汽车行驶几百万千米都不会出问题，而普钢生产出来的车轴，汽车行进一万米都是不可能的。

你在螺旋上又转了几圈。每个房间各有千秋。就说铁吧，它可是大自然和钢铁工业的基础；无处不在的是碘，其原子布满整个空间；生产红色烟火的原料是锶，闪白色的金属，握在手里就能熔，它就是镓。

存满金子的屋子金光四射，非常漂亮，正是白色石英矿脉中的金子。出现在眼前的这座金矿是在外贝加尔湖勘探到的，它与银混杂在一起，颜色呈绿色；大家来看，这是阿尔泰列宁诺哥尔斯克选矿工厂的一个小小的模型，淘金的水在大家的眼前缓缓流淌着。这些水是含着金子的溶液，闪耀出虹的所有色彩，是金子在人类和文化的发展过程中所起的作用。这是既能让人发财又能让人走向犯罪深渊的金属，还是足以挑起战争和劫掠的金属！金灿灿的光芒一直在你的眼前闪现，它是银行地下金库中的金块，它是奴隶在有名的维特瓦特尔斯兰金矿从事劳动的情景，它是影响股份公司命运和金币行市的银行老板。

紧挨着的第二个房间是别的金属，即液态的汞。它的样子如同在1938年有名的巴黎博览会上呈现的那样，屋子的中央是喷泉，不过喷出来的是汞而不是水。屋子右边的角落放着一个小蒸汽机，活塞有规律地运动着，靠汞的蒸汽控制着，左边陈列出了这种挥发性金属的整个发展史，它在地壳中的分布状况，血红色的辰砂滴点就在顿巴斯砂岩中，这是出自西班牙矿坑中的液体汞滴。

你继续游览，看完铅和铋之后，呈现在你眼前的是一幅异常怪异的画面，一些元素和方格混合在了一块儿，此处的方格已没有上面的那些方格引人注目了。原来你步入了周期表中一些特殊的原子范围，它们也是金属原子，但是它们不如其他的金属元素那般稳定。你觉得这幅图景有点眼生，甚至有些看不清，但是突然从幻境中显现出了梦幻般的景象。

铀和钍原子稳定性不好，放着射线，生成了氦原子，于是铀原子和钍原子就从自己的方格中走出了。发现了没有？它们跑进了镭的方格中去了，而且在这个方格中散发出奇妙的光芒，犹如神话故事里说的生成了不可见的气体氡，随后你又发现它们在周期表中返回了，最后定居在铅的方格中了。

这幅图跟前面那幅相比之下更为奇怪了，即那些速度快的粒子奔向轴，轴发出"噼啪"和"轰隆"声后就开裂了，并释放出光彩夺目的光芒，驻足于跟它没有关系的一些金属方格中，最后在铂周边逐渐熄灭了。

如此一来，人类对原子的认识是不是得转变？人类的规则不都已经确认了吗？不都认为各个原子都稳定，均为大自然不变的砖石吗？不论什么东西都不能让原子发生改变吗？锶亘古为锶，锌原子一直都是锌原子吗？现在不是有一些不符合定律的例子出现了吗？

看到这里你也许很失望，似乎前面探讨的都不靠谱，原子不稳定。后来才发现你走入了一个不一样的世界，此处的原子流动性很强，它易于崩裂，不过不是消失掉，而是组合成了新的原子。

你钻出周期表后半部分的雾霭，在到处流窜的氦原子散发出的火花和X射线中走完螺旋的最后一级台阶，进入人类都还未曾认识的深处。

但你现在走进去的可不是地球的最深处，而到了宇宙炽热而散发着光芒的星体的最深处，那里的温度高达上亿摄氏度，该处的压力大到无法用地球上的数字来表述；那个地方周期表中的原子均散发着光并崩裂着，它们至今仍处于混沌之中。

这样的话，我们前面讨论过哪些是不能相信的了吗？炼金术士不是打算从汞中提炼出金子吗？他们的观点对吗？由砷和"哲人石"中能制取银子吗？科学家在100年前就预测原子可以互相转化，认为自然界中的一种原子可以变成另一种原子，他们的观念不是都实现了吗？

周期表不是一张由众多方格组合而成的没有生气的表，它不仅能说明现在的情形，也能说明过去和将来的概况：该表充分显示出大自然中一种原子生成另一种原子的神奇变化过程，它是原子世界为生存而展开斗争的生动画面。

是周期表描绘自然界的发展变化过程和自然界活动的表。而原子则是宇宙这个大系统中的一个小单位，它在周期表中呈现着自己的复杂周期、类和方格中亘古不变的排序。

正因为如此你才有幸目睹大自然的绮丽景观。

## 5. 收篇

　　到了跟大家说再见的时候了。我们化作运动着的小小原子，才能走遍元素复杂的旅行过程，才能进入地球深处直至天体见识一下各类原子在自然界和人的手下具体是如何移动的，方可了解它们在工业上和国民经济上的作为。

　　任何一种原子都在漫漫发展之路上蹒跚而行，谁也无法知道这条路的起点和终点。原子是如何产生的？它们是如何开始地球之旅的？谁也搞不清楚。在宇宙复杂的未来岁月中原子将会面临怎样的命运，无人知晓。

　　要知道，一些原子飞离地球，散布于星际空间，在那个地方一立方米的空间里分布着不到一个很微小的原子，那里全部原子不到宇宙空间的1/1031。大家很清楚，还有一些原子散布于地壳里面，分布于土壤，分布在海洋和其他的水域；也有一些原子受重力的影响，逐渐回归地球的深处。

　　就原子的性质而言，第一类原子稳定些，它们同那些用骨头制作的弹子[1]同样结实；第二类原子却恰恰相反，如同皮球般富有弹性，它们之间一发生冲撞就收缩，与此同时相互交叉形成复杂的结构，在它们的外边还分布着电场；第三类原子会被摧毁，核都裂开了，与此同时释放能量，它们自己化作奇怪的气体，气体的寿命依照放射原理精确测过了，有些能活几百万年，有的能活几年，有的仅能活几秒更甚者仅能活几万分之一秒。

　　地球上存在不下100种元素，但这些原子的形状和特性却是千差万别的，它们彼此结合会以不同的结构出现。

　　我们以新的眼光来看待地球化学元素的发展史也在起步阶段，地球化学在大自然中展现出的新面貌还只是它的冰山一角，观察宇宙中每一种元素的动态，开展艰苦卓绝的研究工作才刚起步，但是我们的任务却早就确定好了：写出每一种原子的动态报告，探究每一种原子的特性，搞清楚每一种原子的优缺点，概括起来就是，仔细而深入研究每一种原子，利用这

---

　　[1]　弹子，在我国北方叫台球。

些零碎的点点滴滴撰录完整的原子发展史和宇宙发展史。

该历史的每一个发展阶段自始至终都由人们还不是太熟悉的原子的性质确定，原子在宇宙空间的命运，原子在我们周围的世界和人手下的命运，均受复杂的、意义深远的规律制约。

不过我们要了解原子、要熟悉它们在地球上的运动过程，不仅仅处于满足自己猎奇的心理，而是要弄明白如何利用它们去为我们的工业、农业和文化发展做贡献。不错，我们应该深入了解原子，要做到用原子造出人类需要的一切东西；比如，人类要制作硬度超过金刚石的合金，要成功，就先得弄清楚原子的复杂构造。

大家应该搞清楚金属化合物的特性，不只是大概了解，而是要彻底搞清楚。人类要尽量多采掘和提取诸如铯和铊这类外层电子容易丢失的原子。这类原子可是精巧和灵敏的电视机的原料，那样的电视机可放在口袋和笔记本里，这种原子还是精致的电影机的材料，电影机的大小不超过书本。

总地来说，人类想征服原子，想让原子造福人类，就是要让这类原子为具有创造性思维和能够改造自然的人类服务，人类奢望大自然和化学元素周期表能彻底服从人的意志。

这就是化学工作的理念和面对的难题，这也就是人类急于深入了解原子和制服原子的目的。

我们就以这些句子作为本书的结语。

但是，读者们，你真认为科学和学问会有终点？对于这个问题我要做一番论述。

这本书到了这里马上就要跟大家说再见了，实际上我给大家介绍的仅仅是这门科学的开端，就算将本书读数十遍，详细端详书里的每幅图，回忆得起某几种元素的活动规律，大家都会有如下的感受：的确仅仅是开始。

若想在大自然中探求到哪怕是一点点奥秘，我们都得付出千万倍的苦读苦思和努力。

下面就让我说说自己的深刻体会，给你们这些年轻人一些温馨的提示：

1. 应该熟读矿物学、化学、物理学和矿产的书，更要多翻化学元素周期表，并深入钻研。

2. 要经常参观矿物学、地球化学、相关工业和各地区的博物馆。

3. 应多参观工厂，了解生产常识，要用心研究生产过程涉及的化学反应。

4. 夏季不妨多去矿山、矿坑和采石场去参观实习，多观察自然界，因为它可是地球上规模空前的实验室。

5. 用心想想该如何用好自己国家的自然富源，认真勘探地下的矿藏。

若是你在实践时对哪些地方还不能理解，感到无从下手，甚至是一无所知，而且觉得烦躁不安，希望这时的你不要丧失信心，而应该横下一条心积极去探索科学上的一个个小秘密，要用百折不挠的精神持续跟进你发现的一些现象，应该相信自己的能力，时刻提醒自己祖国深藏着数不尽的宝藏、人民的创造力也是用之不竭的，相信祖国的明天会更加美好。

# 附　录

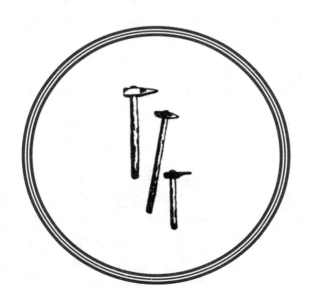

## F.1 科研工作中的野外部分

### 引言

此章共有两个部分：首先，我要给勘探矿产和在某个地区从事地球化学研究的地球化学家一些温馨的提醒；其次，介绍地球化学研究的方法，也是按地球化学家在野外进行研究工作时的顺序进行的。

无论是第一部分还是第二部分，出发点都是以最前沿的研究结果展开的；总体而言，科学研究主要在野外从事这三方面的工作：预备、展开研究、材料的运输和整理。

毋庸置疑，它们对科学研究而言都很重要，各个部分都要考虑更要统筹兼顾。

我记得一位科学旅行家曾说："哪个人的知识渊博，思维缜密，他的旅途也会更顺畅。"而另一位科学旅行家插话：在研究者的基本工具中，作用最大、离不开的就是他的眼睛，就算现象再细微也不能忽视，因为重大的发现也许就在这细微之处。

## F.2 第一步

### 装备

地球化学家如果要去野外工作就得想好该带的东西，这点马虎不得，因为地球化学家不光得用常用的地质考察工具，还得带上特制的仪器以从事物理和化学分析。他在预备装备的时候要考虑到运输问题，由此，要预测装备的大小和重量，更要将自己的预估结果陈列在野外工作计划里。勘探设备不理想虽然会不利于工作，但是如果装备过于复杂也不利于科学家的出行，带的东西过多，勘探时很不利于移动，如此一来，更换野外工作地点就变得困难重重，遇到一些不利于运输准备的地方他就无法到达了。

科学家去野外勘探不离身的就是不同的小锤子了，他们用这些小锤子敲打沉积岩和柔软的岩石，这些小锤子不但要具备锤子的性能更要有镐的特点；它的柄不短于40厘米，安装锤头的应该是柄最粗的那头，手握的地方应该是它的最细的那一端，以预防在用锤子敲打岩石时突然脱落。倘若是在岩石比较坚硬的地方从事勘探研究，带的锤子就该重一些（1千~2千克），柄的长度要约在70厘米。柄上要预先刻好厘米刻度，以方便测量。另外，在开展巨型勘探工作时，不光要预备5千克的大锤，还得准备小而轻的短柄小锤，它的柄一般长20厘米~30厘米，主要的用途是敲碎一些小石块，或是将样品敲成一定的形状。不光得准备锤子，更要预先备好大小和形状都

用途和样式各异的小锤

不一样的凿子。还须准备的其他装备分别是：放大镜（可放大的倍数不多于8倍），矿山罗盘仪、卷尺、小刀、记事本和铅笔，尺寸在6厘米×4厘米的特制且标有号码的标签、包装纸，用于装贵重或是娇嫩样本和晶体的小玻璃瓶；大小不一且耐用的小盒子，装散粒和土质的样品，这点尤其要注意。

　　不算上面这些，还须准备好较轻的相机，无液气压计以及一套彩色铅笔，绘地质图和地球化学图的时候会用得上。

　　要在身边放一些小玻璃瓶，里面要装好浓度不一的不同酸溶液，更要携带质地好些的木炭、一段白色的金丝、一些碱和硼砂，它们经常要用到。倘若野外勘探须经常进行，那就不光要准备这些常用的，还得预备一些专门的仪器和器具。

　　如何包装和放置这些装备，是一个需要好好考虑的问题。怕水的装备品就得装进牢固、防水的袋子里，袋子要便于携带（背囊），而其他的一些准备就需要装进箱子，需要留意的是预备箱子时要考虑到进入勘探区的运输问题，这点务必要提前想到，避免给自己和别人造成麻烦。

### 搜集到的资料的打包

　　下面我们就来跟大家一起讨论搜寻到的矿物的包装和运输问题，这点不容忽视，而且要考虑周全。

　　首先要将搜寻到的样本逐个包装好，贴好标签，分别装入箱内或者袋

子里，做这件事时要特别细致，因为这是保持样品完好无损的重要步骤。在这个过程当中要注意：无论样本如何小，也不能在一张纸中同时包几种样本，必须一种样本是一包。要是因为包装中的疏忽损坏了样本，尤其是质地软的样本，这样的事情是经常发生的，所以，在打包时定要将娇嫩的和质地软的与硬度高的区别开，并分别打包。各种样品都要包三层，但是不允许将纸重叠成层包样本，而要一层一层地包裹。各个样本上叠成双层的标签不应直接张贴在矿物上，而是再包裹上一层纸后再贴上去；此时需要特别注意，要用通常用的铅笔在标签上书写，杜绝使用复写铅笔。尤其是在对待脆的与娇嫩的结晶矿时更需注意，首先要用薄的卷烟纸和棉花包好后方可用大纸包装。

我在勘探途中搜集到的样本的打包，一般按如下的步骤进行，这点尤其需要留意。一般当天都得将收集到的样本包装好后送入帐篷，这是我50年搜寻样本的一些心得。在搜寻地球化学和矿物学上的材料时，得将不同组搜寻到的样本放到相同的地点（休息的地方），保留的样本应该比研究需要的多些。紧接着，在当天工作结束后（夜里），将搜寻到的资料整理、归类，并挑选出最好和最典型的样本，然后小心谨慎放放到背囊中。在帐篷里，也应将样品放在干燥和安全的地方，在勘探工作告一段落的时候，认真检查一遍样品，重新包装，为装箱做好准备，装好箱的样本重量不得越过50千克这个警戒线。记住不要用太大的箱子，如果箱子过大，装在里面的石块彼此将会产生巨大摩擦力，还有在运输和装卸过程中，过重的箱子最容易损坏。样本装箱后就要一直随着勘探队行进，原因是将样本托付给居民管理和发送，一般都会出现问题，要么是很晚才收到或者石沉大海。

在收到样本箱后，研究者首先要做的就是整理样本，尤其需要注意的是，得将贴着标签的样品放进合适的盒子，因为箱子里的标签多而凌乱，不赶快整理就很容易发生意外，而且会因此出现不准确或者重大的错误。

应该搜寻何种样本及其多大的样本？这是搜寻样本时最先要搞清楚的问题。我要说的是，这个问题的确不好回答，唯有依赖经验和掌握的自然知识才能搜寻到好的矿物样本。毋庸置疑，研究者起码得懂一点艺术，这样才能采集到无论是在形状上和颜色均能代表该矿物的样品，因此有些矿物的样本不能规定其样子，然而有些矿物的样本，就需要求其形状和大大小了，大致是9厘米×12厘米或6厘米×9厘米。

## 地球化学普查中的材料搜寻

在地球化学普查中以及地球化学中使用的研究方法都要求搜寻一些样本。地球化学家将样本搜集到了之后，就需要借助矿物学、化学、光谱分析和X射线分析方法进行专项研究，所以，材料的搜寻工作就显得格外重要，地球化学研究成功与否，关键是要看搜寻到的样本的品质如何，以及搜寻时是否进行过全盘考虑。

搜寻样本的要求有哪些呢？

一是材料的量要大，不仅要利用光学方法研究，还要做化学研究，另外在进行缜密的化学分析之先，可能还得精选，即将混合在里面的、与研究课题无关的矿物清理出去，所以，起码得搜寻到几十千克具有典型性的岩石及其杂于其中矿物。

二是要从事矿物学的研究工作，也需搜寻不同的矿物样本，目的在于搞清楚矿物析出的先后顺序，并且要仔细分析最重的矿物中那些好的和纯净的部分。

三是搜寻材料不单是为了试验和研究用，还为了供博物馆作为标本展出。样本的储藏很关键，因为收藏的样本不光要能做实物展览，更重要的是一些样本也要能拿来与别的矿床中产的相同矿物标本互相对比。

自然科学家最常用的方法就是比较分析法。地球化学家在开展研究工作的时候切忌再犯过去的矿物学派曾经犯过的错误，要是他偶尔发现某种矿物里出现了某种化学元素，无论含量如何的低，都要高度重视；他碰到美丽的矿块含有优质的晶体，本能地就会收起该矿块，现在倘若他看到某种矿物上出现了硬壳，也就是风化作用的产物，就算这层壳再薄，也得小心翼翼地收好。

概括起来，就是搜寻到的材料越多越好，这是一般原则，是所有研究家都应遵循的。在一个地方勘探之际，就需要将这个地区的矿物和化学元素搜寻齐全，意思是说要搜寻一套很完整的资料，如果搜集到的材料过多，就算用完之后将多出的部分扔了，都要比搜寻的材料不齐要好很多。

搜寻样本的时候切忌不要用这样的借口欺骗自己：以后我还会再来，那时可以搜寻新的材料以弥补这次的不足。这样的想法不是都能落实的，如果由此造成没有搜寻到需要的材料，或是收集的材料不成套，那就一点意义都没有了。

## 研究记录

　　科研工作者在野外从事研究工作时要牢记及时做观察记录。一位研究者的话很恰当，旅行家和研究者的脖子上应该挂着一支铅笔，因为铅笔用起来方便，手就懒不起来了。一般的记录有两种：一种是记录在标签上，给各个样品贴上标签后，不光要在标签上注明样本的搜寻地点和日期，还要记录搜寻这种样品的条件，样品的搜寻地点越确切，用起来也就越方便。

　　然而主要还是应该记到野外工作笔记本中，这也是第二种记录。研究家应做到让记录保持完整，因为研究工作的成绩如何，与野外笔记本中的记录情况密不可分，与思考情况亦是相关的。观察记录首先要在勘查现场做，应该记录勘查现场的全部观察结果，并记录下观察时联想到的事。在结束一天的勘查工作后，要将当天记录下来的东西大概整理一次，应该写工作日记，将一整天的活动都记录下来。将那些勘查过的地方和搜寻过样品的地方，都要在笔记本绘上草图，这点很重要。

　　笔记本里的记录是否完整和精确，是野外工作是否做到了最好的标志；野外研究家的最大缺点，就是太相信自己的记忆力。他们往往依靠回忆补记野外笔记或者标签，这可不是一个好习惯，这样做的结果是材料丧失了其应有的作用，对研究工作一点儿意义都没有。

　　重点要说明的是，做好野外笔记，并非易事。一般这个记录仅能利用晚上的工夫来做，也就是在劳累了一天之后再来记录，而到了此时研究家已经身心疲惫了，巴不得赶紧休息，因此研究家得有吃苦耐劳的精神，无论如何都要坚持做好野外观察记录，哪怕只是用15分钟记录也行。在我的研究生涯里，不时也会遇到这样的情况，也就是因为劳累过度而疏忽了记录工作。遇到这样的情况，我建议你还是休息一下，用心、认真补做记录。

　　野外工作记录应该好好保存，不管是在白天进行野外工作还是完成当天的野外工作后，野外工作笔记都要掌握在自己手里绝不能落入别人之手，因为这时的笔记本已经是一份重要文件了，它应该和其他的重要勘探文件一起妥善保管随身携带。

　　在勘探完将搜寻到的资料归置好以后，然后要做的事就是总结当天的野外工作。我一直认真对待这项工作，我始终坚信这样的总结要比最后的终级总结报告有价值得多。因为当时做的总结是对直接观察到的野外现象进行的客观评价，由此这种报告的意义，是最后详细整理做出的报告所无法企及的。因为最终的报告常受到外部多种因素的干扰，不光要考虑其他文献里的东西还要顾及其他研究家的建议，另外其他一些外来因素也不得不考虑。

而在勘查途中参照起初的观察做出来的报告，单就问题提法而言，总比事后经过思考和整理的报告要准确和深入。

# F.3 第二步

## 开展野外工作的方法和顺序

地球化学家在启程去野外工作以前，不光要准备一些装备，而且许多其他的准备工作也得提前做。

首要的是对要去的区域和要求索的问题要做到心中有数，这得靠现存的一些文献。若是勘探的目的是找一些化学元素，就得提前了解这种元素及其化合物的性质。研究家不光要借助现有的文献，还得到博物馆去了解一些情况，比如打算去的那个地方的具有代表性的标本，若是勘探的对象是一些元素，还须了解这些元素所在的矿物。尤其是要预备详细的地形图和地质图，哪怕是复制品也行，目的是在勘探过程中用彩色铅笔标记出走过的路，标注一些重要矿物的发现地。

出发前，一定要了解清楚一般野外研究需用的不同方法，不光要弄明白地球化学家随身携带的那些仪器的使用方法，更要掌握这些仪器的修理方法。

在到达野外工作地点后，研究家就要展开第二项工作了。他得先搞清楚，这个地区的相关资料，其中的哪些部分可从当地的科研团体、博物馆、图书馆和学校获得，这个地区，哪里能开采到矿石、有无自然形成的露头，应该去居民区搜寻这些资料。在好多情况下，对地名的分析也很重要，地名常含有这个地区存在矿山或者矿石开采区；以中亚的地名为例，地名中含"干"字代表矿山，"库梅什"代表银，"卡耳巴"代表锡或者青铜，等等。要是碰到那个地方正在修建房屋或者铺马路，就应该上去问明白，材料来自何方；还应该问清楚，哪里正在修路、架桥或者打井，本地人砌炉灶的黏土和修建房屋用的石灰石或者涂料，都来自哪里。

本地人经常会说，前面××勘探队在这个地方工作过；好多久居此地的老人都知道好多事情，他们会为你介绍当地的矿产状况。在一些地区后要问清楚是否存在旧的开采地、采掘矿石后的废石堆、熔炼矿石的矿渣和熔炼炉的遗迹等，了解清楚上面的情况相当重要。

当然，供研究家了解一个地区矿物学和地球化学情况的资料，要说主要是自然露头，还不如说是人工开采过的地方，也就是矿山和开采场近旁的废石堆，它可向矿物学家和地球化学家提供一些不显著但是时常是全新的资料。一般而言矿床里都聚集有大量与该矿产伴生的矿物，所以，仅需用几天工夫探究各种采集到的东西，将前不久掰断的样本的横截面摆在阳光下面来鉴定其内含的矿石，你就会发现在矿石坑中的废石堆里搜寻到的资料是很重要的。一般而言，研究家由开采过的矿石和石头的废石堆和矿堆中搜寻到的样本，较之通过从地底下采掘搜寻出的样本要可靠得多，因为一旦进入深埋地底下的坑道就很不利于观察工作的展开。

如果到了露天矿和开采中的矿山，不妨多向矿工请教，将你搜寻到的样本让他们看看，鉴别一下，请他们多留意特别的事情，让他们帮你收存惹眼的东西，这样做的意义很大。你要让本地人多了解你来此的目的和对他们的益处，让他们产生兴趣，多让他们了解你的研究工作和目的，说说那些可搜寻到的矿物。要引导本地人正确认识你的研究工作，讲讲你的工作对人类及他们生活的好处，从而获取他们的一些帮助，这样你就可事半功倍。一旦激发起他们的热情，就连小孩都会很乐意上河边帮你找一些小石子的，因此有人说，新矿床的发现往往是本地人和本地矿物爱好者的功绩。

发现露头、采石场、采矿场和矿山，就要将这些地方的样本搜寻齐，不光要去矿物丰富的地方搜寻，还要去矿物散布得仅能发现一点蛛丝马迹的地方，因为后一种情况的出现意味着这里曾经发生了地球化学的反应。

搜寻样本之时应特别留意矿物在岩石里的产状、不同矿物的亲疏度和生成的时间等。研究者在初步了解了一个地区后，或许就可在该地区正确的开展地球化学的研究工作。这项工作属于科考，以下我们就介绍这种研究活动。

一般而言无论是地质家还是岩石家在野外从事勘查活动，着眼点都是普通的地质状况、地质构造和不同岩石的相互关联；为了实现这些目标，首先就得大概了解整个地区总的情况，然后方可展开对某一个地段的研究。

然而地球化学家的野外勘探工作并不是这样的，鉴于他们工作性质的特殊性，他的研究都是从活生生的样本着手的，即从矿床下手研究。他已经大致了解了这个地区的地质概貌，于是他就该从开采过矿石的矿堆和废石堆步入他的研究工作。因此，去一个地区无论是勘查或者旅行，在开展研究工作时，地质学家和地球化学家的方法迥然不同。

地质学家发现某处的矿床之后，他首先想到的就是奔到平窿或者竖井里面观察作业面，他还要去看不同岩石的露头和自然形成的矿石露头等。

而地球化学家和矿物学家才不会这么干呢，他们第一步就是跑到矿堆和废石堆发掘自己需要的第一手样本。对于作业现场，他们则会在能靠目力分辨清不同矿物的时候去，因为在作业现场靠人工照明来鉴别不同矿物不是件容易的事，这项工作需要具备丰富的实践经验。唯有搞清楚矿堆和废石堆的情况后，地球化学家才会转而去探求较为一般的矿物成因和地球化学方面的问题，为了弄清以上这些问题，他才会注意自然形成的露头和工作面与现存的坑道略图。

因此，不管是矿物学家还是地球化学家到达矿山后，不去矿堆，而热衷于废石堆，就不难理解了。

我自己就有多次这样的经历，我到达野外工作区后，也经常是不急着去矿山而是飞奔至废石堆，本地的工程技术人员对我的做法岂止是不理解，都到了公开表示不满的地步了。我们应该清楚，要弄清一个矿床遇到的难题、想搞清这个矿床的形成原因，就得弄明白全部矿物的不同情况、不同矿物的关联和这些矿物同附近岩石的联系等。

所以，地球化学家如果是首次来一个地区搜寻样本，不妨按照以下的步骤来展开自己的工作：首先从废石堆开始进入工作状态，然后去了解矿堆的情况，接下来去看看露天矿的工作面、露头，做完这些工作后再进入地下采掘现场，着手了解地底下工作面里不同矿物间的关联。

之前我们谈到了，地球化学家在搜寻标本的途中，可经常对搜寻到的材料从矿物学和地球化学方面进行研究，要集中力量对比观察到的现象。我自己就有这方面的理论问世，我提出伟晶化跟祖母绿矿坑中的祖母绿的产生脱不了关系，然而很长一段时间之后，我们意外地在一种伟晶岩中看到了一些微小的铌铁矿晶体，经过分析得出该类岩石为具有代表性的伟晶花岗岩，[1]这时我的观点方获得了其他科学界同人的认可。

地球化学家在对他观察到的不同现象进行思考的时候，就要找出不同矿物的联系，然后依照自己的经验再现这些矿物的生成条件，接下来对全部资料的性质来个比对，如此一来，他就可借助资用假说推断某个矿床的形成原因。这种假说有利于将来的勘探和采掘工作，不过我们要清醒地认识到，假说是否认不了事实的。倘若假说和事实矛盾，就只能证明假说是谬误。就算抛弃了假说也要好好自省；要学会依靠极小的、不易察觉的现象得出结论，而且得出的这些结论不光要能说明所有已知现象的联系，还要能揭示当时尚不清楚的现象，这是勘探和试采掘工作顺利展开的缘由。不管是何种资用假说都要能够说明新的工作的途径，唯有如此才可称得上是有意义的假说。

我刻意关注这个问题，因为经常会出现这样的情形，在野外从事工作的人员获取的资用假说与新出现的现象不符，然而他还要死守假说。

下面的规则，我认为很有必要跟大家探讨，研究家本该严格遵循的，但是很不幸，近些年大家都不太好好守这个规则了。研究家应该能分清下面两种情况：一是事实与他看到的现象，二是理论方面和一般的结论。不管是在野外的工作报告中还是最终的工作报告中，研究家都会不自觉地将它们区别开，以让阅读报告的人心中有数，报告的制作人哪块儿论述的是观察到的现实资料，哪块儿论述的是其由逻辑和理论方面推演出来的想法。要告诉年轻的研究者，不要不顾实际资料仅热衷于得出最终的结论，如果这样，就算得到了最后的结论又有什么意义呢。

现在大家能了解我再三强调精确而细致观察自然现象的必要性了吧？

研究家在野外勘查时，不管事物如何的琐碎和微小，要是他发现了，就应该记录下来。他应将野外笔记当作日记对待，随时将自己的想法和观

---

[1] 铌铁矿常和祖母绿伴生，同含在伟晶花岗岩里。

察记下，唯有如此，他才能得出准确的结论并做出正确的决定。另外，他在某个矿床和某个矿区前一年的工作和记录性质应该不同于他后几年的工作和记录性质。刚去的时候，重点是积累事实资料；进入第二个工作年度就有必要检验他的资用假说了；时光进入了他的第三个工作年度，他就应该能搞清楚常见的问题，而且是这一年的研究成果可能带来的新发现，会提示他准确的勘查工作的方向位于何处。这个时间能缩短吗？这就得根据研究家的经验确定了，也要结合他他勘查之前，别的研究家从地质学和矿物学角度对这个矿区或者地区进行研究的进展如何。

假如在野外工作期间就已经鉴别好了搜寻到的矿物和岩石，就可提前得出最后的结论。若是存在可移动的地球化学实验室，若是在野外工作时就能把搜寻到的样本就近送到实验室展开定量分析，这样的话野外研究工作就容易多了，最后的结论也可提前了。

最后，正如我们所了解的一样，做好登记、平时多留意地球化学和矿物学文献是非常重要的。